高职高专建筑智能化工程技术专业系列教材

电气安全
第 2 版

主　编　陈晓平　傅海军
参　编　马占敖　李　强

机 械 工 业 出 版 社

本书内容分为电气安全基础、直接接触电击防护、接地系统、电气设备安全、建筑物防雷、电气环境安全。通过本书的学习，了解建筑物内电气危害产生的途径和种类，理解电气危害的基本原理，掌握电气防护和雷电防护的基本方法，认识电气环境安全的重要性，为从事与电气工程有关的各项工作打下良好的基础。本书具有学以致用、拓宽专业面的特点，使电气工程的有关理论与电气安全技术相结合，侧重于应用，实用性强。

本书除可作为高职高专建筑智能化工程技术、建筑电气工程技术、建筑智能化工程技术、电气自动化技术等专业教材外，还可用作相近专业的选修教材，以及有关专业人员的培训教材和参考书。

为方便教学，本书配有免费电子课件、模拟试卷及答案，供教师参考。凡选用本书作为授课教材的教师，均可来电（**010-88379375**）索取，或登录机械工业出版社教育服务网（**www.cmpedu.com**）网站，注册、免费下载。

图书在版编目（CIP）数据

电气安全/陈晓平，傅海军主编. —2 版. —北京：机械工业出版社，2017.5
（2025.1 重印）

高职高专建筑智能化工程技术专业系列教材

ISBN 978-7-111-56410-2

Ⅰ. ①电…　Ⅱ. ①陈…　②傅…　Ⅲ. ①电气设备-安全技术-高等职业教育-教材　Ⅳ. ①TM08

中国版本图书馆 CIP 数据核字（2017）第 062082 号

机械工业出版社（北京市百万庄大街 22 号　邮政编码 100037）
策划编辑：王宗锋　责任编辑：王宗锋　冯睿娟
责任校对：陈　越　责任印制：邰　敏
北京中科印刷有限公司印刷
2025 年 1 月第 2 版第 6 次印刷
184mm×260mm · 13.25 印张 · 320 千字
标准书号：ISBN 978-7-111-56410-2
定价：39.80 元

电话服务　　　　　　　　　　网络服务
客服电话：010-88361066　　机　工　官　网：www.cmpbook.com
　　　　　010-88379833　　机　工　官　博：weibo.com/cmp1952
　　　　　010-68326294　　金　书　网：www.golden-book.com
封底无防伪标均为盗版　　机工教育服务网：www.cmpedu.com

前　　言

　　电能是现代化能源，现在已经广泛应用于国民经济的各个部门和人们日常生活中。在应用电能的过程中，就会遇到各种不同的用电安全问题。电可以造福于人类，但也可以对人类构成威胁，因此，掌握电气安全技术，正确进行电气设计、电气设备安装、运行维护，就可以避免因电气装置设计不完善或错误操作而带来的人身触电伤亡和电气设备损坏等各种电气事故。

　　电气安全包括人身安全和电气设备安全两个方面。研究电气安全就是要研究保障这两方面安全的措施。电气安全是安全领域中与电气相关联的科学技术与管理工程。电气安全具有应用广、涉及范围宽、发展迅速等特点。

　　本书能使人们了解电气危害产生的途径和种类，理解电气危害的基本原理，掌握电气防护和雷电防护的基本方法，认识电气环境安全的重要性，为从事与电气工程有关的各项工作打下良好的基础，以帮助人们在日常的生活和生产中安全地接触电气设备，安全地工作和安全地用电。

　　本书是在第 1 版的基础上，根据现行国家标准和行业标准进行的修订和完善。本书分为六章，由陈晓平、傅海军主编。第一章和第二章由陈晓平编写，第三章和第五章由傅海军编写，第四章由李强编写，第六章由马占敖和傅海军编写。

　　由于电气安全涉及面宽，涉及多种学科，而作者水平有限，书中不妥当乃至错误之处在所难免，敬请读者批评指正。

目　　录

第一章　电气安全基础

本章介绍电工学基础、电气事故种类、电流对人体的作用和触电急救。通过本章学习，掌握必要的电工学基本理论和基本分析方法，理解触电事故的类型及其分布规律。

第一节　电工学基础

一、电路及其基本定律

1. 电路及其模型

为了实现电能或电信号的产生、传输、变换、加工及利用，人们将所需的电器元件或电工设备，按一定的方式连接起来，这样构成的整体称为电路，也称为电网络。实际的电器元件和设备的种类很多，如各种电源、电阻器、电感器、电容器、变压器、电动机等，它们中发生的物理过程非常复杂。因此，为了研究电路的特性和功能，必须进行科学的抽象，用一些模型来代替实际电器元件和设备的外部功能，这种模型称为电路模型。

构成电路模型的元件称为理想电路元件，或称电路元件。理想电路元件只是实际电器元件和设备的理想化，它能反映出实际电器元件和设备的主要电磁性能。实际电器元件和设备可以分为储存电场能量的、储存磁场能量的、供给电能的、消耗电能的元件。因此，电路中的参数就有：反映消耗电能的电路参数，称为电阻 R；反映储存磁场能量的电路参数，称为电感 L；反映储存电场能量的电路参数，称为电容 C。由于电阻器、电感器、电容器这三种元件在任何时刻对外界都不提供净能量，因此又称为无源元件。不是无源元件的就称为有源元件，两种基本的有源元件是电压源和电流源。图 1-1 是电阻、电感、电容、理想电压源、理想电流源的图形符号。

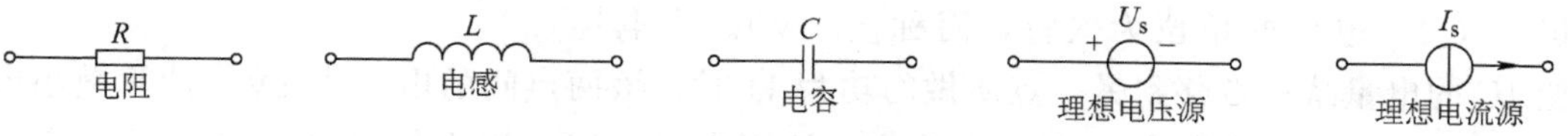

图 1-1　电路元件图形符号

2. 电路的基本物理量

电路的作用是进行能量的转换、传递、分配和控制，为了便于分析、计算，必须引入一些物理量，以表示电路的状态及各部分的相互关系。这些物理量主要是电流、电压、电位、电动势和电功率。

（1）电流　电荷在电场力作用下运动形成电荷流动，其流动量的大小（强弱）用电流大

小来衡量。电流等于单位时间内通过导体某横截面的电荷量，用字母 i 表示，即

$$i=\frac{\mathrm{d}q}{\mathrm{d}t} \tag{1-1}$$

式中 $\mathrm{d}q$——极短时间 $\mathrm{d}t$ 内通过导体某横截面的电荷量。

习惯上规定，正电荷运动的方向为电流的方向。国际单位制（SI）中，电流的单位是安培，简称安（A）。在电路分析中，除使用安培这个单位外，还经常计算度量大的电流，用千安（kA）表示，度量小的电流用毫安（mA）或微安（μA）等单位表示。它们的关系如下：

$$1\mathrm{kA}=10^3\mathrm{A} \quad 1\mathrm{mA}=10^{-3}\mathrm{A} \quad 1\mu\mathrm{A}=10^{-6}\mathrm{A} \tag{1-2}$$

大小和方向都不随时间变化的恒定电流称为直流电流，用大写字母 I 来表示。随时间变化的电流用小写字母 i 表示，称为交变电流（即交流电流）。以后，不随时间变化的量，一般用大写字母表示，随时间变化的量，一般用小写字母表示。直流电流 I 与电量 q 的关系为

$$I=q/t \tag{1-3}$$

式中 q——在时间 t 内通过导体横截面的电荷量。

在简单的直流电路中，各元件中电流的实际方向很容易判断，因此在电路图上标明它的实际方向并不困难。但当电路比较复杂时，某些电流的实际方向往往很难直接看出。对于交流电路，电流的方向随时间变化，根本无法在电路图上用符号来表示它的实际方向。为了解决这一困难，就需要引入电流参考方向的概念。对于电流这种具有两个可能的方向的物理量，可以任意选定其中一个方向作为参考方向，在电路图中用一个实线箭头来表示，而且规定：当电流的实际方向与参考方向一致时，电流为正值；当电流的实际方向与参考方向相反时，则电流为负值。这样一来，就把电流看成是一个代数量，它既可以是正的，也可以是负的。一般在电路图中所标出的方向为参考方向。

（2）电压与电位 电压是衡量电场力对电荷做功能力的物理量。电荷在电场中能做定向运动的原因是由于电场力对这些电荷做了功。如图 1-2 所示，电路中任意两点 a 和 b 之间的电压 U_{ab}，在数值上等于电场力将单位正电荷 q 从 a 点移动到 b 点所做的功 W，即

$$U_{ab}=\frac{W}{q} \tag{1-4}$$

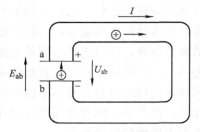

图 1-2 电荷的移动回路

国际单位制中，电荷的单位是库仑（C），功的单位是焦耳（J），电压的单位为伏特，简称伏（V）。当电场力把 1C 的电量从一点移到另一点所做的功为 1J 时，该两点间的电压为 1V。计算微小电压时，用毫伏（mV）或微伏（μV）为单位；计算高电压时，用千伏（kV）为单位。它们的关系如下：

$$1\mathrm{kV}=10^3\mathrm{V} \quad 1\mathrm{mV}=10^{-3}\mathrm{V} \quad 1\mu\mathrm{V}=10^{-6}\mathrm{V} \tag{1-5}$$

通常，当电压随时间变化时，则为时间的函数，用小写字母 u 或符号 $u(t)$ 表示。若电压的大小和方向与时间无关，则称为直流电压，用大写字母 U 表示。

电位是表示电场中或电路中某一点性质的物理量，并且总是相对于某一确定的参考点而言的。

电路中某点 a 的电位用 V_a 来表示，它在数值上等于电场力将单位正电荷自该点沿任意路径移动到参考点所做的功。实际上也就是该点到参考点之间的电压，而参考点的电位通常规定为零。

显而易见，对于电位这个概念来说，参考点的选择是至关重要的。因为：

第一，电位是一个相对的物理量，不确定参考点，电位的讨论便失去了意义。

第二，在同一电路中，当选定的参考点不同时，同一点的电位也不同。

第三，在同一电路中，参考点一旦确定以后，电路中其余各点的电位也都唯一、单值地确定，这便是电位的单值性原理。

那么，如何来确定参考点呢？原则上可以任意选定，以方便为原则。在物理学中，总是选择无限远或大地为参考点。在电工学中，如果被研究的电路里有接地点，通常就选择接地点作为参考点，用符号 ⏚ 表示。在电子设备中可将公共线与机壳相连处作为电位的参考点，用符号 ⊥ 表示。在一般原理性电路中，可选取多条导线汇集的公共点作为参考点。

需要指出的是：电压有方向性，电压的正方向规定为从高电位指向低电位。当两点间电压的实际方向或极性不易判断或随时间改变时，可以任意选定一点的极性为"＋"，另一点的极性为"－"。这样任意选定的极性称为电压的参考方向（常用实线箭头来表示）。当电压的实际极性（或实际方向）和参考极性（或参考方向）一致时，电压为正值，反之电压为负值。这样一来，也就把电压看成是一个代数量，它既可以是正的，也可以是负的。电压参考方向表示如图 1-3 所示。

在图 1-3 中，规定 a 点为高电位点，标以"＋"号，b 点相对于 a 点为低电位点，标以"－"号，a、b 两点间的电压参考方向为 a 点指向 b 点。电压的参考方向也可以采用双下标来表示，例如图 1-3 中电压的参考方向可以表示为 u_{ab}。

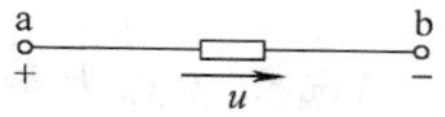

图 1-3　电压参考方向的表示

（3）电动势　电动势是描述电源内部做功本领的物理量。如图 1-2 所示，电动势在数值上等于电源的非静电力将单位正电荷 q 从其负极（低电位端）b 移动到正极（高电位端）a 所做的功 W。电动势用符号 E 表示，则

$$E_{ab} = \frac{W}{q} \tag{1-6}$$

电动势的单位与电压相同，为伏特（V），但其方向规定为从电源的低电位端（负极）指向高电位端（正极），是电位升高的方向，这一点正好与电压相反，注意加以区别。

如果电动势的大小和方向随时间变化，即为时间的函数，则用小写字母 e 或 $e(t)$ 表示。如果电动势的大小和方向与时间无关，即为常数，则此电动势称为直流电动势，以大写字母 E 表示。

应当注意，对于一个电源来说，电动势的实际方向正好和它两端电压的实际方向相反，但两者的实际极性以及大小却是完全相同的。也就是说，电动势和电压在物理意义上虽然是不同的，但在电路图上，它们所表现的效果却是相同的，即它们都表现为两端点之间的电位差。

下面通过一个实例来说明电位的计算方法，同时也加深对电位的理解。

例 1-1　电路如图 1-4 所示，A 点电位 $V_A = -12\text{V}$，电流 $I = -2\text{A}$，电动势 $E_1 = 5\text{V}$，$E_2 = 3\text{V}$。求：

3

1）B、C、D 各点的电位。

2）C、B 两点之间的电压及电阻 R。

3）若选 A 点为参考点时，仍有电流 $I=-2A$，问 C 和 B 两点之间的电压为多少伏。

解 1）各点电位就是该点对参考点的电压，图 1-4 中的参考点以"⊥"符号表示。从图中可知 $E=-V_A=12V$，各点电位为

$$V_B=0V$$

$$V_D=U_{DB}=E_2=3V$$

$$V_C=U_{CB}=U_{CA}+U_{AB}=[5+(-12)]V=-7V$$

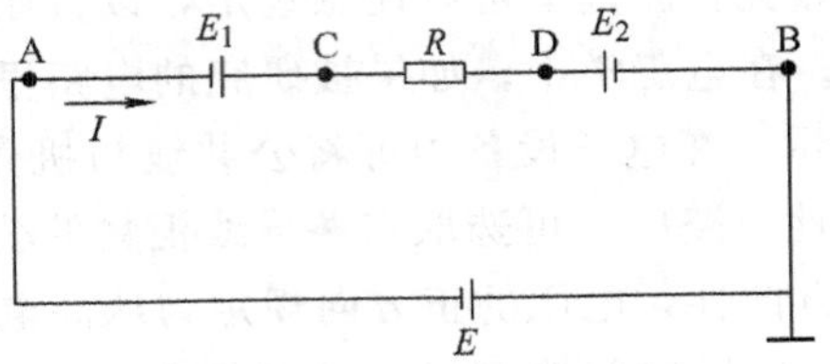

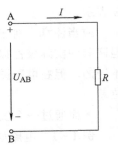

图 1-4　例 1-1 电路图

2）C 和 B 两点之间的电压，即两点之间的电位差为

$$U_{CB}=V_C-V_B=(-7-0)V=-7V$$

则电阻

$$R=\frac{U_{CD}}{I}=\frac{V_C-V_D}{I}=\frac{-7-3}{-2}\Omega=5\Omega$$

3）当选择 A 点为参考点时有

$$V_C=U_{CA}=5V$$

$$V_B=U_{BA}=E=12V$$

$$U_{CB}=V_C-V_B=(5-12)V=-7V$$

U_{CB} 计算结果与 2）中一样，所以电路中任意两点之间的电位差（即电压）与参考点的选择无关。

（4）电功率　使用电路的目的就是为了进行电能与其他形式能量之间的转换，因此，经常还会用到另一重要的物理量——电功率。

如图 1-5 中，正电荷 q 从电路中 A 点移到 B 点，根据电压的定义很容易得到电场力所做的功为

$$W=U_{AB}q \tag{1-7}$$

因为 $q=It$，所以式（1-7）也可以写成

$$W=U_{AB}It \tag{1-8}$$

单位时间内电场力所做的功称为电功率，用 P 来表示，则

$$P=\frac{W}{T}=U_{AB}I \tag{1-9}$$

国际单位制中功率的单位是瓦特，简称瓦（W）。

1W 功率等于每秒消耗（或产生）1J 的功。电功率的单位除了瓦之外，还可以用千瓦（kW）或毫瓦（mW）作单位，其关系为

图 1-5　功率的计算

$$1kW = 10^3\,W \quad 1mW = 10^{-3}\,W \tag{1-10}$$

除了电功率之外，有时还需要计算一段时间内电路所消耗（或产生）的电能（电功），用 W 表示，即

$$W = Pt \tag{1-11}$$

工程上，电功的单位不是用焦耳，而是经常用千瓦时（$kW \cdot h$）表示。千瓦时俗称"度"。

3. 电路的基本定律

基尔霍夫定律是进行电路分析的基本定律，它又分为基尔霍夫电流定律（KCL）和基尔霍夫电压定律（KVL）。前者适用于节点，说明电路中各电流之间的约束关系；后者适用于回路，说明电路各部分电压之间的约束关系。

由一个或一个以上的元件串接成的分支称为支路，支路中流过的是同一电流。三条或三条以上的支路的连接点称为节点。回路是由支路构成的闭合路径。图 1-6 所示电路中共有 6 条支路、4 个节点、7 个回路。

（1）基尔霍夫电流定律　基尔霍夫电流定律（KCL）又称为基尔霍夫第一定律，其具体内容是：对电路中的任一节点，在任一瞬时流入该节点电流的总和必等于流出该节点电流的总和，即

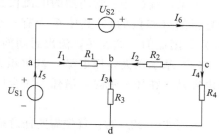

$$\sum i_i = \sum i_o \tag{1-12}$$

式中　i_i——流入节点的电流；

i_o——流出节点的电流。

图 1-6　支路、节点与回路举例

如果流入电流 i_i 取正号，而流出电流 i_o 取负号，则式（1-12）又可写为

$$\sum i = 0 \tag{1-13}$$

式（1-13）表示对任一节点，任一瞬时流入该节点电流的代数和等于零。需要注意的是：在列写式（1-13）的 KCL 方程时，是按电流的参考方向来判断电流是流入节点还是流出节点的，式（1-13）中的正负号仅仅与电流的参考方向有关，而与电流的实际方向无关。至于电流实际的流动方向，可根据电流的参考方向以及计算出来的电流代数量的正负号来确定。当然，在列写式（1-13）的 KCL 方程时，也可以规定流出任一节点的电流为"＋"号，而流入该节点的电流为"－"号。

例如，在图 1-6 中，对节点 a 应用式（1-12）有

$$I_5 = I_1 + I_6 \tag{1-14}$$

而应用式（1-13），并规定流入节点 a 的电流为"＋"时，KCL 方程可写为

$$-I_1 + I_5 - I_6 = 0 \tag{1-15}$$

或者规定流出节点 a 的电流为"＋"时，则对应的 KCL 方程为

$$I_1 - I_5 + I_6 = 0 \tag{1-16}$$

从式（1-14）、式（1-15）、式（1-16）三个方程可以看出，它们的实质是相同的。

基尔霍夫电流定律（KCL）是电流连续性的表现，是电路中的一个普遍适用的定律，既不管电路是线性的还是非线性的，也不管各支路上接的是什么样的元器件，它都适用。

基尔霍夫电流定律不仅适用于电路的节点，还可以推广应用到电路中任意假设的封闭面，有时也称这种封闭面为广义节点。例如，图 1-7 所示的是某电路的一部分，用一个假想的封闭面将该部分电路包围，则有三个支路穿过该封闭面与电路的其他部分相连。封闭面内有三个节点，在这些节点处，分别有：

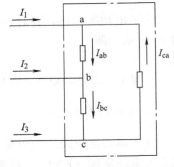

图 1-7 基尔霍夫定律推广

$$节点 a \qquad I_1 - I_{ab} + I_{ca} = 0 \qquad (1-17)$$
$$节点 b \qquad I_2 + I_{ab} - I_{bc} = 0 \qquad (1-18)$$
$$节点 c \qquad I_3 + I_{bc} - I_{ca} = 0 \qquad (1-19)$$

将以上三式相加得

$$I_1 + I_2 + I_3 = 0 \qquad (1-20)$$

或

$$\sum I = 0 \qquad (1-21)$$

可见，流过任一封闭面的电流代数和也等于零。注意在式(1-21)中，显然电流不可能都是正的（或负的），其中至少有一个是负的（或正的），或者说至少有一个电流是流出（入）封闭面的。这表明，流出封闭面的电流等于流入封闭面的电流。

(2) 基尔霍夫电压定律 基尔霍夫电压定律（KVL）又称为基尔霍夫第二定律，其具体内容是：在任一瞬时，沿任一闭合回路所有支路电压的代数和恒等于零，即

$$\sum U = 0 \qquad (1-22)$$

运用式(1-22)时，首先需要任意指定一个回路绕行的方向。凡是支路电压（或元器件电压）的参考方向与回路绕行方向一致者，在该式中此电压前面取"＋"号；如果支路电压（或元器件电压）参考方向与回路绕行方向相反者，则前面取"－"号。同理，在列写式(1-22)的 KVL 方程中支路电压（或各元器件电压）时本应指它的实际方向，但由于我们采用参考方向来分析电路，所以在 KVL 方程中是按电压参考方向来进行列写的。

例如，图 1-8 所示是某电路中的一个闭合回路，绕行方向如图所示，按图中所标出的各元器件电压的参考方向，基尔霍夫电压定律可写为

$$U_{ab} + U_{bc} + U_{cd} - U_{ed} - U_{fe} - U_{af} = 0 \qquad (1-23)$$

或者

$$U_{ab} + U_{bc} + U_{cd} = U_{af} + U_{fe} + U_{ed} \qquad (1-24)$$

式(1-24)表明，电路中任两节点间电压值是确定的，不论沿那条路径，两节点间的电压值是相同的，所以基尔霍夫电压定律实质上是电压与路径无关这一性质的反映，也体现了电压的单值性。

基尔霍夫电压定律是电路中任一闭合回路内各支路电压必须服从的约束，它是与支路元器件的性质无关的。因此，不论是线性电路还是非线性电路，它都是普遍适用的。

如果回路中只有线性电阻和电压源，结合欧姆定律，可将式(1-22)换成用电流、电阻、电压源来表达的另一种更加实用的形式。在上述例子中，根据图 1-8 所示的各元器件的电压、电流的参考方向，有

$$\left.\begin{array}{l} U_{ab} = R_1 I_1 ; \ U_{bc} = U_{S2} ; \ U_{cd} = R_2 I_2 ; \\ U_{eb} = R_3 I_3 ; \ U_{fe} = U_{S4} ; \ U_{af} = R_4 I_4 \end{array}\right\} \qquad (1-25)$$

于是将式(1-25)代入式(1-23)得

$$R_1 I_1 + U_{S2} + R_2 I_2 - R_3 I_3 - U_{S4} - R_4 I_4 = 0$$

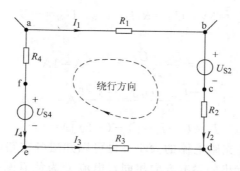

图 1-8 基尔霍夫电压定律示例

移项后得

$$R_1 I_1 + R_2 I_2 - R_3 I_3 - R_4 I_4 = -U_{S2} + U_{S4}$$

即

$$\sum R_K I_K = \sum U_{SK} \tag{1-26}$$

式(1-26)是基尔霍夫电压定律的另一种表现形式，即沿任一回路，电阻上电压降的代数和等于该回路中各电源电动势的代数和。其中，凡是支路电流的参考方向与回路绕行方向一致者，$R_K I_K$ 前面取 "+" 号，相反者，$R_K I_K$ 前取 "-" 号。电压源的电动势的方向（从 "-" 极指向 "+" 极）与回路绕行方向一致者 U_{SK} 前面取 "+"，相反者，U_{SK} 前取 "-"号。这也表明了在任一回路中电压降等于电动势升。

基尔霍夫定律是电路的基本定律。下面举例说明它们运用的方法。

例 1-2 在图 1-9 的电路图中，已知 $U_{S1} = 3V$，$U_{S2} = 2V$，$U_{S3} = 5V$，$R_2 = 1\Omega$，$R_3 = 4\Omega$，求各支路电流。

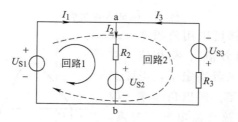

图 1-9 例 1-2 电路图

解 首先任意选定各支路电流的参考方向，如图 1-9 中所示。沿回路 1 的绕行方向，根据基尔霍夫电压定律列出方程

$$R_2 I_2 = U_{S1} - U_{S2}$$

所以

$$I_2 = \frac{U_{S1} - U_{S2}}{R_2} = \frac{3-2}{1} A = 1A$$

沿回路 2 的绕行方向，根据基尔霍夫电压定律列出方程

$$-R_3 I_3 = U_{S1} + U_{S3}$$

得

$$I_3 = \frac{U_{S1} + U_{S3}}{-R_3} = \frac{3+5}{-4} A = -2A$$

根据基尔霍夫电流定律，对于节点 a 有

$$-I_1 + I_2 - I_3 = 0$$

得

$$I_1 = I_2 - I_3 = [1 - (-2)] A = 3A$$

本题的另外解法如下：因为两点间电压与路径无关，故有

$$U_{ab}=U_{S1}=3\text{V}, \quad U_{ab}=R_2I_2+U_{S2}, \quad U_{ab}=-U_{S3}-R_3I_3$$

解得

$$I_2=\frac{U_{ab}-U_{S2}}{R_2}=\frac{3-2}{1}\text{A}=1\text{A}$$

$$I_3=\frac{-U_{ab}-U_{S3}}{R_3}=\frac{-3-5}{4}\text{A}=-2\text{A}$$

$$I_1=I_2-I_3=[1-(-2)]\text{A}=3\text{A}$$

从计算结果可以知道各支路电流的大小，也可以知道各支路电流的实际方向。电流 I_1 和 I_2 的实际方向与图中所标出的参考方向相同，电流 I_3 为负值说明 I_3 的实际方向与图中参考方向相反。

二、单相交流电路

1. 正弦交流电的三要素

单相交流电路是由一个交变电源、负载、连接导线及电路的控制、保护设备等组成。如果这个电路中的电压和电流在大小与方向都随时间按正弦规律变化，则称为正弦交流电路。由于正弦交流电易于产生、输送和使用，所以在许多领域中得到广泛的应用，建筑电气同样离不开正弦交流电。

为了形象地说明正弦交流电，用图1-10来表示正弦电流的波形，图中所示的正弦电流的数学表达式为

$$i(t)=I_m\sin(\omega t+\varphi_i) \tag{1-27}$$

任何一个正弦交流电都可以用角频率（或频率或周期）、幅值（或有效值）、初相位（或初相角）来确定。只要这三者确定了，正弦交流电也就唯一对应地确定了。所以角频率、幅值和初相位就称为确定正弦交流电的三要素。下面就以正弦电流为例来分别介绍正弦交流电的三要素。

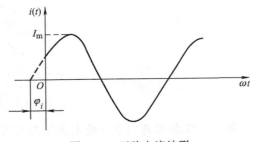

图1-10 正弦电流波形

（1）角频率、频率和周期 正弦交流电的大小和方向随时间不断地变化，为了反映这种变化的快慢，通常可引入角频率、频率和周期这三个量中的某一个量来进行描述。现分述如下：

角频率——正弦交流电每秒所变化的弧度数称为角频率，用 ω 来表示，单位为弧度/秒（rad/s）。

频率——正弦交流电单位时间（1s）内变化的次数称为频率，用 f 来表示，单位为赫兹（Hz）。

周期——正弦交流电变化一周所需的时间称为周期，用 T 来表示，单位为秒（s）。

根据上面的定义，可得到周期和频率的关系，即周期与频率互为倒数关系为

$$f=\frac{1}{T} \quad 或 \quad T=\frac{1}{f} \tag{1-28}$$

我国规定工业用电频率（简称工频）是 50Hz，也就是交流电每秒变化 50 周，对应于工频的周期则为 0.02s。

由于正弦交流电一周期内变化了 2πrad，所以角频率与频率、周期的关系为

$$\omega = \frac{2\pi}{T} = 2\pi f \tag{1-29}$$

对于 $f=50$Hz 的工频正弦交流电，其角频率为 $\omega=2\pi f=314$rad/s。角频率、频率、周期都是衡量一个正弦交流电变化快慢的物理量。

（2）幅值和有效值 按正弦规律变化的正弦交流电（也称正弦量）在任一瞬间的数值，称为瞬时值，一般用小写字母表示。如正弦电流、电压的瞬时值分别用 i 及 u 来表示。瞬时值中的最大值称为幅值，也称为最大值。正弦电流、电压的最大值分别用带有下角标 m 的大写字母 I_m、U_m 来表示。正弦量的最大值反映了正弦交流电大小变化的范围。

我们平时所说的电压高低和电流大小既不是指瞬时值，也不是指幅值，而指的是有效值。有效值是从交流量做功与直流量做功等效的观点定义的。

不论是直流电还是交流电，当它们流过电阻时都会产生热效应，我们就利用电流的热效应来确定交流电的有效值。将直流电流 I 和周期性变化的交流电流 i 分别通过同一个电阻 R，如果在一个相等的时间（如一个周期）内，该电阻产生的热量相等，也就是说这个直流电流做的功和这个交流电流做的功是等效的，就把这个直流电流 I 的数值定义为该交流电流 i 的有效值。

根据上述可得

$$\int_0^T i^2 R \mathrm{d}t = I^2 R T \tag{1-30}$$

由式(1-30) 得出周期交变电流的有效值为

$$I = \sqrt{\frac{1}{T}\int_0^T i^2 \mathrm{d}t} \tag{1-31}$$

由式(1-31) 可见，交流电的有效值等于电流瞬时值的二次方在一个周期内的平均值再求二次方根，因此有效值又称为方均根值。

当周期性交变电流为正弦量时，即 $i=I_m\sin(\omega t+\varphi_i)$，则

$$I = \sqrt{\frac{1}{T}\int_0^T [I_m\sin(\omega t+\varphi_i)]^2 \mathrm{d}t}$$
$$= \frac{1}{\sqrt{2}}I_m = 0.707I_m \tag{1-32}$$

同理可得

$$U = \frac{1}{\sqrt{2}}U_m \tag{1-33}$$

可见，正弦量的最大值是其有效值的 $\sqrt{2}$ 倍，因此有效值可以代替最大值（幅值）作为正弦交流电的一个要素。

在实际工作中，一般所讲的交流电的大小都是指有效值。例如电动机的额定电压 380V 或 220V，以及交流电流表、电压表的读数都是指有效值。

（3）初相位 随时间而变化的正弦量，如正弦电流可用下式表示：

$$i = I_m\sin(\omega t+\varphi_i) \tag{1-34}$$

其波形如图 1-10 所示。由式(1-34) 可知，正弦电流的瞬时值除了与其幅值 I_m 有关外，还与 $(\omega t + \varphi_i)$ 有关。在不同的时刻，对应不同的电角度，从而得到不同的瞬时值，所以正弦量中的 $(\omega t + \varphi_i)$ 反映了正弦量在交变过程中瞬时值的变化过程。我们把 $(\omega t + \varphi_i)$ 称为正弦量的相位。相位又是随时间而变化的角度，所以又叫相位角。

当 $t=0$ 时，正弦量的相位称为初相位，又称初相角。初相位用来确定正弦量的初始值（$t=0$ 时的值）。如式(1-34) 中的正弦电流，其初始值为

$$i(0) = I_m \sin\varphi_i \tag{1-35}$$

式中 $i(0)$——正弦电流的初始值。

要确定一个正弦量，必须确定其起点（$t=0$ 即初始点）的值。初始值不同，到达幅值或某一特定值所需的时间也不同。例如式(1-27)的正弦电流和对应图 1-10 中的 φ_i，如何确定初相角 φ_i 的大小和正负，这与所选择的时间起点有关。通常规定正弦量由负值变化到正值经过横坐标时使其值为零的点称为该正弦量的零点，由正弦量零点到计时起点（即 $t=0$ 时间坐标的原点）之间对应的电角度即为初相位。由于正弦量是重复出现的周期性变化量，所以一般初相位都用绝对值小于 $180°$ 的角度来表示。初相角的正、负可以这样确定：当正弦量的初始瞬时值为正时，φ_i 为正；初始瞬时值为负时，φ_i 为负。或从正弦零点所在位置来看，如果正弦零点在纵轴的左侧时，φ_i 为正；在纵轴右侧时，φ_i 为负。两种判断方法结果是一样的。

对于正弦交流电来说，频率反映其变化的快慢，幅值反映其大小变化的范围，初相位反映其计时初始的状态。用这三个量便可以把任一个正弦量随时间变化的基本特征完全描述出来，所以把这三个量称为正弦交流电的三要素。

2. 正弦量的相量表示法

前面已经指出，一个正弦量是由它的有效值、角频率和初相位三要素来决定的，它可以用三角函数式表示，也可以用波形图表示。但是如果利用其三角函数式进行各种数学运算，比如进行正弦量的加减，可以想象是异常麻烦的。借助波形图逐点将波形加减，同样很不方便，误差也较大。因此，必须寻找简捷的运算方法。

数学知识告诉我们，同频率的正弦量加减，其结果仍然是同频率的正弦量，正弦量的求导与积分，结果也是同一频率的正弦量。可以证明，在线性电路中，当某一频率的正弦电源供电时，其电路中各部分的电压与各支路的电流都是与电源同一频率的正弦量。这样，要确定线性电路中的各部分正弦电流和电压，只要确定它们的有效值和初相位两个量就行了，因为电路中所有稳态响应的频率与电源激励的频率相同。

众所周知，由两个实数决定的物理量可以用复数表示。既然线性电路所求的正弦量可以用有效值和初相位两个量来确定，因此对正弦量也可以用复数表示。所谓相量，就是表示正弦量的一个特殊的复数。相量表示法就是用复数来表示正弦量的有效值和初相位。

在介绍相量法之前，首先扼要复习一下复数运算。一个复数 A 可以用以下几种形式表示：

（1）代数形式

$$A = a_1 + \mathrm{j}a_2 \tag{1-36}$$

式中 a_1、a_2——实数，a_1 称为 A 的实部，a_2 称为 A 的虚部。

$j=\sqrt{-1}$ 称为虚单位（它在数学中用 i 代表，而在电工学中，i 已用来表示电流，故改用 j 代表）。

（2）三角形式

$$A=a\cos\varphi+ja\sin\varphi=a(\cos\varphi+j\sin\varphi) \tag{1-37}$$

式中　a——复数 A 的模，模总是正值，$a=\sqrt{a_1^2+a_2^2}$；

　　　φ——A 的辐角，$\tan\varphi=a_2/a_1$。

复数在复平面上可用矢量表示，如图 1-11 所示。

（3）指数形式

利用欧拉公式

$$e^{j\varphi}=\cos\varphi+j\sin\varphi$$

则可把复数的三角形式变换成为指数形式，即

$$A=ae^{j\varphi} \tag{1-38}$$

（4）极坐标形式　在电工学中，还常常把复数写成极坐标形式，即

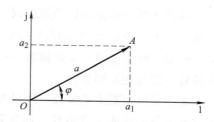

图 1-11　复数的矢量表示

$$A=a\,\angle\varphi \tag{1-39}$$

复数的代数形式与指数形式可以互相转换，当代数形式化成指数形式时，有

$$\left.\begin{array}{l}a=\sqrt{a_1^2+a_2^2}\\[2mm]\varphi=\arctan\dfrac{a_2}{a_1}\end{array}\right\} \tag{1-40}$$

由指数形式化成代数形式时，有

$$\left.\begin{array}{l}a_1=a\cos\varphi\\[1mm]a_2=a\sin\varphi\end{array}\right\} \tag{1-41}$$

复数相加（减），可以把复数的实部和实部相加（减），虚部和虚部相加（减），例如设 $A=a_1+ja_2$，$B=b_1+jb_2$，则 $A\pm B=(a_1\pm b_1)+j(a_2\pm b_2)$。

复数的加法还可以借助于复平面上的矢量利用平行四边形规则进行。复数相减时要注意，减一个复数，相当于加一个方向相反的复数。

复数的乘除化成极坐标形式较为简便，设 $A=a\,\angle\varphi_a$，$B=b\,\angle\varphi_b$，则

$$AB=ab\,\angle\,\varphi_a+\varphi_b$$

$$\frac{A}{B}=\frac{a}{b}\,\angle\,\varphi_a-\varphi_b$$

复习复数的目的是为了用复数来表示正弦量。现在研究复数的指数函数与正弦函数之间的联系，对于正弦电流

$$i=\sqrt{2}\,I\sin(\omega t+\varphi_i)$$

可设一个复指数函数如下

$$\sqrt{2}\,Ie^{j(\omega t+\varphi_i)}=\sqrt{2}\,I\cos(\omega t+\varphi_i)+j\sqrt{2}\,I\sin(\omega t+\varphi_i)$$

显然，电流 i 就是该复指数函数的虚部，即

$$i=I_m\left[\sqrt{2}\,Ie^{j(\omega t+\varphi_i)}\right]=I_m\left[\sqrt{2}\,Ie^{j\varphi_i}\,e^{j\omega t}\right] \tag{1-42}$$

式中　$I_m\left[\sqrt{2}\,Ie^{j(\omega t+\varphi_i)}\right]$ 是"取复数虚部"的意思。

上式表明，可以通过数学的方法，把一个正弦时间函数与一个复指数函数一一对应起来。该复指数函数包含了正弦量的三要素，而其复常数部分则把正弦量的有效值和初相位结合成一个复数表示出来。我们把这个复数 $Ie^{j\varphi_i}$ 称为正弦量的相量，并用下列记法

$$\dot{I} = Ie^{j\varphi_i} = I \angle \varphi_i \tag{1-43}$$

式中 $\dot{I}$——用有效值表示正弦电流的相量，上面加的小圆点"·"是用来与普通复数相区别的记号。

这种命名和标记的目的是强调它与正弦量的联系，即它可以代表正弦量，但并不等于正弦量。因为正弦量 $i = I_m[\sqrt{2}e^{j\omega t}Ie^{j\varphi_i}]$ 是时间的函数，而相量 $\dot{I} = Ie^{j\varphi_i}$ 并没有包含与正弦函数的角频率和时间变量有关的函数 $e^{j\omega t}$，只表示在 $t=0$ 时的正弦函数的特定值，是不随时间变化的量，即为初始相量。

由于相量实质上是复数，所以相量的运算与一般复数运算是没有区别的，这就可以把正弦量的运算简化成复数运算。而复数运算无论是代数法还是平行四边形法，都是比较方便的，这就达到了简化正弦量运算的目的。

由于实际工程中往往用有效值表示正弦量的大小，因此正弦量的相量也常用有效值表示。当然用最大值表示正弦量的相量也是可以的，称为最大值相量，用 $\dot{I}_m$、$\dot{U}_m$ 表示，那么用有效值表示的就叫有效值相量，用 $\dot{I}$、$\dot{U}$ 表示。它们之间的关系是：$\dot{I}_m = \sqrt{2}\dot{I}$，$\dot{U}_m = \sqrt{2}\dot{U}$。

因为复数可以用复平面上的矢量表示，因此代表正弦量的相量也可以用矢量来表示，使该矢量的长度等于正弦量的有效值，它与实数轴正方向的夹角等于正弦量的初相位。为了使图面清晰，复平面的实数轴与虚数轴可以省去，如图 1-12 所示。

两个以上同频率的正弦量 u 和 i 可用相量表示在同一平面上，如图 1-13 所示。这种按照各正弦量的大小和相位关系画出的若干个相量的图形，称为相量图。在相量图上能清晰地看出各个正弦量的大小和相互间的相位关系，如图 1-13 的相量图，电压相量 $\dot{U}$ 比电流相量 $\dot{I}$ 超前 φ，也就是正弦电压 u 比正弦电流 i 超前 φ，换句话说，电流相量 $\dot{I}$ 比电压相量 $\dot{U}$ 滞后 φ。

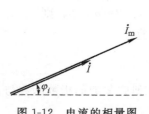

图 1-12 电流的相量图

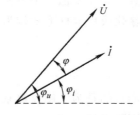

图 1-13 $\dot{U}$ 和 $\dot{I}$ 的相量图

只有同频率的正弦量才能画在同一相量图上，不同频率的正弦量是不能画在一个相量图上的。

例 1 – 3 设 $i_1 = 100\sin(\omega t + 45°)$

$\qquad i_2 = 60\sin(\omega t - 30°)$

试求：$i = i_1 + i_2$。

解 1）先将 i_1 和 i_2 改写为相量的极坐标形式：

$$\dot{I}_{1m} = 100 \angle 45° \text{ A}$$

$$\dot{I}_{2m} = 60 \angle -30° \text{ A}$$

2）再将极坐标形式化为代数形式，即

$$\dot{I}_{1m} = (100\cos 45° + j100\sin 45°)\text{A} = (70.7 + j70.7)\text{A}$$

$$\dot{I}_{2m} = [60\cos(-30°) + j60\sin(-30°)]\text{A} = (52 - j30)\text{A}$$

3）两个相量的代数式相加，即

$$\dot{I}_m = \dot{I}_{1m} + \dot{I}_{2m} = [(70.7 + 52) + j(70.7 - 30)]\text{A}$$

$$= (122.7 + j40.7)\text{A} = 129 \angle 18.2° \text{ A}$$

4）再将 $\dot{I}_m$ 化为瞬时值表达式，即

$$i = 129\sin(\omega t + 18.2°)\text{A}$$

从上例表明，知道了正弦量，就可以直接写出表示它的相量；反之，知道了表示正弦量的相量（角频率认为是已知的），也可以直接写出它所代表的正弦量，而不必写出中间的变换过程。表示正弦量的相量与正弦量之间是对应关系，而不是相等关系。利用相量表示正弦量后，同频率的正弦量的相加减运算就变成了对应相量的相加减运算。

3. 正弦电路中的 R、L、C 元件

正弦交流电路所讨论的问题与直流电路一样，仍然是电路中同一元件上电压和电流的关系，以及各个电压、电流和功率在电路中的分配。但交流电路比直流电路要复杂，这主要表现在两个方面：第一，除电源外，在直流电路中只有电阻一种基本元件，而在交流电路中却有电阻、电感和电容这三种元件。正是这三种在性质上彼此不同的元件，在交流电路中扮演了三个基本角色，互相制约又互相配合，构成多种多样的交流电路。第二，在交流电路中，电压、电流之间的关系复杂了，如前所述，正弦交流电压、电流之间不仅有量值大小的关系，而且有相位关系。为了弄清交流电路中的电阻、电感和电容各自的特性，下面分别对这三个元件进行讨论。

（1）电阻元件　图 1-14a 为一电阻电路、电阻两端的电压与流过电阻中的电流的参考方向如图中所示。根据欧姆定律可得

$$u_R = Ri \tag{1-44}$$

设通过电阻中的正弦电流为

$$i = \sqrt{2}\,I\sin(\omega t + \varphi_i) \tag{1-45}$$

则电阻两端的电压为

$$u_R = Ri = \sqrt{2}\,RI\sin(\omega t + \varphi_i)$$

$$= \sqrt{2}\,U_R\sin(\omega t + \varphi_u) \tag{1-46}$$

比较式（1-45）和式（1-46）可以看出，在电阻电路中，电流和电压是同频率而且同相位（$\varphi_i = \varphi_u$），电压的有效值与电流有效值关系为：$U_R = RI$。电压、电流的正弦波形如图 1-14b 所示。

将 u_R 和 i 用相量表示则有

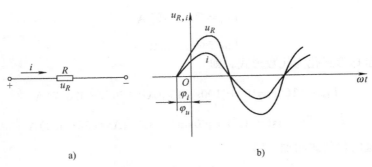

图 1-14　电阻元件的电压与电流

$$\dot{I}=I\ \angle\ \varphi_i,\ \dot{U}_R=U_R\ \angle\ \varphi_u=RI\ \angle\ \varphi_i$$

即
$$\dot{U}_R=R\dot{I}\quad \text{或}\quad \dot{I}=\frac{\dot{U}_R}{R}=G\dot{U}_R \tag{1-47}$$

式(1-47)为电阻元件欧姆定律的相量形式。根据式(1-47)可以画出它们对应的相量模型电路图和相量图，如图1-15所示。

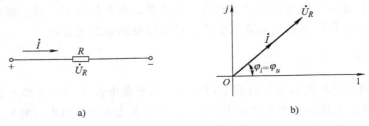

图 1-15　电阻的相量模型电路图和相量图

电阻元件是耗能元件，任一瞬间消耗的功率称为瞬时功率，用小写字母 p 表示，即

$$p=p_R=u_Ri=[\sqrt{2}U_R\sin(\omega t+\varphi_u)][\sqrt{2}I\sin(\omega t+\varphi_i)]$$
$$=U_RI[1-\cos2(\omega t+\varphi_i)] \tag{1-48}$$

上式表明，电阻元件的瞬时功率 p_R 知由两部分组成，一部分是常数，大小为电压电流有效值的乘积 U_RI；另一部分是幅值为 U_RI 并以 2ω 角频率随时间变化的交变量。由于在任一时刻 u_R 与 i 同相，故瞬时功率恒为正值，即 $p_R\geqslant0$，这说明任一瞬间电阻元件总是从电源吸收电能而转化为热损耗。这是一种不可逆的能量转换过程。

由于瞬时功率时刻在变动，不便计算，因此通常取瞬时功率在一个周期内的平均值来表示交流电功率的大小，称为平均功率，又叫有功功率，简称功率，用大写字母 P 表示，即

$$P_R=\frac{1}{T}\int_0^T p_R\mathrm{d}t=\frac{1}{T}\int_0^T u_Ri\,\mathrm{d}t=\frac{1}{T}\int_0^T U_RI[1-\cos2(\omega t+\varphi_i)]\mathrm{d}t$$
$$=U_RI=I^2R=\frac{U_R^2}{R} \tag{1-49}$$

可见，采用电压、电流有效值后，计算电阻消耗的平均功率的公式与直流电路的计算公式完全相同。

（2）电感元件　正弦电流 $i=\sqrt{2}I\sin(\omega t+\varphi_i)$ 通过电感 L 时，在电感电压、电流取关联

参考方向（电压与电流参考方向一致）的情况下，对应如图 1-16a 所示电路的电感电压为

$$u_L = L\frac{\mathrm{d}i}{\mathrm{d}t} = L\frac{\mathrm{d}}{\mathrm{d}t}[\sqrt{2}I\sin(\omega t + \varphi_i)]$$

$$= \sqrt{2}\omega LI\cos(\omega t + \varphi_i) = \sqrt{2}\omega LI\sin\left(\omega t + \varphi_i + \frac{\pi}{2}\right)$$

$$= \sqrt{2}U_L\sin(\omega t + \varphi_u) \tag{1-50}$$

式中　U_L——电感电压的有效值，$U_L = \omega LI$。

比较电感电压 u_L 和电流 i 的表达式可以看出，u_L 和 i 是两个同频率的正弦量，u_L 超前于 i 的角度为 $\pi/2$ 弧度，即电压的初相位 $\varphi_u = \varphi_i + \pi/2$，其波形如图 1-16b 所示。它们的有效值或最大值之间有欧姆定律的形式，即有

$$\frac{U_{Lm}}{I_m} = \frac{U_L}{I} = \omega L = X_L \tag{1-51}$$

$X_L = \omega L = 2\pi fL$，$B_L = \dfrac{1}{X_L} = \dfrac{1}{\omega L} = \dfrac{1}{2\pi fL}$，分别称为电感的感抗和感纳，并分别具有电阻和电导的量纲。在形式上，X_L 和电阻 R 相当，B_L 和电导 G 相当，但它们有着本质的不同。感抗 X_L 与频率成正比，频率越高，感抗越大，阻止电流通过的本领也越大，所以电工中常用线圈抑制高频电流。当 $\omega \rightarrow \infty$ 时，电感相当于开路；当 $\omega \rightarrow 0$ 时，电感相当于短路，也就是在直流情况下，感抗 $X_L = 0$。感纳 B_L 是感抗 X_L 的倒数，其性质与 X_L 相反。

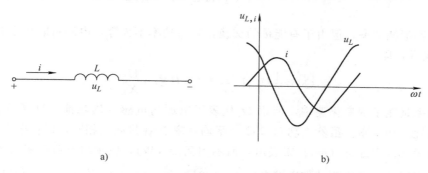

图 1-16　电感元件的电压与电流

将 u_L 和 i 用相量表示，则有效值相量为

$$\dot{I} = I\angle\varphi_i，\quad \dot{U}_L = U_L\angle\varphi_u = \omega LI\angle\varphi_i + \frac{\pi}{2}$$

即

$$\dot{U}_L = \mathrm{j}\omega L\dot{I} \quad \text{或} \quad \dot{I} = -\mathrm{j}\frac{1}{\omega L}\dot{U}_L \tag{1-52}$$

式（1-52）为电感元件电压、电流关系的相量形式。根据式（1-52）可以画出相应的电路相量模型和相量图，如图 1-17 所示。$\mathrm{j}\omega L$ 称为感抗复数，它是一个复数，但不是一个相量。

电感元件的瞬时功率为

$$p = p_L = u_L i = \left[\sqrt{2}U_L\sin\left(\omega t + \varphi_i + \frac{\pi}{2}\right)\right][\sqrt{2}I\sin(\omega t + \varphi_i)]$$

$$= 2U_L I\cos(\omega t + \varphi_i)\sin(\omega t + \varphi_i)$$

$$= U_L I\sin 2(\omega t + \varphi_i) \tag{1-53}$$

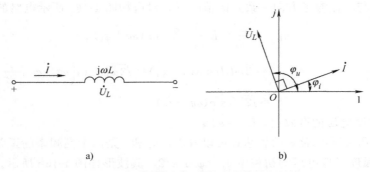

图 1-17 电感元件的相量模型电路和相量图

从式(1-53)中看出，电感的瞬时功率是一个幅值为 $U_L I$ 并其频率为电流频率两倍的正弦函数。当 $p_L > 0$ 时，表明电源向电感输送能量，这一能量转变为磁场能量并在电感中储存；当 $p_L < 0$ 时，表明电感释放出原储存的能量返回电源。这种正负交替的变化说明了电感元件是储能元件，而不是耗能元件，它的平均功率为

$$P_L = \frac{1}{T}\int_0^T p_L \,dt = \frac{1}{T}\int_0^T u_L i \,dt$$

$$= \frac{1}{T}\int_0^T U_L I \sin 2(\omega t + \varphi_i)\,dt = 0 \tag{1-54}$$

电感虽不消耗功率，但由于有能量的交换，瞬时功率不为零，电感瞬时功率的最大值常用符号 Q_L 表示，即

$$Q_L = \frac{1}{2}U_{Lm} I_m = U_L I = I^2 X_L = \frac{U_L^2}{X_L} \tag{1-55}$$

由于功率是能量的变化速率，所以 Q_L 代表了电源与电感的磁场能之间最大转换速率，称之为电感性无功功率。虽然无功功率 Q 与平均功率 P 在量纲上相同，但在电工学理论中，它的单位用无功伏安或乏（var）来表示，而不用瓦特（W），以示与有功功率的区别。

(3) 电容元件　电容两端加正弦电压 $u_C = \sqrt{2}U_C \sin(\omega t + \varphi_u)$，在图 1-18 所示的关联参考方向下，电容电流为

$$i = C\frac{du_C}{dt} = \sqrt{2}\,\omega C U_C \sin\left(\omega t + \varphi_u + \frac{\pi}{2}\right) = \sqrt{2}\,I\sin(\omega t + \varphi_i) \tag{1-56}$$

比较电容电压 u_C 和电流 i 的表达式可以看出，u_C 和 i 是两个同频率的正弦量，电容电流

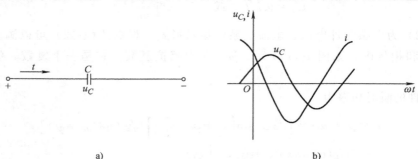

图 1-18 电容元件的电压与电流

i 超前它的电压角度为 $\dfrac{\pi}{2}$ 弧度，即电流的初相角 $\varphi_i = \varphi_u + \dfrac{\pi}{2}$，其波形图如图 1-18b 所示。电容电流的有效值 $I = \omega C U_c$，电压、电流的有效值或最大值之间有欧姆定律的形式，即有

$$\frac{U_{Cm}}{I_m} = \frac{U_C}{I} = \frac{1}{\omega C} = X_C \tag{1-57}$$

式中　$X_C = \dfrac{1}{\omega C} = \dfrac{1}{2\pi f C}$，有电阻量纲，称为电容的容抗，单位欧姆（Ω）；

$$B_C = \frac{1}{X_C} = \omega C = 2\pi f C$$

有电导量纲，称为电容的容纳，单位西门子（S）。

　　容抗 X_C 表示电容元件阻碍电流通过的能力。当 $\omega \to \infty$ 时，$X_C \to 0$，电容相当于短路；当 $\omega \to 0$（直流）时，$X_C \to \infty$，电容相当于开路，因此在电子电路中，常用电容隔断直流。

　　将 u_C 和 i 用相量表示，则有效值相量为

$$\dot{U}_C = U_C \angle \varphi_u, \quad \dot{I} = I \angle \varphi_i = \omega C U_C \angle \varphi_u + \frac{\pi}{2}$$

即

$$\dot{U}_C = \frac{1}{j\omega C}\dot{I} = -j\frac{1}{\omega C}\dot{I} \quad \text{或} \quad \dot{I} = j\omega C \dot{U}_C \tag{1-58}$$

　　式(1-58) 为电容元件电压、电流关系的相量形式。根据式(1-58) 可以画出相应的电路相量模型和相量图，如图 1-19 所示。$-j\dfrac{1}{\omega C}$ 称为容抗复数，它是一个复数，但不是一个相量。

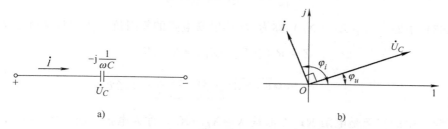

图 1-19　电容元件的相量模型电路和相量图

电容元件的瞬时功率为

$$p = p_C = u_C i = \left[\sqrt{2}U_C \sin(\omega t + \varphi_u)\right]\left[\sqrt{2}I\sin\left(\omega t + \varphi_u + \frac{\pi}{2}\right)\right]$$
$$= 2U_C I \sin(\omega t + \varphi_u)\cos(\omega t + \varphi_u) = U_C I \sin 2(\omega t + \varphi_u) \tag{1-59}$$

　　从式(1-59) 中可看出，电容的瞬时功率是一个幅值为 $U_C I$ 并具有两倍电压频率的正弦函数。当 $p_C > 0$ 时，表明电源向电容输送能量，这一能量转变为电场能储存在电容中，即电容充电；当 $p_C < 0$ 时，表明电容释放出原储存的能量返回电源，即电容放电。这种正负交替的变化说明了电容元件与电感元件一样，也是储能元件而不消耗能量。它的平均功率与电感一样也为零。电容瞬时功率的最大值常用符号 Q_C 表示，即

$$Q_C = \frac{1}{2}U_{Cm}I_m = U_C I = I^2 X_C = \frac{U_C^2}{X_C} \tag{1-60}$$

Q_C 称为电容性无功功率，表示电源与电容之间的能量最大转换速率。单位也是乏（var）。

（4）RLC 串联电路　在实际交流电路中，电阻、电感、电容都是同时存在，只不过在

不同的电路中，三个参数大小不同而已。例如，在建筑电气设备中，一般都包含有线圈，它既有电阻又有电感，而且线圈每匝之间还有一定的分布电容。因此研究同时具有几个参数的交流电路，更有实际意义。下面我们仅讨论由电阻、电感和电容组成的串联电路。

RLC 串联交流电路如图 1-20a 所示，根据图示的参考方向，其 KVL 方程为

$$u=u_R+u_L+u_C \tag{1-61}$$

若电路中各个元件的电压、电流均为同频率的正弦量，可得到对应的相量形式，即

$$\dot{U}=\dot{U}_R+\dot{U}_L+\dot{U}_C \tag{1-62}$$

根据前面所讨论的各元件在正弦交流电路中的伏安关系，可将式(1-62) 写为

$$\dot{U}=R\dot{I}+jX_L\dot{I}-jX_C\dot{I}=\dot{I}[R+j(X_L-X_C)] \tag{1-63}$$

对应式(1-63) 的电路相量模型如图 1-20b 所示。

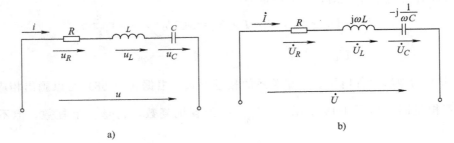

图 1-20　RLC 串联电路

式(1-63) 中的 $[R+j(X_L-X_C)]$ 称为 RLC 串联电路的复阻抗，用大写字母 Z 表示，即

$$Z=R+j(X_L-X_C)=R+jX$$
$$=\sqrt{R^2+X^2}\ \Big/\arctan\frac{X}{R}=z\angle\varphi \tag{1-64}$$

式(1-64) 中的实部是电阻 R；虚部是 $X=X_L-X_C$，称为电抗；而 $|Z|=\sqrt{R^2+X^2}$ 称为复阻抗的模，简称阻抗，用小写字母 z 表示；$\varphi=\arctan\left(\dfrac{X}{R}\right)$ 称为阻抗角或辐角。

复阻抗不是时间函数，也非正弦量，仅仅是一个复数，因此不是相量。为了与相量区别，用不加"·"的大写字母 Z 来表示。

式(1-63) 是 RLC 串联交流电路的欧姆定律的相量式，即

$$\dot{U}=Z\dot{I} \tag{1-65}$$

可得

$$Z=\frac{\dot{U}}{\dot{I}}=\frac{U\angle\varphi_u}{I\angle\varphi_i}=\frac{U}{I}\angle\varphi_u-\varphi_i \tag{1-66}$$

比较式(1-64) 和式(1-66) 可知：阻抗 $z=\dfrac{U}{I}$，阻抗角 $\varphi=\varphi_u-\varphi_i$。

设 $\dot{I}=I\angle 0°$ A，根据电阻上的电压降 $\dot{U}_R$ 与电流同相位，电感上的电压 $\dot{U}_L$ 超前电流 90°，电容上的电压 $\dot{U}_C$ 滞后电流 90°，画出 RLC 串联电路的相量图，如图 1-21a 所示。在图中用 $\dot{U}_X$ 表示 $\dot{U}_L$ 与 $\dot{U}_C$ 的合成电压，它们之间的关系为

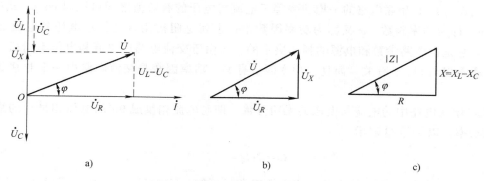

a)   b)   c)

图 1-21 RLC 串联电路的相量图

$$\dot{U}_X = \dot{U}_L + \dot{U}_C = \mathrm{j}U_L - \mathrm{j}U_C = \mathrm{j}(U_L - U_C) \tag{1-67}$$

由相量图可见，总电压 $\dot{U}$ 和 $\dot{U}_R$、$\dot{U}_X$ 这三个电压之间的关系，可用直角三角形三个边的关系来表示（如图 1-21b），该三角形称为电压三角形。若只考虑电压有效值之间的关系时，则有

$$U = \sqrt{U_R^2 + (U_L - U_C)^2} = \sqrt{U_R^2 + U_X^2} \tag{1-68}$$

总电压与电流的相位差角

$$\varphi = \arctan \frac{U_L - U_C}{U_R} = \arctan \frac{U_X}{U_R} \tag{1-69}$$

可见 $U_L > U_C$ 时，φ 为正值，表示此时电压超前电流 φ；反之，$U_L < U_C$ 时，φ 为负值，表示电压滞后电流 φ。

特别要指出的是，在一般情况下各电压有效值之间的关系：$U \neq U_R + U_L + U_C$，这是由于三种元件上的电压相位不同引起的。

将电压三角形的各边除以电流 I，即得阻抗三角形，如图 1-21c 所示。电压三角形与阻抗三角形是相似三角形，它们的相似比为 I。

阻抗三角形的斜边为复阻抗的模，其值为

$$|Z| = \sqrt{R^2 + (X_L - X_C)^2} = \sqrt{R^2 + X^2} \tag{1-70}$$

阻抗角为
$$\varphi = \arctan \frac{X_L - X_C}{R} = \arctan \frac{X}{R} \tag{1-71}$$

由于 X_L 与 X_C 的作用不同，故电路可能出现三种情况：当 $X_L > X_C$ 时，$\varphi > 0$，电压超前电流 φ，整个电路呈电感性；当 $X_L < X_C$ 时，$\varphi < 0$，电压滞后电流 φ，整个电路呈电容性；当 $X_L = X_C$ 时，$\varphi = 0$，电压与电流同相位，整个电路呈电阻性。

在 RLC 串联交流电路中，由于含有耗能元件 R 和储能元件 L 和 C，因此电路中既有能量的消耗，又有能量的转换；既有有功功率，又有无功功率。

由于电抗元件的平均功率为零，所以 RLC 串联电路的平均功率就是电阻所消耗的有功功率，即

$$P = IU_R = I^2 R$$

由电压三角形可知 $U_R = U\cos\varphi$，代入上式得

$$P = IU\cos\varphi \tag{1-72}$$

上式表明 RLC 串联电路的平均功率等于电流与电压的有效值之积再乘以 $\cos\varphi$，式（1-72）中的 $\cos\varphi$ 称为功率因数。φ 又称为功率因数角，也就是阻抗角，是指总电压和电流之间的相位差，它是由电路参数和电源的频率决定的。正由于交流电路中电流和电压不同相，所以有功功率不仅与 U、I 有关，而且与功率因数有关。功率因数是交流电路中一个非常重要的概念。

RLC 串联电路中的电流与电压的无功分量（即与电流相量成 90°的电压相量）的乘积称为无功功率，以符号 Q 表示

$$Q=IU_X=I^2X \tag{1-73}$$

式（1-73）中，U_X 为电抗电压，由电压三角形可知，$U_X=U\sin\varphi$，代入式（1-73）中得

$$Q=IU\sin\varphi \tag{1-74}$$

RLC 串联电路中，电流与电压的乘积称为视在功率，视在功率的单位用伏安（V·A）来表示。视在功率用符号 S 表示

$$S=IU \tag{1-75}$$

将电压三角形的各边乘上电流 I 则又可得另一个相似三角形，称为功率三角形，如图 1-22 所示。图中 P 表示平均功率 IU_R；Q 表示无功功率 IU_X；S 是前两种功率总共占有电源的功率 IU，即视在功率，其值为 $S=\sqrt{P^2+Q^2}$。

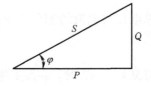

图 1-22　功率三角形

在工程上使用的电力变压器、发电机等，其容量通常用视在功率表示，这个视在功率表示变压器或发电机所能供出的最大平均功率，即有功功率。只有当负载的功率因数 $\cos\varphi=1$ 时，平均功率才等于视在功率，这时变压器或发电机的容量才能得到充分利用。

三、三相交流电路

目前，电能的产生、输送和分配几乎全部采用三相制。所谓三相交流电路，是指由三个频率相同、幅值相等、相位互差 120°的三个正弦电动势按照一定的方式连接而成的电源，以及接上负载后形成的三相电路的统称。

三相交流电源依次达到最大值、零值的先后顺序称为相序。习惯上，选用 A 相电压作为参考电压，B 相电压相应值的出现比 A 相的相应值滞后 120°，而 C 相电压又比 B 相电压滞后 120°，因此 A-B-C-A 的相序称为正相序，通常交流三相电网都是用正相序来表示。

对称三相正弦电压的瞬时值表达式为

$$\left.\begin{aligned}u_A&=U_m\sin\omega t\\u_B&=U_m\sin(\omega t-120°)\\u_C&=U_m\sin(\omega t+120°)\end{aligned}\right\} \tag{1-76}$$

也可用相量表示为

$$\left.\begin{array}{l} \dot{U}_A = U \angle 0° \text{ V} \\ \dot{U}_B = U \angle -120° \text{ V} \\ \dot{U}_C = U \angle 120° \text{ V} \end{array}\right\} \qquad (1\text{-}77)$$

其波形图和相量图如图 1-23a、b 所示。这样的三个大小相等、频率相同、相位互差 120°的交流电压称为对称三相交流电压。由于三相对称，无论从表达式或波形图、相量图都可得出三相电压的瞬时值之和或相量和均等于零。

$$\left.\begin{array}{l} u_A + u_B + u_C = 0 \\ \dot{U}_A + \dot{U}_B + \dot{U}_C = 0 \end{array}\right\} \qquad (1\text{-}78)$$

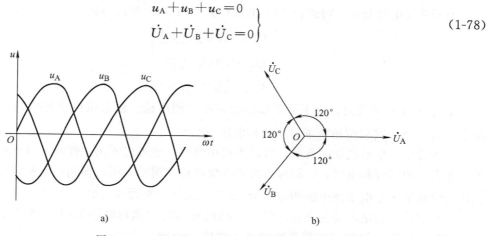

a)   b)

图 1-23 三相交流电压的波形图和相量图

1. 三相交流电压源的连接

三相电源绕组的连接方式有两种：星形联结和三角形联结。下面分别介绍这两种接法的特点。

（1）对称三相电源的星形联结 三相电压源的星形联结如图 1-24 所示。它是指将三个电源的负极性端接在一起形成一节点，这个节点称为中性点或零点，用符号 N 来表示，从中性点引出的导线称为中性线或零线。从三个电压源的正极性端 A、B、C 向外引出的导线称为相线或端线，俗称火线。

相线和中性线之间的电压称为相电压，可用下角标字母来表示其参考方向，分别记为 $\dot{U}_{AN}$、$\dot{U}_{BN}$、$\dot{U}_{CN}$，通常可简化记为 $\dot{U}_A$、$\dot{U}_B$、$\dot{U}_C$。任意两根相线之间的电压称为线电

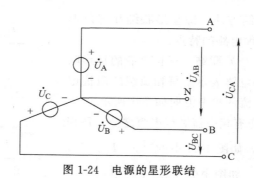

图 1-24 电源的星形联结

压，也可用下角标字母来表示线电压的参考方向，分别记为 $\dot{U}_{AB}$、$\dot{U}_{BC}$、$\dot{U}_{CA}$，如图 1-24 所示。

根据基尔霍夫定律，线电压和相电压之间具有如下关系：

$$\left.\begin{aligned} \dot{U}_{AB} &= \dot{U}_A - \dot{U}_B \\ \dot{U}_{BC} &= \dot{U}_B - \dot{U}_C \\ \dot{U}_{CA} &= \dot{U}_C - \dot{U}_A \end{aligned}\right\} \tag{1-79}$$

由于三相电压对称，将式(1-77) 的值代入式(1-79) 可以得到

$$\left.\begin{aligned} \dot{U}_{AB} &= \sqrt{3}\dot{U}_A \angle 30° \\ \dot{U}_{BC} &= \sqrt{3}\dot{U}_B \angle 30° \\ \dot{U}_{CA} &= \sqrt{3}\dot{U}_C \angle 30° \end{aligned}\right\} \tag{1-80}$$

由式(1-80)可看出，对于星形联结的对称三相电源，线电压也是对称的，其有效值是相电压的 $\sqrt{3}$ 倍，其相位超前于对应的相电压 30°。

根据需要，星形联结的电源，可以引出中性线，也可以不用中性线。对于有中性线的电源，称为三相四线制电源，它能够为用户提供两种不同的电压，即相电压和线电压。通常的三相四线制低压配电系统中的相电压为 220V，线电压为 $\sqrt{3} \times 220V = 380V$。

（2）对称三相电源的三角形联结　三相电压源的三角形联结如图 1-25 所示。它是将对称的三相电压源各相的首尾端依次相接，构成一个闭合三角形，再从三个连接点（即三角形的顶点）引出三条端线。显然，三角形联结的三相电源的线电压等于对应的相电压，即

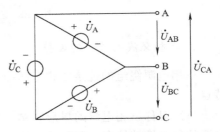

$$\left.\begin{aligned} \dot{U}_{AB} &= \dot{U}_A \\ \dot{U}_{BC} &= \dot{U}_B \\ \dot{U}_{CA} &= \dot{U}_C \end{aligned}\right\} \tag{1-81}$$

图 1-25　电源的三角形联结

在实际工作中，作为电源的三相发电机通常都是接成星形；而对于三相变压器，星形、三角形两种接法都有。

2. 三相交流负载电路

三相负载也有两种联结方法，即星形联结和三角形联结。下面分别讨论这两种电路的特点。

（1）三相负载的星形（Y）联结　三相负载的星形联结一般可用图 1-26 所示的电路表示。每相负载的阻抗记为 Z_a、Z_b、Z_c。电压和电流的参考方向如图中所示。

在三相电路中，电流也有相电流和线电流之分，每相负载中的电流称为相电流，如图 1-26 中的 $\dot{I}_a$、$\dot{I}_b$、$\dot{I}_c$；端线中的电流称为线电流，如图中的 $\dot{I}_A$、$\dot{I}_B$、$\dot{I}_C$。

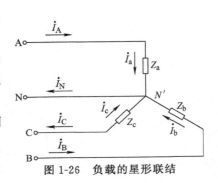

图 1-26　负载的星形联结

当负载作星形联结时，不难看出，各线电流即为相应的相电流，即

$$\dot{I}_A = \dot{I}_a; \quad \dot{I}_B = \dot{I}_b; \quad \dot{I}_C = \dot{I}_c \tag{1-82}$$

如果三相负载为对称三相负载，即 $Z_a = Z_b = Z_c = Z = R + jX$，那么各相电流（或线电流）分别为

$$\left. \begin{aligned}
\dot{I}_a &= \frac{\dot{U}_A}{Z_a} = \frac{\dot{U}_A}{Z} = \dot{I}_p \\[2mm]
\dot{I}_b &= \frac{\dot{U}_B}{Z_b} = \frac{\dot{U}_A \angle -120°}{Z} = \dot{I}_p \angle -120° \\[2mm]
\dot{I}_c &= \frac{\dot{U}_C}{Z_c} = \frac{\dot{U}_A \angle 120°}{Z} = \dot{I}_p \angle 120°
\end{aligned} \right\} \tag{1-83}$$

上式表明，在对称三相负载的情况下，各相电流（或线电流）也是对称的。各相负载的电压与电流之间的相位差为

$$\varphi = \arctan \frac{X}{R}$$

这时中性线电流根据基尔霍夫电流定律有

$$\dot{I}_N = \dot{I}_a + \dot{I}_b + \dot{I}_c = 0 \tag{1-84}$$

即三相负载对称时，中性线电流为零。既然中性线中无电流，就可省去，这样就构成了三相三线制电路。三相三线制电路在生产上的应用极为广泛，因为生产中常用三相异步电动机，这类三相负载一般都是对称的。

（2）负载的三角形（△）联结　负载的三角形联结如图 1-27 所示，每相负载的阻抗为 Z_{ab}、Z_{bc}、Z_{ca}，电压和电流的参考方向如图中所示。从图中可以看出，负载的相电压就是对应的线电压。在三相电源线电压对称时，三相负载的相电压也是对称的。

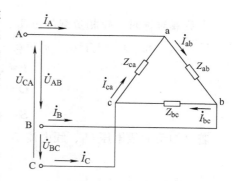

图 1-27　负载的三角形联结

如果负载对称，即 $Z_{ab} = Z_{bc} = Z_{ca} = Z$，则有

$$\left. \begin{aligned}
\dot{I}_{ab} &= \frac{\dot{U}_{AB}}{Z_{ab}} = \frac{\dot{U}_{AB}}{Z} \\[2mm]
\dot{I}_{bc} &= \frac{\dot{U}_{BC}}{Z_{bc}} = \frac{\dot{U}_{AB} \angle -120°}{Z} = \dot{I}_{ab} \angle -120° \\[2mm]
\dot{I}_{ca} &= \frac{\dot{U}_{CA}}{Z_{ca}} = \frac{\dot{U}_{AB} \angle 120°}{Z} = \dot{I}_{ab} \angle 120°
\end{aligned} \right\} \tag{1-85}$$

式（1-85）表明，在三相负载对称的情况下，各相电流是对称的。

根据基尔霍夫电流定律可得各线电流为

$$\left.\begin{array}{l} \dot{I}_{A}=\dot{I}_{ab}-\dot{I}_{ca}=\dot{I}_{ab}-\dot{I}_{ab}\angle 120°=\sqrt{3}\,\dot{I}_{ab}\angle -30°\ A \\ \dot{I}_{B}=\dot{I}_{bc}-\dot{I}_{ab}=\dot{I}_{ab}\angle -120°-\dot{I}_{ab}=\sqrt{3}\,\dot{I}_{bc}\angle -30°\ A \\ \dot{I}_{C}=\dot{I}_{ca}-\dot{I}_{bc}=\dot{I}_{ab}\angle 120°-\dot{I}_{ab}\angle -120°=\sqrt{3}\,\dot{I}_{ca}\angle -30°\ A \end{array}\right\} \tag{1-86}$$

式(1-86)表明,对称负载三角形联结时,线电流也是对称的。在数值上线电流为相电流的 $\sqrt{3}$ 倍,其相位滞后于相应的相电流 $30°$。

3. 三相电路的功率

在三相电路中,无论负载采用何种连接方式,三相负载的有功功率和无功功率分别等于各相有功功率和无功功率之和,即

$$P=P_a+P_b+P_c=U_aI_a\cos\varphi_a+U_bI_b\cos\varphi_b+U_cI_c\cos\varphi_c \tag{1-87}$$

$$Q=Q_a+Q_b+Q_c=U_aI_a\sin\varphi_a+U_bI_b\sin\varphi_b+U_cI_c\sin\varphi_c \tag{1-88}$$

式中, U_a、U_b、U_c 及 I_a、I_b、I_c 均为相电压和相电流的有效值; φ_a、φ_b、φ_c 分别为各相负载的功率因数角,亦即每相负载相电压与相电流的相位差。

三相负载的视在功率为

$$S=\sqrt{P^2+Q^2} \tag{1-89}$$

当负载对称时,每相负载的电压、电流的有效值与功率因数角均相等,亦即 $U_a=U_b=U_c=U_p$; $I_a=I_b=I_c=I_p$; $\varphi_a=\varphi_b=\varphi_c=\varphi$,故有

$$\left.\begin{array}{l} P=3U_pI_p\cos\varphi \\ Q=3U_pI_p\sin\varphi \\ S=\sqrt{P^2+Q^2}=3U_pI_p \end{array}\right\} \tag{1-90}$$

若已知负载线电压 U_1、线电流 I_1,当对称负载为星形联结时有

$$\left.\begin{array}{l} U_p=U_1/\sqrt{3} \\ I_p=I_1 \end{array}\right\} \tag{1-91}$$

当对称负载为三角形联结时有

$$\left.\begin{array}{l} U_p=U_1 \\ I_p=I_1/\sqrt{3} \end{array}\right\} \tag{1-92}$$

将式(1-91)、(1-92)分别代入(1-90)均可得到

$$\left.\begin{array}{l} P=\sqrt{3}\,U_1I_1\cos\varphi \\ Q=\sqrt{3}\,U_1I_1\sin\varphi \\ S=\sqrt{3}\,U_1I_1 \end{array}\right\} \tag{1-93}$$

式(1-90)是用相电压和相电流表示的三相功率计算式,式(1-93)是用线电压和线电流表示的三相功率计算式。但应注意:上述两式中的 φ 都是指相电压和相电流之间的相位差,切勿误认为是线电压与线电流之间的相位差。

第二节　电气事故

电气事故是电气安全主要研究和管理的对象。掌握电气事故的特点和事故的分类，对做好电气安全工作具有重要的意义。根据能量转移论的观点，电气事故是由于电能非正常地作用于人体或系统所造成的。根据电能的不同作用形式，可将电气事故分为触电事故、雷电事故、静电事故、电磁辐射事故、电路故障事故等。

一、触电事故

触电事故是由电流形式的能量造成的事故。当电流流过人体，人体直接接受局外电能时，人将受到不同程度的伤害，这种伤害称为电击。当电流转换成其他形式的能量（如热能等）作用于人体时，人也将受到不同形式的伤害，这类伤害统称电伤。

1. 电击

按照发生电击时电气设备的状态，电击可分为直接接触电击和间接接触电击。直接接触电击是触及设备和线路正常运行时的带电体发生的电击（如误触接线端子发生的电击），也称为正常状态下的电击。间接接触电击是触及设备正常状态下不带电，而当设备或线路故障时意外带电的导体发生的电击（如触及漏电设备的外壳发生的电击），也称为故障状态下的电击。由于二者发生事故的条件不同，所以防护技术也不相同。

电击是电流通过人体、刺激机体组织，使肌肉非自主地发生痉挛性收缩而造成的伤害，严重时会破坏人的心脏、肺部、神经系统的正常工作，形成危及生命的伤害。电击对人体的效应是由通过的电流决定的，而电流对人体的伤害程度是与通过人体电流的强度、种类、持续时间、通过途径及人体状况等多种因素有关。

按照人体触及带电体的方式，电击可分为以下几种情况：

（1）单相电击　单相电击是指人体接触到地面或其他接地导体的同时，人体另一部位触及某一相带电体所引起的电击。单相电击的危险程度除与带电体电压高低、人体电阻、鞋和地面状态等因素有关外，还与人体离接地点的距离以及配电网对地运行方式有关。一般情况下，接地电网中发生的单相电击比不接地电网中的危险性大。根据国内外的统计资料，单相触电事故占全部触电事故的70%以上。因此，防止触电事故的技术措施应将单相电击作为重点。

（2）两相电击　两相电击是指人体离开接地导体，人体某两部分同时触及两相带电导体所引起的电击。在此情况下，人体所承受的电压为三相系统中的线电压，因电压相对较大，其危险性也较大。应当指出，漏电保护装置对两相电击是不起作用的。

（3）跨步电压电击　人体进入地面带电的区域时，两脚之间承受的电压称为跨步电压。由跨步电压造成的电击称为跨步电压电击。

如图1-28所示，当电流流入地下时，（这一电流称为接地电流），电流自接地体向四周流散（这时的电流称流散电流），于是接地点周围的土壤中将产生电压降，接地点周围地面将带有不同的对地电压。接地体周围各点对地电压与至接地体的距离大致保持反比关系。因此，人站在接地点周围时，两脚之间可能承受一定电压，遭受跨步电压电击。

可能发生跨步电压电击的情况有：①带电导体特别是高压导体故障接地时，或接地装置

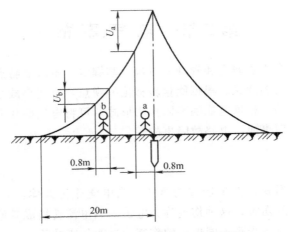

图 1-28　对地电压曲线及跨步电压

流过故障电流时，流散电流在附近地面各点产生的电位差可造成跨步电压电击；②正常时有较大工作电流流过接地装置附近，流散电流在地面各点产生的电位差可造成跨步电压电击；③防雷装置遭受雷击或高大设施，高大树木遭受雷击时，极大的流散电流在其接地装置或接地点附近地面产生的电位差可造成跨步电压电击。

　　跨步电压的大小受接地电流大小、鞋和地面特征、两脚之间的跨距、两脚的方位以及离接地点的远近等很多因素的影响。人的跨步距离一般按 0.8m 考虑。图 1-28 中 a、b 两人都承受跨步电压。由于对地电压曲线离开接地点由陡而缓的下降特征，a 承受的跨步电压高于 b 承受的跨步电压。当两脚与接地点等距离时（设接地体具有几何对称的特点），两脚之间是没有跨步电压的。因此，离接地点越近，只是有可能承受而并不一定承受越大的跨步电压。由于跨步电压受很多因素的影响以及由于地面电位分布的复杂性，几个人在同一地带（如同一棵大树下或同一故障接地点附近）遭到跨步电压电击完全可能出现截然不同的后果。

　　2. 电伤

　　电伤是由电流的热效应、化学效应、机械效应等对人体所造成的伤害。此伤害多见于机体的外部，往往在机体表面留下伤痕。能够形成电伤的电流通常比较大。电伤属于局部伤害，其危险程度决定于受伤面积、受伤深度、受伤部位等。电伤包括电烧伤、电烙印、皮肤金属化、机械损伤、电光眼等多种伤害。

　　(1) 电烧伤　电烧伤是电流的热效应造成的伤害，是最为常见的电伤，大部分触电事故都含有电烧伤成分，电烧伤可分为电流灼伤和电弧烧伤。

　　电流灼伤是人体与带电体接触，电流通过人体由电能转换成热能而造成的伤害。由于人体与带电体的接触面积一般都不大，且皮肤电阻又比较高，因而产生在皮肤与带电体接触部位的热量就较多，因此，使皮肤受到比体内严重得多的灼伤。电流越大，通电时间越长，电流途径上的电阻越大，则电流灼伤越厉害。由于接近高压带电体时会发生击穿放电，因此，电流灼伤一般发生在低压电气设备上。因电压较低，形成电流灼伤的电流不太大。但数百毫安的电流即可造成灼伤，数安的电流则会形成严重的灼伤。在高频电流下，因皮肤电容的旁路作用，有可能发生皮肤仅有轻度灼伤而内部组织却被严重灼伤的情况。

电弧烧伤是由弧光放电造成的伤害，分为直接电弧烧伤和间接电弧烧伤。直接电弧烧伤发生在带电体与人体之间，有电流通过人体的烧伤；间接电弧烧伤发生在人体附近，对人体形成的烧伤以及被熔化金属溅落的烫伤。

直接电弧烧伤是与电击同时发生的。弧光放电时电流很大，能量也很大，电弧温度高达数千摄氏度，可造成大面积的深度烧伤，严重时能将机体组织烘干、烧焦。电弧烧伤既可以发生在高压系统，也可以发生在低压系统。在低压系统，带负荷（尤其是感性负载）拉开裸露的刀开关时，产生的电弧会烧伤操作者的手部和面部；当线路发生短路，开启式熔断器熔断时，炽热的金属微粒飞溅出来会造成灼伤；因误操作引起短路也会导致电弧烧伤等。在高压系统，由于误操作，会产生强烈的电弧，造成严重的烧伤；人体过分接近带电体，其间距小于放电距离时，直接产生强烈的电弧，造成电弧烧伤，严重时会因电弧烧伤而死亡。

（2）电烙印　电烙印是电流通过人体后，在皮肤表面接触部位留下与接触带电体形状相似的斑痕，如同烙印。斑痕处皮肤呈现硬变，表层坏死，失去知觉。

（3）皮肤金属化　皮肤金属化是在电弧高温的作用下，金属熔化、汽化，金属微粒渗入皮肤，使皮肤粗糙而张紧的伤害。皮肤金属化多与电弧烧伤同时发生。

（4）机械损伤　机械损伤多数是由于电流作用于人体时，人的中枢神经反射使肌肉产生非自主的剧烈收缩所造成的。其损伤包括肌腱、皮肤、血管、神经组织断裂以及关节脱位乃至骨折等。

（5）电光眼　电光眼是发生弧光放电时，由红外线、可见光、紫外线对眼睛的伤害。在短暂照射的情况下，引起电光眼的主要原因是紫外线。电光眼表现为角膜炎或结膜炎。

尽管触电事故只是电气事故的其中一种，但触电事故是最常见的电气事故，而且大部分触电事故都是在用电过程中发生的。因此，研究触电事故的预防是电气安全的重要课题。

二、雷击事故

雷电是大气电，是由大自然的力量在宏观范围内分离和积累起来的正电荷和负电荷。这就是说，雷击是自然界中正、负电荷形式的能量释放造成的事故。

雷电分为直击雷、感应雷和球雷。当带电积云接近地面，与地面凸出物之间的电场强度达到空气的击穿强度（25～30kV/cm）时，所发生的激烈的放电现象称为直击雷。其每一放电过程包含先导放电、主放电、余光三个阶段。当带电积云接近地面凸出物时，在其顶部感应出大量异性电荷，当带电积云与其他部位或其他积云或地面设施放电后，凸出物顶部的电荷失去束缚，高速传播形成高压冲击波，此冲击波由静电感应产生，具有雷电特征，称为感应雷。雷电放电时产生的球状发光带电体称为球雷，球雷也可能造成多种危害。

雷电放电具有电流大、电压高、冲击性强的特点。其能量释放出来可表现为极大的破坏力。雷击除可能毁坏设施和设备外，可能伤及人、畜，可能引起火灾和爆炸，可能造成大规模停电事故。因此，电力设施和建筑物，特别是有火灾和爆炸危险的建筑物，均须考虑防雷措施。

三、静电事故

静电事故是由静电电荷或静电场能量引起的事故。在生产工艺过程中以及操作人员的操作过程中，某些材料的相对运动、接触与分离等原因导致了相对静止的正电荷和负电荷的积累，即产生了静电。由此产生的静电能量不大，不会直接使人致命。但是，其电压可能高达数十千伏乃至数百千伏，发生放电，产生静电火花。在有爆炸和火灾危险环境下，静电是一个十分危险的因素，静电放电火花会成为可燃性物质的点火源，造成爆炸和火灾事故。

接触-分离过程，即两种紧密接触材料的突然分离过程是静电产生的基本方式。高电阻率的高分子材料容易产生和积累危险的静电。体积电阻率 $10^{10}\,\Omega\cdot m$ 以上或表面电阻率 $10^{11}\,\Omega$ 以上的材料是有静电危险的材料。以下工艺过程都容易产生静电。

1）固体物质大面积的摩擦，如纸张与辊轴摩擦、橡胶或塑料碾制、传动带与带轮或辊轴摩擦等；固体物质在压力下接触后分离，如塑料压制、上光等；固体物质在挤出、过滤时与管道、过滤器等发生摩擦，如塑料的挤出等。

2）固体物质的粉碎、研磨过程；悬浮粉尘的高速运动等。

3）在混合器中搅拌各种高电阻率物质，如纺织品的涂胶过程等。

4）高电阻率液体在管道中流动且流速超过 1m/s 时；液体喷出管口时；液体注入容器发生冲击、飞溅时等。

5）液化气体、压缩气体或高压蒸汽在管道中流动和由管口喷出时，如从气瓶放出压缩气体、喷漆等。

在石油、化工、粉末加工、橡胶、塑料等行业，必须充分注意静电的危险性。生产工艺过程中的静电也可能使人遭到电击，还可能妨碍生产。在电子行业，如无有效的防静电措施，集成元件可能遭到击穿。从广义上说，降低工效、降低产品质量或产生废品也是安全工作者不应忽略的问题。

四、电磁辐射事故

电磁辐射事故是电磁波形式的能量造成的事故。高频电磁波泛指频率 100kHz 以上的电磁波。高频热合机、高频淬火装置、高频焊接装置、某些电子装置附近可能存在超标准的电磁辐射。

在高频电磁波照射下，人体因吸收辐射能量会受到不同程度的伤害。过量的辐射可引起中枢神经系统的机能障碍，出现神经衰弱症候群等临床症状；可造成植物神经紊乱，出现心率或血压异常，如心动过缓、血压下降或心动过速、高血压等；可引起眼睛损伤，造成晶体浑浊、严重时导致白内障；可使睾丸发生功能失常，造成暂时或永久的不育症，并可能使后代产生疾患；可造成皮肤表层灼伤或深度灼伤等。

在高强度的高频电磁场作用下，可能产生感应放电，会造成电引爆器发生意外引爆。感应放电对具有爆炸、火灾危险的场所来说是一个不容忽视的危险因素。此外，当高大金属设施接收电磁波以后，可能发生谐振，产生数百伏的感应过电压。由于感应电压较高，可能给人以明显的电击，还可能与邻近导体之间发生火花放电。

高频电磁波还可能干扰无线电通信，还可能降低电子装置的质量和影响电子装置的正常工作。

五、电路故障事故

电路故障事故是由于电能在输送、分配，转换过程中失去控制而产生的。断路、短路、异常接地、漏电、误合闸、电气设备或电气元件受电磁干扰而发生误动作等都属于电路故

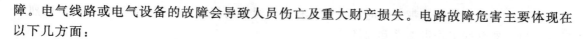

障。电气线路或电气设备的故障会导致人员伤亡及重大财产损失。电路故障危害主要体现在以下几方面：

1. 异常带电

在电路系统中原本不带电的部分因电路故障而异常带电，可导致触电事故发生。例如：电气设备因绝缘不良产生漏电，使其金属外壳带电；高压电路故障接地时，在接地处附近呈现出较高的跨步电压，形成触电的危险条件。

2. 异常停电

在某些特定场合，异常停电会造成设备损坏和人身伤亡。如正在浇注钢水的吊车，因骤然停电而失控，导致钢水洒出，引起人身伤亡事故；医院手术室可能因异常停电而被迫停止手术，无法正常施救而危及病人生命；排放有毒气体的风机因异常停电而停转，致使有毒气体超过允许浓度而危及人身安全等；公共场所发生异常停电，会引起妨碍公共安全的事故；异常停电还可能引起电子计算机系统的故障，造成难以挽回的损失。

3. 引起火灾和爆炸

线路、开关、熔断器、插座、照明器具、电热器具、电动机等发生故障时均可能引起火灾和爆炸；电力变压器，多油断路器等电气设备在发生故障时不仅有较大的火灾危险，还有爆炸的危险。

应当指出，电气火灾和电气爆炸都是电气事故。火灾和爆炸只是事故表现形式，而不是造成事故的基本因素。因此，在这里不把电气火灾、爆炸单独列出来。上述电流形式的能量、电荷形式的能量、电磁波形式的能量以及电能失去控制都可能引起火灾和爆炸。在火灾和爆炸事故中，电气火灾和爆炸事故占有很大的比例。就引起火灾的原因而言，电气原因仅次于一般明火而位居第二。电气火灾和爆炸除可能毁坏设备和设施，引起大规模停电，造成重大经济损失外，还可能造成重大人身伤亡事故。

第三节 电流对人体的作用

电流通过人体，会引起人体的生理反应及机体的损坏。有关电流人体效应的理论和数据对于制定防触电技术的标准、鉴定安全型电气设备、设计安全措施、分析电气事故、评价安全水平等是必不可少的。

一、电流对人体的作用

电流通过人体时会破坏人体内细胞的正常工作，主要表现为生物学效应。电流作用于人体还包含有热效应、化学效应和机械效应。

电流的生物学效应主要表现为使人体产生刺激和兴奋行为，使人体活的组织发生变异，从一种状态变为另一种状态。电流通过肌肉组织，引起肌肉收缩。电流除对机体直接作用外，还可以对中枢神经系统起作用。由于电流引起细胞激动，产生脉冲形式的神经兴奋波，当这些兴奋波迅速地传到中枢神经系统后，后者即发出不同的指令，使人体各部位做相应的反应。因此，当人体触及带电体时，一些没有电流通过的部位也可能受到刺激，发生强烈的反应，重要器官的工作可能受到损坏。

在活的机体上，特别是肌肉和神经系统，有微弱的生物电存在。如果引入局外电流，生物电的正常规律将受到破坏，人体也将受到不同程度的伤害。

电流通过人体还有热作用。电流流过血管、神经、心脏、大脑等器官时，可能将因为热量增加而导致功能障碍。

电流通过人体，还会引起机体内液体物质发生离解、分解，导致破坏。

电流通过人体，还会使机体各种组织产生蒸汽，乃至发生剥离、断裂等严重破坏。

电流通过人体，会引起麻感、针刺感、压迫感、打击感、痉挛、疼痛、呼吸困难、血压异常、昏迷、心律不齐、窒息、心室颤动等症状，严重时导致死亡。人体工频电流试验的典型资料见表1-1和表1-2。

表1-1　左手—右手电流途径的实验资料　　　　　　　　（单位：mA）

感 觉 情 况	初试者百分数		
	5%	50%	95%
手表面有感觉	0.7	1.2	1.7
手表面有麻痹似的连续针刺感	1.0	2.0	3.0
手关节有连续针刺感	1.5	2.5	3.5
手有轻微颤动，关节有受压迫感	2.0	3.2	4.4
上肢有强力压迫的轻度痉挛	2.5	4.0	5.5
上肢有轻度痉挛	3.2	5.2	7.2
手有痉挛，但能伸开，已感到有轻度疼痛	4.2	6.2	8.2
上肢部、手有剧烈痉挛、失去知觉，手的前表面有连续针刺感	4.3	6.6	8.9
手的肌肉直到肩部全面痉挛，还可能摆脱带电体	7.0	11.0	15.0

表1-2　单手—双脚电流途径的实验资料　　　　　　　　（单位：mA）

感 觉 情 况	初试者百分数		
	5%	50%	95%
手表面有感觉	0.9	2.2	3.5
手表面有麻痹似的针刺感	1.8	3.4	5.0
手关节有轻度压迫感，有强度的连续针刺感	2.9	4.8	6.7
前肢有压迫感	4.0	6.0	8.0
前肢有压迫感，足掌开始有连续针刺感	5.3	7.6	10.0
手关节有轻度痉挛，手动作困难	5.5	8.5	11.5
上肢有连续针刺感，腕部，特别是手关节有强度痉挛	6.5	9.5	12.5
肩部以下有强度连续针刺感，肘部以下僵直，还可以摆脱带电体	7.5	11.0	14.5
手指关节、踝骨、足跟有压迫感，手的大拇指（全部）痉挛	8.8	12.3	15.8
只有尽最大努力才可能摆脱带电体	10.0	14.0	18.0

电流对人体伤害的程度与通过人体电流的大小、电流通过人体的持续时间、电流通过人体的途径、电流的种类等多种因素有关。

1. 伤害程度与电流大小的关系

通过人体的电流越大，人的生理反应越明显，引起心室颤动所需的时间越短，致命的危险就越大，伤害也就越严重。对于工频交流电，按照不同电流通过人体时的生理反应，可将作用于人体的电流分成以下三级：

（1）感知电流和感知阈值 感知电流是指在一定概率下，电流流过人体时可引起感觉的最小电流。感知电流的最小值称为感知阈值。

不同的人，感知电流及感知阈值是不同的。女性对电流较敏感，在概率为50%时，一般成年男性平均的感知电流约为1.1mA（有效值，下同）；成年女性约为0.7mA左右。对于正常人体，感知阈值平均为0.5mA，并与时间因素无关。感知电流一般不会对人体造成伤害，但可能因不自主反应而导致由高处跌落等二次事故。感知电流的概率曲线如图1-29所示。

（2）摆脱电流和摆脱阈值 摆脱电流是指在一定概率下，人在触电后能够自行摆脱带电体的最大电流。摆脱电流的最小值称为摆脱阈值。

摆脱电流的概率曲线如图1-30所示。在概率为50%时，一般成年男性平均摆脱电流约为16mA；成年女性平均摆脱电流约为10.5mA。在概率为0.5%时，成年男性最小摆脱电流约为9mA；成年女性最小摆脱电流约为6mA；儿童的摆脱电流较成人要小。对于正常人体，摆脱阈值平均为10mA，与时间无关。

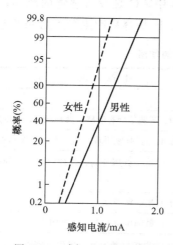

图1-29 感知电流概率曲线

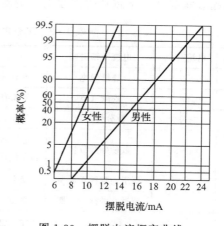

图1-30 摆脱电流概率曲线

摆脱电流是人体可以忍受但一般尚不致造成不良后果的电流。电流超过摆脱电流以后，会感到异常痛苦、恐慌和难以忍受；如时间过长，则可能昏迷、窒息，甚至死亡。

（3）室颤电流和室颤阈值 室颤电流是指引起心室颤动的最小电流，其最小电流即室颤阈值。由于心室颤动几乎终将导致死亡，因此，可以认为，室颤电流即致命电流。

电击致死的原因是比较复杂的。例如，高压触电事故中，可能因为强电弧或很大的电流导致烧伤使人致命；低压触电事故中，可能因为心室颤动，也可能因为窒息时间过长使人致命。一旦发生心室颤动，数分钟内即可导致死亡。因此，在小电流（不超过数百毫安）的作用下，电击致命的主要原因是电流引起心室颤动。因而室颤电流是最小致命电流。

室颤电流和室颤阈值除取决于电流持续时间、电流途径、电流种类等电气参数外，还取决于机体组织、心脏功能等个体生理特征。

实验表明，室颤电流与电流持续时间有很大关系，如图1-31所示。室颤电流与时间的关系符合Z形曲线的规律。当电流持续时间超过心脏搏动周期时，人的室颤电流约为50mA；当电流持续时间短于心脏搏动周期时，人的室颤电流约为数百毫安。当电流持续时间在0.1s以下时，如电击发生在心脏易损期，500mA以上乃至数安的电流才能够引起心室颤动。在同样电流下，如果电流持续时间超过心脏跳动周期，可能导致心脏停止跳动。

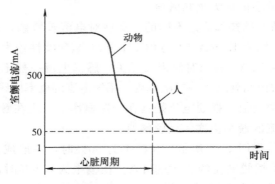

图1-31 室颤电流—时间曲线

工频电流作用于人体的效应可参考表1-3确定。表中，O是没有感觉的范围；A_1、A_2、A_3是不引起心室颤动，不致产生严重后果的范围；B_1、B_2是容易产生严重后果的范围。

表1-3 工频电流对人体的作用

电流范围	电流/mA	电流持续时间	生理效应
O	0～0.5	连续通电	没有感觉
A_1	0.5～5	连续通电	开始有感觉，手指、手腕等处有麻感，没有痉挛，可以摆脱带电体
A_2	5～30	数分钟以内	痉挛，不能摆脱带电体，呼吸困难，血压升高，是可忍受的极限
A_3	30～50	数秒到数分钟	心脏跳动不规则、昏迷、血压升高、强烈痉挛、时间过长即引起心室颤动
B_1	50～数百	低于心脏搏动周期	受强烈刺激，但未发生心室颤动
		超过心脏搏动周期	昏迷、心室颤动、接触部位留有电流通过的痕迹
B_2	超过数百	低于心脏搏动周期	在心脏搏动周期特定的相位触电时，发生心室颤动、昏迷，接触部位留有电流通过的痕迹
		超过心脏搏动周期	心脏停止跳动，昏迷

2. 伤害程度与电流持续时间的关系

从表1-3中可表明，通过人体电流的持续时间越长，越容易引起心室颤动，危险性就越大，其主要原因有三：

（1）能量的积累 电流持续时间越长，能量积累越多，引起心室颤动电流减小，使危险性增加。根据动物实验和综合分析得出，对于体重 50kg 的人，当发生心室颤动的概率为 0.5％时，引起心室颤动的工频电流与电流持续时间之间的关系可用下式表达：

$$I=\frac{116}{\sqrt{t}} \tag{1-94}$$

式中，I 为心室颤动电流（mA）；t 为电流持续时间（s）。

式(1-94) 所允许的时间范围是 0.01～0.5s。

心室颤动电流与电流持续时间的关系还可用下式表示：

$$\left.\begin{array}{ll} 当 t \geqslant 1s 时 & I=50\text{mA} \\ 当 t<1s 时 & I \cdot t=50\text{mA} \cdot \text{s} \end{array}\right\} \tag{1-95}$$

式(1-95) 所允许的时间范围是 0.1～5s。

（2）与易损期重合的可能性增大 在心脏搏动周期中，只有相应于心电图上约 0.2s 的 T 波（特别是 T 波前半部）这一特定时间是对电流最敏感的。该特定时间即易损期。电流持续时间越长，与易损期重合的可能性越大，电击的危险性就越大；当电流持续时间在 0.2s 以下时，重合易损期的可能性较小，电击危险性也较小。

（3）人体电阻下降 电流持续时间越长，人体电阻因出汗等原因而降低，使通过人体的电流进一步增加，电击危险亦随之增加。

3. 伤害程度与电流途径的关系

电流通过心脏会引起心室颤动，电流较大时会使心脏停止跳动，从而导致血液循环中断而死亡。

电流通过中枢神经或有关部位，会引起中枢神经严重失调而导致死亡。

电流通过头部会使人昏迷，或对脑组织产生严重损坏而导致死亡。

电流通过脊髓，会使人瘫痪等。

上述伤害中，以心脏伤害的危险性为最大。因此，流过心脏的电流越多，电流路线越短的途径，是电击危险性越大的途径。

利用心脏电流因数可以粗略估计不同电流途径下心室颤动的危险性。心脏电流因数是某一路径的心脏内电场强度与从左手到脚流过相同大小电流时的心脏内电场强度的比值。

如果通过人体某一电流途径的电流为 I，通过左手到脚途径的电流为 I_{ref}，且二者引起心室颤动的危险程度相同，则心脏电流因数 F 可按下式计算：

$$F=\frac{I_{ref}}{I} \tag{1-96}$$

不同电流途径的心脏电流因数见表 1-4。

表 1-4 各种电流途径的心脏电流因数

电流途径	心脏电流因数	电流途径	心脏电流因数
左手—左脚、右脚或双脚	1.0	背—左手	0.7
双手—双脚	1.0	胸—右手	1.3
左手—右手	0.4	胸—左手	1.5
右手—左脚、右脚或双脚	0.8	臀部—左手、右手或双手	0.7
背—右手	0.3	左脚—右脚	0.04

　　下面举个例子说明表 1-4 的应用，由表可知，对于左手—右手的电流途径，心脏电流因数为 0.4，因此，其 150mA 电流引起心室颤动的危险性与左手到双脚电流途径下 60mA 电流的危险性大致相同。

　　可以看出，左手至前胸是最危险的电流途径；右手至前胸、单手至单脚、单手至双脚、双手至双脚等也是很危险的电流途径。除表中所列各途径外，头至手和头至脚也是很危险的电流途径。左脚至右脚的电流途径也有相当的危险，而且这条途径还可能使人站立不稳而导致电流通过全身，大幅度增加触电的危险性。局部肢体电流途径的危险性较小，但可能引起中枢神经系统失调导致严重后果或可能造成其他的二次事故。

　　各种电流途径发生的概率是不一样的。例如，左手至右手的概率为 40%，右手至双脚的概率为 20%，左手至双脚的概率为 17% 等。

4. 伤害程度与电流种类的关系

不同种类电流对人体伤害的危险程度不同，但各种电流对人体都有致命危险。

　　(1) 直流电流的作用　　直流电击事故较少。其一方面的原因是直流电流的应用比交流电流的应用少得多；另一方面的原因是发生直流电击时比较容易摆脱带电体，室颤阈值也比较高。

　　直流电流对人体的刺激作用是与电流的变化，特别是与电流的接通和断开联系在一起的。对于同样的刺激效应，直流电流约为交流电流的 2~4 倍。

　　直流感知电流和感知阈值决定于接触面积、接触条件、电流持续时间和个体生理特征。直流感知阈值约为 2mA。与交流不同的是，直流电流只在接通和断开时才会引起人的感觉，而感知阈值电流在通过人体不变时是不会引起感觉的。

　　与交流不同，对于 300mA 以下直流电流，没有可确定的摆脱阈值，而仅仅在电流接通和断开时导致疼痛和肌肉收缩。大于 300mA 以上的直流电流，将导致不能摆脱或数秒至数分钟以后才能摆脱。

　　直流室颤阈值也决定于电气参数和生理特征。动物试验资料和电气事故资料的分析指出，脚部为负极的向下电流的室颤阈值是脚部为正极的向上电流的 2 倍；而对于从左手到右手的电流途径，不大可能发生心室颤动。

　　当电流持续时间超过心脏周期时，直流室颤阈值为交流的数倍。电击持续时间小于 200ms 时，直流室颤值大致与交流相同。显然，对于高压直流，其电击危险性并不低于交流的危险性。

　　当 300mA 的直流电流通过人体时，人体四肢有暖热感觉。电流途径为从左手到右手的情况下，电流为 300mA 及以下时，随持续时间的延长和电流的增长，可能产生可逆性心律不齐、电流伤痕、烧伤、晕眩乃至失去知觉等病理效应；而当电流为 300mA 以上时，经常出现失去知觉的情况。

　　(2) 100Hz 以上交流电流的作用　　100Hz 以上频率在飞机（400Hz）、电动工具及电焊（可达 450Hz）、电疗（4~5kHz）、开关方式供电（20kHz~1MHz）等方面被使用。由于它们对机体作用的实验资料不多，因此，有关依据的确定比较困难。但是各种频带的危险性是可以估计的。

　　由于有皮肤电容存在，高频电流通过人体时，皮肤阻抗明显下降，甚至可以忽略不计。

为了评价高频电流的危险性，可引进一个频率因数来衡量。频率因数是指某频率与工频有相应生理效应时的电流阈值之比。某频率下的感知、摆脱、室颤频率因数是各不相同的。

100Hz以上电流的频率因数都大于1。当频率超过50Hz时，频率因数由慢至快，逐渐增大。感知电流、摆脱电流与频率的关系可按图1-32确定。图中曲线1、2、3为感知电流曲线。曲线1是感知概率为0.5%的感知电流线；曲线2是感知概率为50%的感知电流线；曲线3是感知概率为99.5%的感知电流线。曲线4、5、6是摆脱概率分别为99.5%、50%和0.5%的摆脱电流线。

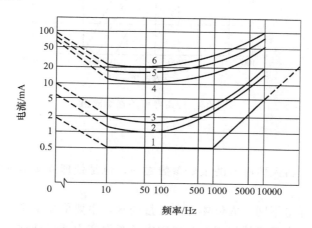

图1-32　感知电流、摆脱电流—频率曲线

（3）冲击电流的作用　冲击电流指作用时间不超过0.1～10ms的电流，包括方脉冲波电流、正弦脉冲波电流和电容放电脉冲波电流。

冲击电流对人体的作用有感知阈值、疼痛阈值和室颤阈值，没有摆脱阈值。

冲击电流影响心室颤动的主要因素是It和I^2t的值。在给定电流途径和心脏相位的条件下，相应于某一心室颤动概率的It的最小值和I^2t的最小值分别称为比室颤电量和比室颤能量。其感知阈值用电量表示，即在给定条件下，引起人的任何感觉的电量的最小值。冲击电流不存在摆脱阈值，但有一个疼痛阈值。疼痛阈值是手握大电极加冲击电流不引起疼痛时，比电量It或比能量I^2t的最大值。这里所说的疼痛是人不愿意再次接受的痛苦。当冲击电流超过疼痛阈值时，会产生蜜蜂刺痛或烟头灼痛式的痛苦。从比能量I^2t的观点考虑，在电流流经四肢、接触面积较大的条件下，疼痛阈值为$50 \times 10^{-6} \sim 100 \times 10^{-6} A^2 s$。

室颤阈值决定于冲击电流波形、电流延续时间、电流大小、脉冲发生时的心脏相位、人体内电流途径和个体生理特征。

动物试验指出，对于短脉冲，通常只在脉冲与心脏易损期重合的情况下发生心室颤动；对于100ms以下的短脉冲是由比室颤电量和比室颤能量激发心室颤动的。对于左手—双脚的电流途径，冲击电流的室颤阈值如图1-33所示。图中C_1以下是不发生室颤的区域；C_1和C_2之间是低度室颤阈值的区域（概率5%以下）；C_2和C_3之间是中等室颤危险的区域（概率50%以下）；C_3以上是高度室颤危险的区域（概率50%以上）。对于其他电流途径、可参照表1-4处理。

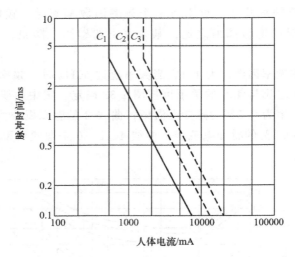

图 1-33 冲击电流的室颤阈值

二、人体阻抗

人体阻抗是定量分析人体电流的重要参数之一，也是处理许多电气安全问题所必须考虑的基本因素。

人体导电与金属导电不同，人体体内有大量的水，主要依靠离子导电，而不是依靠自由电子导电。另一方面，由于机体组织细胞之间电子激发产生能量迁移，也表现出导电性。这种导电性类似半导体的导电作用。

对于电流来说，人体皮肤、血液、肌肉、细胞组织及其结合部等构成了含有电阻和电容的阻抗。其中，皮肤电阻在人体阻抗中占有很大的比例。

人体阻抗包括皮肤阻抗和体内阻抗，其等效电路如图 1-34 所示。图中 R_{P1} 和 R_{P2} 表示皮肤电阻、C_{P1} 和 C_{P2} 表示皮肤电容，而 R_{P1} 和 C_{P1} 的并联表示皮肤阻抗 Z_{P1}，R_i 与其并联的虚线支路表示体内阻抗 Z_i，皮肤阻抗与体内阻抗的总和称为人体总阻抗 Z_T，下面分别对 Z_P、Z_i、Z_T 进行简单介绍。

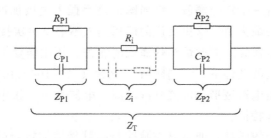

图 1-34 人体阻抗的等效电路

1. 皮肤阻抗 Z_P

皮肤由外层的表皮和表皮下面的真皮组成。表皮最外层是角质层，其电阻很大，在干燥和清洁的状态下，其电阻率可达 $1 \times 10^5 \sim 1 \times 10^6 \Omega \cdot m$。

皮肤阻抗是指表皮阻抗，即皮肤上电极与真皮之间的电阻抗，以皮肤电阻和皮肤电容并联来表示。皮肤电容是指皮肤上电极与真皮之间的电容。

皮肤阻抗值与接触电压、电流幅值和持续时间、频率、皮肤潮湿程度、接触面积和施加压力等因素有关。当接触电压小于 50V 时，皮肤阻抗随接触电压、温度、呼吸条件等因素影响有显著的变化，但其值还是比较高的；当接触电压为 50～100V 时，皮肤阻抗明显下降，当皮肤击穿后，其阻抗可忽略不计。

2. 体内阻抗 Z_i

体内阻抗是除去表皮之后的人体阻抗。体内阻抗虽然也包括电容，但其电容很小（图 1-34 中虚线支路上电容小而电阻大），可以忽略不计。因此，体内阻抗基本上可以视为纯电阻。体内阻抗主要决定于电流途径和接触面积。当接触面积过小，例如仅数平方毫米时，体内阻抗将会增大。

体内阻抗与电流途径的关系如图 1-35 所示。图中数值是用与手—手内阻抗比值的百分数表示的。无括号的数值为单手至所示部位的数值；括号内的数值为双手至相应部位的数值。如电流途径为单手至小腿的内阻抗值与手到手内阻抗值的比值的百分数为 75％；如电流途径为双手至小腿的内阻抗数值将降至图上所标明的 50％。这些数值可用来确定人体总阻抗的近似值。

当手到手的内阻抗已给定或测得后，利用图 1-35 可计算出手到各部分之间的阻抗值。例如已知手到手内阻抗为 700Ω，则单手和双手到头部的阻抗分别为手到手内阻抗的 50％ 和 30％，即分别为 350Ω 和 210Ω。

3. 人体总阻抗 Z_T

人体总阻抗是包括皮肤阻抗与体内阻抗的全部阻抗（见图 1-34）。当接触电压大致在 50V 以下时，由于皮肤阻抗受多种因素影响而显著变化，人体总阻抗随皮肤阻抗也有很大的变化；当接触电压较高时，人体总阻抗与皮肤阻抗之间关系越来越小，在皮肤击穿后，人体总阻抗接近于人体内阻抗值 Z_i。另外，由于存在皮肤电容，人体总阻抗 Z_T 受频率的

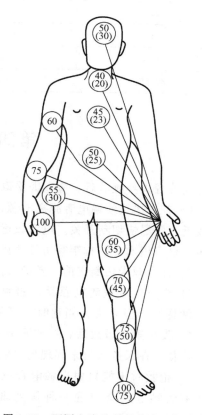

图 1-35 不同电流途径的体内阻抗值

影响，在直流时人体总阻抗数值较高，随着频率上升人体总阻抗数值下降。

通电瞬间的人体电阻称为人体初始电阻。在这一瞬间，人体各部分电容尚未充电，相当于短路状态。因此，人体初始电阻近似等于体内阻抗。人体初始电阻主要决定于电流途径，其次才是接触面积。人体初始电阻的大小限制瞬间冲击电流的峰值。根据试验，在电流途径从左手到右手或从单手到单脚、大接触面积的条件下，相应于 5％ 概率的人体初始电阻为 500Ω。

表 1-5 列出了不同接触电压下的人体阻抗值，表中数据相应于干燥条件、较大的接触面积（50～100cm²）、电流途径为左手到右手的情况。作为参考，试表数据亦可用于儿童。

表 1-5 人体总阻抗值 Z_T

接触电压/V	按下列分布（测定人数的百分比）统计时，Z_T 不超过以下数值/Ω		
	5%	50%	95%
25	1750	3250	6100
50	1375	2500	4600
75	1125	2000	3600
100	990	1725	3125
125	900	1550	2675
225	775	1225	1900
700	575	775	1050
1000	575	775	1050
渐近值	575	775	1050

第四节　触电急救

当发现人身触电后，应立即采取如下急救措施：

1）首先尽快使触电者脱离电源，以免由于触电时间稍长难于挽救。如电源开关距触电者较近，则尽快切断开关。电源较远时，可用绝缘钳或带有干燥木柄的斧子、铁锹等切断电源线，也可用木杆、竹竿等将导线挑开脱离触电者。

2）在电源未切断之前，救护人员切不可直接接触触电者，以免发生触电的危险。

3）当触电者脱离电源后，如触电者神志尚清醒，仅感到心慌、四肢麻、全身无力或曾一度昏迷，但未失去知觉时，可将触电者平躺于空气畅通而保温的地方，并严密观察。

4）发生触电事故后，一方面进行现场抢救，一方面应立即与附近医院联系，速派医务人员抢救。在医务人员未到现场之前，不得放弃现场抢救。

5）抢救时不能只根据触电者没有呼吸和脉搏，就擅自判断触电者已死亡而放弃抢救。因为有时触电后会出现一种假死现象，故必须由医生到现场后做出触电者是否死亡的诊断。

6）判断触电者呼吸和心跳的情况，一般应在 10s 内用看、听、试的方法进行判断。如图 1-36 所示，看触电者胸部、腹部有无起伏动作，用耳贴近触电者的口鼻听有无呼吸声音。用两个手指轻轻按在触电者左侧或右侧喉结旁凹陷处，测试颈动脉有无搏动，如图 1-37 所示。

7）未经医生许可，严禁用打强心针来进行触电急救。因为触电人处于心脏纤维颤动状态（即强烈地收缩状态），强心针是促进心脏收缩的，故打强心针将造成恶果。

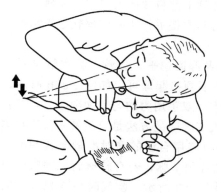

图 1-36　看、听判断呼吸

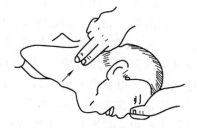

图 1-37　测试颈动脉搏动

一、触电急救的原则和方法

触电急救可按以下原则并视触电者状态而采用不同方法：

1）当触电者神志不清、有心跳，但呼吸停止或有轻微呼吸时，应及时用仰头抬颏法使气道开放，并进行口对口人工呼吸。

2）当触电者神志丧失、心跳停止，但有极微弱的呼吸时，应立即用心肺复苏法急救。不能认为还有极微呼吸就只做胸外按压，因为轻微呼吸不能起到气体交换作用。

3）当触电者心跳和呼吸均停止时，也应立即采用心肺复苏法急救，即使在送往医院的途中也不能停止急救。

4）当触电者心跳和呼吸均停止并有其他伤害时，应立即进行心肺复苏法急救，然后再进行外伤处理。

5）当人遭雷击心跳和呼吸均停止时，应立即进行心肺复苏法急救，以免发生缺氧性心跳停止而造成死亡，不能只看雷击者瞳孔已放大而不坚持心肺复苏法急救。

二、心肺复苏法

心肺复苏法的主要内容是开放气道、口对口（或鼻）人工呼吸和胸外按压。它可提高心跳和呼吸骤停的触电者的抢救存活率。从前使用的仰卧压胸法、俯卧压胸法以及举臂压胸法，这三者只能进行人工呼吸，不能维持气道开放，不能提高肺泡内气压，效果难以判断。采用心肺复苏法抢救心跳、呼吸均停止的触电者的存活率较高，是目前有效的急救方法。其操作方法如下：

（1）开放气道　触电者由于舌肌缺乏张力而松弛，舌头根下坠，堵塞气道，会堵住气道入口造成呼吸道阻塞，所以首先应开放气道，使舌根抬起。另外，触电者口中异物、假牙或呕吐物等应首先去除。开放气道的方法有仰头抬颏法和托颌法。

仰头抬颏法的操作方式如图 1-38 所示。其具体做法是，使触电者仰面躺平，急救者一只手放在触电者头部前

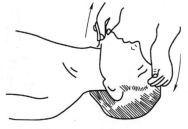

图 1-38　仰头抬颏法

额上并用手掌用力向下压,另一只手放在触电者颏下部将颏向上抬起,使触电者下边牙齿接触到上边牙齿,从而使头后仰放开气道。抬颏时不要将手指压向颈部软组织深处,以免阻塞气道。

托颌法的操作方法如图 1-39 所示。使触电者仰面躺平,急救者跪在触电者头部,两手放在触电者下颌两侧,如图 1-39a 所示,用手将下颌抬起即可,如图 1-39b 所示。操作时注意:不得使触电者头部左右扭转,以免扭伤颈椎;双手用力均匀,如图 1-39c 所示。

(2) 口对口(鼻)人工呼吸 口对口进行人工呼吸的方法是急救者一只手捏紧触电者的鼻孔(防止气体从触电者鼻孔放出),然后吸一口气用自己的嘴对准触电者的嘴,向触电者做两次大口吹气,每次 1～1.5s,然后检查触电者颈动脉,若有脉搏而无呼吸则以每秒一次的速度进行救生呼吸。口对口人工呼吸操作如图 1-40 所示,吹气时用眼观看触电者胸部有无起伏现象。

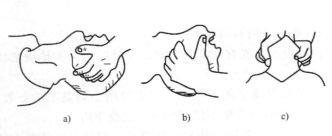

图 1-40　口对口人工呼吸

a)　　　　　　　b)　　　　　　　c)

图 1-39　托颌法

当触电者有下颌或嘴唇外伤时,牙关紧闭不能进行口对口人工呼吸时,可用口对准鼻孔进行人工呼吸。急救者一只手放在触电者前额上使其头部后仰,用另一只手抬起触电者的下颌并使其口闭合,以防漏气。然后深吸一口气向触电者鼻孔内吹气,然后急救者的口部移开,让触电者将气呼出。

(3) 胸外按压 胸外按压的目的是人工迫使血液循环。通过胸外按压,增加胸腔压力,并对心脏产生直接压力,提供心、肺、脑及其他器官血液循环。进行胸外按压时,首先要找出正确的按压部位。正确按压部位的确定方法是:急救者右手的食指和中指沿触电者肋弓下缘向上找到肋骨和胸骨接合处的切迹,将中指放在切迹之上(即剑突底部),食指在中指旁并放在胸骨下端;急救者左手掌根,紧挨食指上缘放在胸骨上,即为正确的按压部位,如图 1-41 所示。

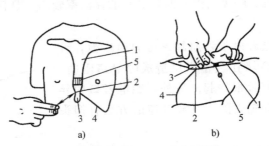

a)　　　　　　　　　　b)

图 1-41　胸外按压正确位置图

1—胸骨　2—切迹　3—剑突　4—肋弓下缘　5—正确按压部位

进行胸外按压操作方法如下：

1）急救者双手掌重叠以增加压力，手指翘起离开胸壁，只用手掌压住已确定的按压部位，如图 1-42 所示。

2）急救者立或跪在触电者一侧肩旁，腰部稍弯、上身向前、两臂垂直于按压部位上方，如图 1-43 所示。

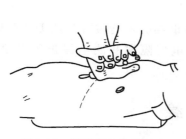

图 1-42　双手掌重叠按压法

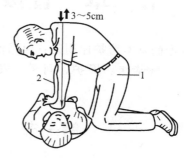

图 1-43　胸外按压正确姿势
1—髋关节支点　2—双臂垂直

3）以髋关节做支点利用上身的重力垂直将正常成人的胸骨向下压陷 3～5cm（儿童和瘦弱者酌减）。

4）压到 3～5cm 后立即全部放松，使胸部恢复正常位置让血液流入心脏（放松时急救人员的手掌不得离开胸壁也不准离开按压部位）。

5）胸外按压要以均匀速度进行，每分钟 80 次左右，每次按压和放松时间要相等。

6）胸外按压与口对口（鼻）人工呼吸同时进行时，若单人进行救护则每按压 15 次后，吹气 2 次，反复进行。若双人进行救护，则每按压 5 次后，由另一人吹气 1 次，反复进行。

三、抢救过程的再判断

在抢救过程中还应对触电者状态进行再判断，一般按以下要求进行判断：

1）按压吹气 1min 后，应用看、听、试方法在 5～7s 内对触电者的呼吸和心跳是否恢复进行判断。

2）若颈动脉已有搏动但无呼吸则暂停胸外按压，而再进行两次口对口（鼻）人工呼吸。如脉搏和呼吸均未恢复则应继续进行心肺复苏法抢救。

3）在抢救过程中每隔数分钟，应再判断一次。每次判断时间不得超过 5～7s，以免判断时间过长时造成死亡事故。

4）如触电者的心跳和呼吸经抢救后均已恢复，可暂停心肺复苏法操作。但在心跳呼吸恢复的早期有可能再次骤停，故应严密监护，随时准备再次抢救。

5）在现场抢救时不要为了方便而随意移动触电者。确需移动触电者时，其抢救时间不得中断 30s。

第二章　直接接触电击防护

直接接触电击的基本防护原则是：应当使危险的带电部分不会被有意或无意地触及。通过本章学习，掌握绝缘、屏护、间距、安全电压、电气隔离和漏电保护等安全技术措施。

第一节　绝　　缘

绝缘是指利用绝缘材料对带电体进行封闭和隔离。各种线路和设备都是由导电部分和绝缘部分组成的。良好的绝缘是保证设备和线路正常运行的必要条件，也是防止发生触电事故的重要措施。设备或线路的绝缘必须与所采用的电压相符合，必须与周围环境和运行条件相适应。

绝缘材料又称电介质，其导电能力很小，但并非绝对不导电。工程上应用的绝缘材料的电阻率一般在 $1 \times 10^7 \Omega \cdot m$ 以上。

绝缘材料的主要作用是用于对带电的或不同电位的导体进行隔离，使电流按照确定的线路流动。

绝缘材料品种很多，一般分为：①气体绝缘材料，常用的有空气、氮、氢、二氧化碳和六氟化硫等；②液体绝缘材料，常用的有从石油原油中提炼出来的绝缘矿物油、十二烷基苯、聚丁二烯、硅油和三氯联苯等合成油以及蓖麻油；③固体绝缘材料，常用的有树脂绝缘漆、纸、纸板等绝缘纤维制品，漆布、漆管和绑扎带等绝缘浸渍纤维制品，绝缘云母制品，电工用薄膜、复合制品和粘带，电工用塑料、橡胶、玻璃和陶瓷等。

电气设备的质量和使用寿命在很大程度上取决于绝缘材料的电、热、机械和理化性能，而绝缘材料的性能和寿命不仅与材料的组成成分、分子结构有着密切的关系，同时还与绝缘材料使用环境有着密切的关系。因此应当注意绝缘材料的使用条件，以保证电气系统的正常运行。

一、绝缘材料的电气性能

绝缘材料的电气性能主要表现在电场作用下材料的导电性能、介电性能及绝缘强度。它们分别以绝缘电阻率 ρ、相对介电常数 ε_r、介质损耗角 $\tan\delta$ 及击穿场强 E_B 四个参数来表示。在此暂介绍前三个参数，击穿场强在绝缘破坏中介绍。

1. 绝缘电阻率和绝缘电阻

任何电介质都不可能是绝对的绝缘体，总存在一些带电质点，在电场的作用下，它们做有方向运动，形成漏电流，通常又称为泄漏电流。在外加电压作用下的绝缘材料的等效电路如图 2-1a 所示。在直流电压作用下的电流如图 2-1b 所示。图中，电阻支路电流 i_G 即为漏导电流；流经电容和电阻串联支路的电流 i_a 称为吸收电流，是由缓慢极化和离子体积电荷形成的电流；电容支路的电流 i_C 称为充电电流，是由几何电容等效而构成的电流。

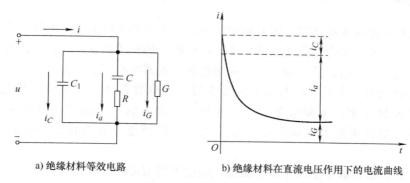

a) 绝缘材料等效电路　　　　　　b) 绝缘材料在直流电压作用下的电流曲线

图 2-1　绝缘材料等效电路图及电流曲线

绝缘电阻率和绝缘电阻是电气设备和电气线路最基本的绝缘电气性能指标。足够的绝缘电阻能把电气设备的泄漏电流限制在很小的范围内，防止由漏电引起的触电事故。不同的线路或设备对绝缘电阻有不同的要求。一般来说，高压较低压要求高；新设备较老设备要求高；室外设备较室内设备要求高；移动设备较固定设备要求高等。下面列出几种主要线路和设备应达到的绝缘电阻值：

1) 新装和大修后的低压线路和设备，要求绝缘电阻不低于 $0.5\mathrm{M}\Omega$；运行中的线路和设备，要求可降低为每伏工作电压不小于 1000Ω；安全电压下工作的设备同 220V 一样，不得低于 $0.22\mathrm{M}\Omega$；在潮湿环境，要求可降低为每伏工作电压 500Ω。

2) 携带式电气设备的绝缘电阻不应低于 $2\mathrm{M}\Omega$。

3) 配电盘二次线路的绝缘电阻不应低于 $1\mathrm{M}\Omega$，在潮湿环境中，允许降低为 $0.5\mathrm{M}\Omega$。

4) 10kV 高压架空线路每个绝缘子的绝缘电阻不应低于 $300\mathrm{M}\Omega$；35kV 及以上的不应低于 $500\mathrm{M}\Omega$。

5) 运行中 6~10kV 和 35kV 电力电缆的绝缘电阻分别不应低于 $400\sim1000\mathrm{M}\Omega$ 和 $600\sim1500\mathrm{M}\Omega$。干燥季节取较大的数值；潮湿季节取较小的数值。

6) 电力变压器投入运行前，绝缘电阻不应低于出厂时的 70%，运行中的绝缘电阻可适当降低。

为了检验绝缘性能的优劣，在绝缘材料的生产和应用中，需要经常测定其绝缘电阻率及绝缘电阻。温度、湿度、杂质含量和电场强度的增加都会降低电介质的电阻率。

温度升高时，分子热运动加剧，使离子容易迁移，电阻率按指数规律下降。

湿度升高时，一方面水分浸入使电介质增加了导电离子，使绝缘电阻下降；另一方面，对亲水物质，表面的水分还会大大降低其表面电阻率。电气设备特别是户外设备，在运行过程中，往往因受潮引起绝缘材料电阻率下降，造成泄漏电流过大而使设备损坏。因此，为了预防事故的发生，应定期检查设备绝缘电阻的变化。

杂质含量增加，增加了内部的导电离子，也使电介质表面污染并吸附水分，从而降低了体积电阻率和表面电阻率。

在较高的电场强度作用下，固体和液体电介质的离子迁移能力随电场强度的增强而增大，使电阻率下降。当电场强度临近电介质的击穿电场强度时，因出现大量电子迁移，使绝缘电阻按指数规律下降。

2. 介电常数

电介质在处于电场作用下时，电介质中分子、原子中的正电荷和负电荷发生偏移，使得正、负电荷的中心不再重合，形成电偶极子。电偶极子的形成及其定向排列称为电介质的极化。电介质极化后，在电介质表面上产生束缚电荷。束缚电荷不能自由移动。

介电常数是表明电介质极化特征的性能参数。介电常数越大，电介质极化能力越强，产生的束缚电荷就越多。束缚电荷也产生电场，且该电场总是削弱外电场的。因此，处在电介质中的带电体周围的电场强度，总是低于同样带电体处在真空中时其周围的电场强度。

绝缘材料的介电常数受电源频率、温度、湿度等因素而产生变化。

随频率增加，有的极化过程在半周期内来不及完成，以致极化程度下降，介电常数减小。

随温度增加，偶极子转向极化易于进行，介电常数增大；但当温度超过某一限度后，由于热运动加剧，极化反而困难一些，介电常数减小。

随湿度增加，材料吸收水分，由于水的相对介电常数很高且水分的侵入能增加极化作用，使得电介质的介电常数明显增加。因此，通过测量介电常数，能够判断电介质受潮程度。

大气压力对气体材料的介电常数有明显影响，压力增大，密度就增大，相对介电常数也增大。

3. 介质损耗

在交流电压作用下，电介质中的部分电能不可逆地转变成热能，这部分能量称为介质损耗。单位时间内消耗的能量称为介质损耗功率。介质损耗一种是由漏导电流引起的；另一种是由于极化所引起的。介质损耗使介质发热，这是电介质发生热击穿的根源。

绝缘材料的等效电路如图 2-1a 所示，在外施交流电压时，等效电路图中的电压、电流相量关系如图 2-2 所示。

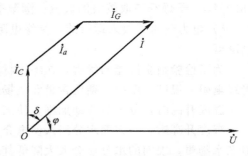

图 2-2 电介质中电压、电流相量图

总电流 $\dot{I}$ 与外施电压 $\dot{U}$ 的相位差 φ，即电介质的功率因数角。功率因数角的余角 δ 称为介质损耗角。对于单位体积内介质损耗功率为

$$P = \omega \varepsilon E^2 \tan\delta \tag{2-1}$$

式中，ω 为电源角频率，$\omega = 2\pi f$；ε 为电介质介电常数；E 为电介质内电场强度；$\tan\delta$ 为介质损耗角正切。

由于 P 值与试验电压、试品尺寸等因素有关，难于用来对介质品质作严密的比较，所以通常用 $\tan\delta$ 来衡量电介质的介质损耗性能。

对于电气设备中使用的电介质，要求它的 tanδ 值越小越好。而当绝缘受潮或劣化时，因有功电流明显增加，会使 tanδ 值剧烈上升。也就是说，tanδ 能更敏感地反映绝缘质量。因此，在要求高的场合，需进行介质损耗试验。

影响绝缘材料介质损耗的因素主要有频率、温度、湿度、电场强度和辐射。影响过程比较复杂，从总的趋势上来说，随着上述因素的增强，介质损耗增加。

二、绝缘的破坏

绝缘破坏可能导致电击、电烧伤、短路、火灾等事故。绝缘破坏有击穿、老化、损坏等三种方式。

1. 绝缘击穿

当施加于电介质上的电场强度高于临界值时，会使通过电介质的电流突然猛增，这时绝缘材料被破坏，完全失去绝缘性能，这种现象称为电介质击穿。发生击穿时的电压称为击穿电压，击穿时的电场强度称为击穿场强。

下面分别对气体绝缘材料击穿、液体绝缘材料击穿、固体绝缘材料击穿做些简单介绍：

（1）气体绝缘材料的击穿　气体绝缘材料击穿是由碰撞电离导致的电击穿。在强电场中，气体的带电质点（主要是电子）在电场中获得足够的动能，当它与气体分子发生碰撞时，能使中性分子电离为正离子和电子。新形成的电子又在电场中积累能量而碰撞其他分子，使其电离，这就是碰撞电离。碰撞电离过程是一个连锁反应过程，每一个电子碰撞产生一系列新电子，因而形成电子崩。电子崩向阳极发展，最后形成一条具有高电导的通道，导致气体击穿。

在均匀电场中，当温度一定，电极距离不变，气体压力很低时，气体中分子稀少，碰撞游离机会很少，因此击穿电压很高。随着气体压力的增大，碰撞游离增加，击穿电压有所下降，在某一特定的气压下出现了击穿电压最小值；但当气体压力继续升高，密度逐渐增大，平均自由行程很小，只有更高的电压才能使电子积聚足够的能量以产生碰撞游离，击穿电压也逐渐升高。利用此规律，在工程上常采用高真空和高气压的方法来提高气体绝缘的击穿场强。空气的击穿场强约为 $25\sim30\text{kV/cm}$。气体绝缘击穿后能自己恢复绝缘性能。

（2）液体绝缘材料的击穿　液体绝缘材料击穿特性与其纯净程度有关。一般认为纯净液体的击穿与气体的击穿机理相似，是由电子碰撞电离最后导致击穿。但液体的密度大，电子自由行程短，积聚的能量小，因此液体的击穿场强比气体高。工程上液体绝缘材料不可避免地含有气体、液体和固体杂质。如液体中含有乳化状水滴和纤维时，由于水和纤维的极性强，在强电场的作用下使纤维极化而定向排列，并运动到电场强度最高处联成小桥，小桥贯穿两电极间引起电导剧增，局部温度骤升，最后导致热击穿。例如，变压器油中含有极少量水分就会大大降低油的击穿场强。

含有气体杂质的液体击穿可用气泡击穿机理来解释。气体杂质的存在使液体呈现不均匀性，液体局部过热，气体迁移集中，在液体中形成气泡。由于气泡的相对介电常数较低，使得气泡内电场强度较高，约为油内电场强度的 $2.2\sim2.4$ 倍，而气体的临界场强比油低得多，致使气泡游离，局部发热加剧，体积膨胀，气泡扩大，形成连通两电极的导电小桥，最终导致整个绝缘体击穿。为此，在液体绝缘材料使用之前，必须对其进行纯化、脱水、脱气处理。在使用过程中应避免这些杂质的侵入。

液体绝缘材料击穿后，绝缘性能在一定程度上可以得到恢复。但经过多次液体击穿后，可能导致液体失去绝缘性能。

（3）固体绝缘材料的击穿 固体绝缘材料的击穿分别有电击穿、热击穿、电化学击穿、放电击穿等多种形式。

电击穿是固体绝缘材料在强电场作用下，其内少量处于导电状态的电子剧烈运动，破坏中性分子的结构，发生碰撞电离，并迅速扩展导致的击穿。电击穿的特点是电压作用时间短（微秒至毫秒级）、击穿电压高。电击穿的击穿场强与电场均匀程度密切相关，但与环境温度及电压作用时间几乎无关。

热击穿是固体绝缘材料在强电场作用下，由于介质损耗等原因所产生的热量不能够及时散发出去，使温度上升，导致绝缘材料局部熔化、烧焦或烧裂，最后造成击穿。热击穿的特点是电压作用时间长（数秒至数小时），而击穿电压较低。热击穿电压随环境温度上升而下降，但与电场均匀程度关系不大。

电化学击穿是固体绝缘材料在强电场作用下，由于电离、发热和化学反应等因素的综合效应造成的击穿。电化学击穿的特点是电压作用时间长（数小时至数年），而击穿电压往往很低。它与绝缘材料本身的耐电离性能、制造工艺、工作条件等因素有关。

放电击穿是固体绝缘材料在强电场作用下，内部气泡首先发生碰撞电离而放电，继而加热其他杂质，使之汽化形成气泡，由气泡放电进一步发展导致的击穿。放电击穿的击穿电压与绝缘材料的质量有关。

固体绝缘材料一旦击穿，将失去其绝缘性能。

实际上，绝缘结构发生击穿，往往是电、热、放电、电化学等多种形式同时存在，很难截然分开。一般来说，采用介质耗损大，耐热性差的绝缘材料的低压电气设备，在工作温度高、散热条件差时热击穿较为多见。而在高压电气设备中，放电击穿的概率就大些。脉冲电压下的击穿一般属于电击穿。当电压作用时间达数十小时乃至数年时，大多数属于电化学击穿。

电工领域常用气体、液体、固体绝缘材料的电阻率、相对介电常数、击穿场强见表 2-1（其中空气的击穿场强 $E_0 \approx 25 \sim 30 \text{kV/cm}$）。

表 2-1 常用绝缘介质的电气性能

名　称		电阻率/Ω·m	相对介电常数	击穿场强/kV·cm^{-1}
气体	空气	10^{16}	1.00059	E_0
	氮	—	1.00053	E_0
	氢	—	1.00026	$0.6E_0$
	六氟化硫	—	1.002	$2.0 \sim 2.5E_0$
液体	电容器油	$10^{12} \sim 10^{13}$（20℃）	$2.1 \sim 2.3$	$200 \sim 300$
	甲基硅油	$>10^{12}$	>2.6	$150 \sim 180$
	聚异丁烯	10^{15}	$2.15 \sim 2.3$	—
	三氯联苯	8×10^{10}（100℃）	5.6	59.8（60℃）

（续）

名　称		电阻率/Ω·m	相对介电常数	击穿场强/kV·cm^{-1}
固体	酚醛塑料	$10^8 \sim 10^{12}$	3～8（10^6Hz）	100～190
	聚苯乙烯	$10^{14} \sim 10^{15}$	2.4～2.7	200～280
	聚氯乙烯	$10^7 \sim 10^{12}$	5～6	＞200
	聚乙烯	＞10^{14}	2.3～2.35	180～280
	聚四氟乙烯	＞10^{15}	2	＞190
	天然橡胶	$10^{13} \sim 10^{14}$	2.3～3.0	＞200
	氯丁橡胶	$10^8 \sim 10^9$	7.5～9.0	100～200
	白云母	$10^{12} \sim 10^{14}$	5.4～8.7	2000～2500
	绝缘漆	$10^{11} \sim 10^{15}$	—	200～1200
	陶瓷	$10^{10} \sim 10^{13}$	8～10（10^6Hz）	250～350

2. 绝缘老化

绝缘材料经过长时间使用，受到热、电、光、氧、机械力（包括超声波）、辐射线、微生物等因素的作用，将发生一系列不可逆的物理和化学变化，逐渐丧失原有电气性能和机械性能而破坏。这种破坏方式称为老化。

绝缘材料老化过程十分复杂。老化机理随材料种类和使用条件的不同而异。最主要的是热老化机理和电老化机理。

低压电气设备中，促使绝缘材料老化的主要因素是热。热老化包括材料中挥发性成分的逸出，材料的氧化裂解、热裂解和水解，还包括材料分子链继续聚合等过程。每种绝缘材料都有其极限耐热温度，当超过这一极限温度时，其老化将加剧，电气设备的寿命就缩短。在电工技术中，常把电动机和电器中绝缘结构和绝缘系统按耐热等级进行分类。表 2-2 所列是我国绝缘材料标准规定的绝缘耐热等级和极限温度。

表 2-2　绝缘耐热等级及其极限温度

耐热等级	极限温度/℃	耐热等级	极限温度/℃
Y	90	F	155
A	105	H	180
E	120	C	＞180
B	130		

通常情况下，工作温度越高，则材料老化越快。按照表 2-2 允许的极限工作温度，即按照耐热等级，绝缘材料分为若干级别。Y 级的绝缘材料有木材、纸、棉花及其纺织品等；A 级绝缘材料有沥青漆、漆布、漆包线及浸渍过的 Y 级绝缘材料；E 级绝缘材料有玻璃布、油性树脂漆、聚酯薄膜及 A 级绝缘材料的复合、耐热漆包线等；B 级绝缘材料有玻璃纤维、石棉、聚酯漆、聚酯薄膜等；F 级绝缘材料有玻璃漆布、云母制品、复合硅有机树脂漆和以玻璃丝布、石棉纤维为基础的层压制品；H 级绝缘材料有复合云母、硅有机漆、复合玻璃布等；C 级绝缘材料有石英、玻璃、电瓷、补强的云母绝缘材料等。

电老化主要是由局部放电引起的。在高压电气设备中，促使绝缘材料老化的主要原因是局部放电。局部放电时产生的臭氧、氮氢化物、高速粒子都会降低绝缘材料的性能，局部放电还会使材料局部发热，促使材料性能恶化。

3. 绝缘损坏

绝缘损坏是绝缘物受外界腐蚀性液体、气体、蒸汽、潮气、粉尘的污染和侵蚀，或受到外界热源、机械因素的作用，在较短或很短的时间内失去其电气性能或机械性能的现象。另外，动物和植物以及工作人员错误操作也可能破坏电气设备或电气线路的绝缘。

三、绝缘检测和绝缘试验

绝缘检测和绝缘试验的目的是检查电气设备或线路的绝缘指标是否符合要求，以避免绝缘损坏而造成的事故。绝缘检测和绝缘试验主要包括绝缘电阻试验、耐压试验、泄漏电流试验和介质损耗试验。其中：绝缘电阻试验是最基本的绝缘试验；耐压试验是检验电气设备承受过电压的能力，主要用于新品种电气设备的型式试验及投入运行前的电力变压器等设备、电工安全用具等；泄漏电流试验和介质损耗试验只对一些要求较高的高压电气设备才有必要进行。现仅对绝缘电阻试验和耐压试验进行介绍。

1. 绝缘电阻试验

绝缘电阻是衡量绝缘性能优劣的最基本的指标。在绝缘结构的制造和使用中，经常需要测定其绝缘电阻。通过绝缘电阻的测定，可以在一定程度上判定某些电气设备的绝缘好坏，判断某些电气设备（如电动机、变压器）的受潮情况等。以防因绝缘电阻降低或损坏而造成的漏电、短路、电击等电气事故。

（1）绝缘电阻的测量　电气设备和电气线路的绝缘电阻通常用绝缘电阻表（习称"兆欧表"）测定。兆欧表测量实际上是给被测物加上直流电压，测量通过被测物的泄漏电流。被测物的绝缘电阻是加于被测物的直流电压与通过它的泄漏电流之比。这个经过换算的绝缘电阻值可以在兆欧表的盘面上直接读到。

兆欧表主要由作为电源的手摇发电机（或其他直流电源）和作为测量机构的磁电式流比计（双动线圈流比计）组成。其原理结构如图 2-3 所示。在接入被测电阻 R_x 后，构成了两条相互并联的支路，当摇动手摇发电机时，两个支路分别通过电流 I_1 和 I_2。可以看出

$$\frac{I_1}{I_2}=\frac{R_2+r_2}{R_1+r_1+R_x} \tag{2-2}$$

由于电流 I_1 取决于被测电阻 R_x 的大小，所以电流比 $\dfrac{I_1}{I_2}$ 也取决于被测电阻 R_x 的大小。这个电流比只取决于这两条并联支路的电阻值，而与所施加的电压，即与手摇发电机的转速无关。

磁电式流比计的工作原理如图 2-4 所示。在同一转轴上装有两个交叉的线圈。当两线圈分别有电流通过时，两个线圈所受的转矩的方向是相反的。如果两个转矩不平衡，线圈转

动，指针偏转；随着线圈的转动，转矩的大小将发生变化，至一定程度达到相互平衡，指针稳定在某一位置。因此，流比计指针的偏转取决于通过线圈的电流之比。经过标定，可以直接从仪表盘面上读出被测的绝缘电阻值。

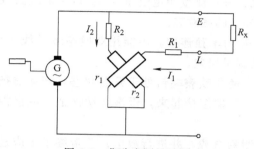

图 2-3 兆欧表测量原理

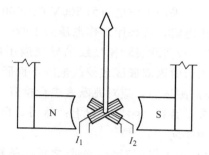

图 2-4 磁电式流比计原理

手摇发电机经机械整流或晶体管整流提供 500V、1000V 或 2500V 的直流电压。也有的没有手摇发电机，而完全由晶体管电路提供直流电源。

在兆欧表上有三个接线端钮，分别标为接地 E、电路 L 和屏蔽 G。一般测量仅用 E 和 L 两端，E 通常接地或接设备外壳，L 接被测线路、电动机、电器的导线或电动机绕组。测量线路对地绝缘电阻如图 2-5 所示，将 E 端接地，L 端接导线；测量电机绕组对地绝缘电阻如图 2-6 所示，将 E 端接电机外壳，L 端接电动机绕组；测量任何两相之间的绝缘电阻应将 E、L 两端分别接于两相导体；测量电缆的绝缘电阻时，除将 E 端接电缆外皮、L 端接芯线外，为消除芯线绝缘层表面漏电引起的误差，还应如图 2-7 所示，在绝缘上包以锡箔，并使之与 G 端相连，这样就使得流经绝缘表面的电流不再经过流比计的测量线圈，而是直接流经 G 端构成回路。所以，测得的绝缘电阻只是电缆绝缘的体积电阻。

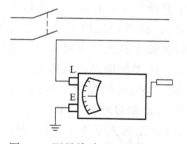

图 2-5 测量线路对地绝缘电阻

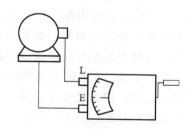

图 2-6 测量电机绕组对地绝缘电阻

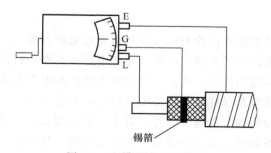

锡箔

图 2-7 电缆绝缘电阻测量

使用兆欧表测量绝缘电阻时，应注意下列事项：

1）应根据被测物的额定电压正确选用不同电压等级的兆欧表。所用兆欧表的工作电压应高于绝缘物的额定工作电压。一般情况下，测量额定电压 500V 以下的线路或设备的绝缘电阻，应采用工作电压为 500V 或 1000V 的兆欧表；测量额定电压 500V 以上的线路或设备的绝缘电阻，应采用工作电压为 1000V 或 2500V 的兆欧表。

2）与兆欧表端钮接线的导线应用单线，分别单独连接，不能用双股绝缘导线或绞线，以免测量时因双股线或绞线绝缘不良而引起的测量误差。

3）测量前，应对兆欧表进行检查。首先，使兆欧表端钮处于开路状态，转动摇把，观察指针是否在"∞"位置上；然后，再将 E 和 L 端短接起来，慢慢转动摇把，观察指针是否迅速摆向"0"位。

4）为了保证安全，测量之前必须断开被测物电源，并进行放电；测量终了也应进行放电。放电时间一般不应短于 2～3min。对于高电压、大电容的电缆线路，放电时间应适当的延长，以消除静电荷，防止发生触电危险。

5）在进行测量时，摇把的转速应由慢至快，到 120r/min 左右时，发电机输出额定电压。摇把转速应保持均匀、稳定，不要时快时慢。一般摇动 1min，待指针稳定下来之后再进行读数。

6）在测量过程中，如果指针指向"0"位，表明被测物绝缘已经失效，应立即停止转动摇把，以防表内线圈发热而烧坏。

7）禁止在雷电时或邻近设备带有高压时用兆欧表进行测量工作。

8）测量应尽可能在设备刚刚停止运转时进行，这样，由于测量时的温度条件接近运转时的实际温度，使测量结果符合运转时的实际情况。

（2）吸收比的测定　对于电力变压器、交流电动机、电力电容器等高压设备，除测量绝缘电阻之外，还要求测量吸收比。吸收比是加压测量开始后 60s 时读取的绝缘电阻值与加压测量开始后 15s 时读取的绝缘电阻值之比，即 R_{60}/R_{15}。由吸收比的大小可以对绝缘受潮程度和内部有无缺陷存在进行判断。这是因为，绝缘材料加上直流电压时都有一充电过程，在绝缘材料受潮或内部有缺陷时，绝缘电阻降低，泄漏电流增加很多，同时充电过程加快，吸收比的值小，接近于 1，这也就是绝缘材料在受潮以后，R_{15} 比较接近于 R_{60}；而在绝缘材料干燥时，绝缘电阻大，泄漏电流小，充电过程慢，吸收比明显增大，也就是 R_{60} 比 R_{15} 大得多。例如，干燥的发电机定子绕组，在 10～30℃时的吸收比远大于 1.3。吸收比原理如图 2-8 所示。

2. 耐压试验

电气设备的耐压试验主要用以检查电气设备承受过电压的能力。在电力系统中，线路及发电、输变电设备的绝缘，除了在额定交流或直流电压下长期运行外，还要短时承受大气过电压、内部过电压等过电压的作用。另外，其他技术领域的电气设备也会遇到各种特殊类型的高电压。因此，耐压试验是保证电气设备安全运行的有效手段。耐压试验主要有工频交流耐压试验、直流耐压试验和冲击电压试验等。其中，工频交流耐压试验最为常用，这种方法接近运行实际，所需设备简单。对部分设备，如电力电缆、高压电动机等少数电气设备因电容很大，无法进行交流耐压试验时，则进行直流耐压试验。

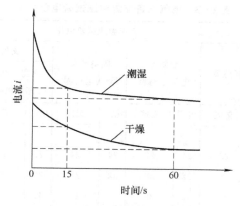

图 2-8 吸收比原理

图 2-9 所示为工频高压试验装置电路。该装置由调压器 T_1、试验变压器 T_2、测量及过电压保护装置（球隙）S、保护电阻 R_1、R_2 组成。Z_x 是被试品。

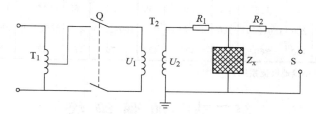

图 2-9 工频高压试验装置

图中，调压器 T_1 用于调节试验电压，试验变压器 T_2 用于将电压升高。球隙 S 既可以测量放电电压，又可以限制球隙间电压不超过某一限值，对被试品起到保护作用。

工频耐压试验的试验电压为被测设备额定电压的一倍多至数倍之间，但不得低于 1kV。

进行工频耐压试验时，先以任意速度加压至试验电压的 40%左右，再以每秒 3%试验电压的速度升高到试验电压，并持续规定时间，然后在 5s 内将电压降至试验电压的 25%以下，再切断电源。

通常，耐压试验的加压时间对瓷质和液体为 60s，对以有机固体作为主要绝缘的设备为 300s，但根据被试设备、线路种类的不同，也有其他不同的加压时间。

耐压试验应注意如下事项：

1）耐压试验须在绝缘电阻试验合格之后方能进行。

2）要确保高电压试验回路与接地物体和工作人员的距离不小于安全距离，试验现场应设置围栏，围栏上向外悬挂"止步，高压危险！"的标示牌，围栏应具有机械联锁和电气联锁。此外，还应设置红色信号灯和警铃，给出声、光警示信号。

3）试验前应由试验负责人全面检查试验装置的所有接线，确保连接无误。

4）控制室、示波器室、电桥操作间和配电柜前，应铺设 5mm 以上厚度的绝缘胶垫。

5）试验后应使用串联有负载电阻的放电棒，对被试设备进行放电。

6）为了泄放高压残余电荷，以及当发生误送电源时能迅速作用于自动开关跳闸或使熔断器熔断，保证人员安全，试验后，必须将升压设备的高压部分短路接地。

电气设备的交流耐压试验电压标准见表 2-3。

表2-3 电气设备交流耐压试验电压标准 （单位：kV）

额定电压	最高工作电压	电力变压器		电压互感器		断路器 电流互感器		隔离开关 干式电抗器		纯瓷、纯瓷 充油绝缘		固体有机绝缘		干式变压器	
		出厂	交接	出厂	交接	出厂	交接	出厂	交接	出厂	交接	出厂	交接	出厂	交接
≤0.1		5	4											3	2
3	3.5	18	15	24	22	24	22	24	24	25	25	25	22	10	8.5
6	6.9	25	21	32	28	32	28	32	32	32	32	32	28	16	13
10	11.5	35	30	42	38	42	38	42	42	42	42	42	38	24	20
15	17.5	45	38	55	50	55	50	55	55	57	57	57	50	37	31
20	23	55	47	65	59	65	59	65	65	68	68	68	59	—	—
35	40.5	85	72	95	85	95	85	95	95	100	100	100	90	—	—
60	69	140	120	140	125	155	140	155	155	165	165	165	150	—	—
110	126	200	170(195)	200	180(210)	250	225(260)	250	250(290)	265	265(290)	265	240(280)	—	—
220	252	400	340	400	360	470	425	470	470	470	470	490	440	—	—

注：括号内数值适用于小接地电流系统。

第二节 加强绝缘

加强绝缘包括双重绝缘、加强绝缘以及另加总体绝缘等三种绝缘结构形式。它们是在基本绝缘的直接接触电击防护的基础上，通过结构上附加绝缘或加强绝缘，使之具备了间接接触电击防护功能的安全措施。

一、加强绝缘结构

典型的双重绝缘和加强绝缘的结构示意图如图 2-10 所示。现将各种绝缘的意义介绍如下：

1）工作绝缘又称基本绝缘或功能绝缘，是保证电气设备正常工作和防止触电的基本绝缘，位于带电体与不可触及金属件之间。

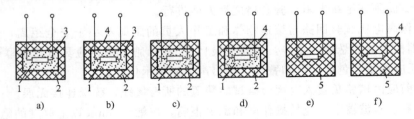

图 2-10 双重绝缘和加强绝缘

1—工作绝缘 2—保护绝缘 3—不可触及的金属件 4—可触及的金属件 5—加强绝缘

2）保护绝缘又称附加绝缘，在工作绝缘因机械破损或击穿等而失效的情况下，可防止触电的独立绝缘，位于不可触及金属件与可触及金属件之间。

3）双重绝缘，是兼有工作绝缘和附加绝缘的绝缘。

4）加强绝缘，是基本绝缘经改进后，在绝缘强度和机械性能上具备了与双重绝缘同等防触电能力的单一绝缘，在构成上可以包含一层或多层绝缘材料。

另加总体绝缘是指若干设备在其本身工作绝缘的基础上另外装设的一套防止电击的附加绝缘物。

具有双重绝缘或加强绝缘的设备属于Ⅱ类设备。按外壳特征，Ⅱ类设备可分为以下三种类型：

1）绝缘外壳基本上连成一体的Ⅱ类设备。此类设备其外壳上除了铭牌、螺钉、铆钉等小金属物件外，其他金属件都在连续无间断的封闭绝缘外壳内。外壳成为加强绝缘的补充或全部。

2）金属外壳基本上连成一体的Ⅱ类设备。此类设备有一个金属材料制成的无间断的封闭外壳。其外壳与带电体之间应尽量采用双重绝缘；无法采用双重绝缘的部件可采用加强绝缘。

3）兼有绝缘外壳和金属外壳两种特征的Ⅱ类设备。

二、加强绝缘的安全条件

由于具有双重绝缘或加强绝缘，Ⅱ类设备无须再采取接地、接零等安全措施。因此，对双重绝缘和加强绝缘的设备可靠性要求较高。双重绝缘和加强绝缘的设备应满足以下安全条件。

1. 绝缘电阻和电气强度

绝缘电阻在直流电压为 500V 的条件下测试，工作绝缘的绝缘电阻不得低于 2MΩ，保护绝缘的绝缘电阻不得低于 5MΩ，加强绝缘的绝缘电阻不得低于 7MΩ。

交流耐压试验的试验电压：工作绝缘为 1250V，保护绝缘为 2500V，加强绝缘为 3750V。对于有可能产生谐振电压的情况，试验电压应比 2 倍谐振电压高出 1000V。耐压持续时间为 1min，试验中不得发生闪络或击穿。（当固体电介质或液体电介质与气体同处于电场中时，可能发生沿分界面的所谓沿面放电。当沿面放电由一个电极发展到另一个电极时则称之为闪络）。

直流泄漏电流试验的试验电压：对于额定电压不超过 250V 的Ⅱ类设备，试验电压为其额定电压上限值或峰值的 1.06 倍。施加电压 5s 后读数，泄漏电流允许值为 0.25mA。

做上述试验时，如遇绝缘测试面，应在该表面上压贴面积不超过 20cm×10cm 的金属箔进行测试。

2. 外壳防护和机械强度

Ⅱ类设备应能保证在正常工作时以及在打开门盖和拆除可拆卸部件时，人体不会触及仅由工作绝缘与带电体隔离的金属部件。其外壳上不得有易于触及上述金属部件的孔洞。

若利用绝缘外护物实现加强绝缘，则要求外护物必须用钥匙或工具才能开启，其上不得有金属件穿过，并有足够的绝缘水平和机械强度。

Ⅱ类设备应在明显位置上标有作为Ⅱ类设备技术信息一部分的"回"形标志。例如标在额定值标牌上。

3. 电源连接线

Ⅱ类设备的电源连接线应符合加强绝缘要求,电源插头上不得有起导电作用以外的金属件。电源连接线与外壳之间至少应有两层单独的绝缘层,能有效地防止损伤。

电源线的固定件应使用绝缘材料;如用金属材料,则应加以保护绝缘等级的绝缘。

对电源线截面积的要求见表2-4。

表 2-4 电源线截面积

额定电流 I_N/A	电源线截面积/mm²	额定电流 I_N/A	电源线截面积/mm²
$I_N \leqslant 10$	0.75①	$25 < I_N \leqslant 32$	4.0
$10 < I_N \leqslant 13.5$	1.0	$32 < I_N \leqslant 40$	6.0
$13.5 < I_N \leqslant 16$	1.5	$40 < I_N \leqslant 63$	10.0
$16 < I_N \leqslant 25$	2.5		

① 当额定电流在3A以下、长度在2m以下时,允许截面积为0.5mm²。

此外,电源连接线还应经受基于电源连接线拉力试验标准的拉力试验而不损坏。即在1min时间范围内,设备1kg及以下时,试验拉力为30N;1kg以上、4kg以下时,试验拉力为60N;4kg以上时,试验拉力为100N。

从安全角度考虑,一般场所使用的手持电动工具应优先选用Ⅱ类设备。在潮湿场所或金属构架上工作时,除选用安全电压工具之外,也应尽量选用Ⅱ类工具。

三、不导电环境

利用不导电的材料制成地板、墙壁等,使人员所处的场所成为一个对地绝缘水平较高的环境,这种场所称为不导电环境或非导电场所。不导电环境应符合以下安全要求:

1) 地板和墙壁每一点对地电阻:500V及以下者不应小于50kΩ;500V以上者不应小于100kΩ。

2) 保持间距或设置屏障,使得在电气设备工作绝缘失效的情况下,人体也不可能同时触及不同电位的导体。

3) 为了维护不导电的特征,场所内不得设置保护零线或保护地线,并应有防止场所内高电位引出场所外和场所外低电位引入场所内的措施。

4) 场所的不导电性能应具有永久性特征。为此,场所不会因受潮而失去不导电性能,不会因设备的变动等原因而降低安全水平。

第三节 屏护和间距

屏护和间距是最常用的电气安全措施之一。屏护和间距的主要安全作用是防止触电(防止触及或过分接近带电体)、短路及故障接地等电气事故,以便于安全操作。

一、屏护

1. 屏护的概念、种类及其应用

屏护是采用屏护装置控制不安全因素，即采用遮栏、护罩、护盖、箱匣等把危险的带电体同外界隔离开来，以防止人体触及或接近带电体所引起的触电事故。屏护还起到防止电弧伤人，防止弧光短路或便利检修工作的作用。

屏护可分为屏蔽和障碍（或称阻挡物），两者的区别在于：前者可防止无意或有意触及带电体，后者只能防止人体无意识触及或接近带电体，而不能防止有意识移开、绕过或翻越该障碍触及或接近带电体。从这点来说，前者属于一种完全的防护，而后者是一种不完全的防护。

屏护装置的种类有永久性屏护装置和临时性屏护装置之分，前者如配电装置的遮栏、开关的罩盖等；后者如检修工作中使用的临时屏护装置和临时设备的屏护装置等。

屏护装置的种类还可用固定屏护装置和移动屏护装置进行区分，前者如母线的护网；后者如跟随天车移动的天车滑线的屏护装置。

屏护装置主要用于电气设备不便于绝缘或绝缘不足以保证安全的场合。如开关电器的可动部分一般不能包以绝缘，因此需要屏护。对于高压设备，由于全部绝缘往往有困难，当人接近至一定程度时，即会发生严重的触电事故。因此，不论高压设备是否有绝缘，均应采取屏护或其他防止接近的措施。室内外安装的变压器和变配电装置应装有完善的屏护装置。当作业场所邻近带电体时，在作业人员与带电体之间、过道、入口等处均应装设可移动的临时性屏护装置。

2. 屏护装置的安全条件

屏护装置是一种简单的装置，但为了保证其有效性，须满足以下安全条件：

1）屏护装置不直接与带电体接触，对所用材料的电气性能没有严格要求，但它所用材料应有足够的机械强度和良好的耐火性能。为防止因意外带电而造成触电事故，对金属材料制成的屏护装置必须实行可靠的接地或接零措施。

2）屏护装置应有足够的尺寸，与带电体之间应保持必要的距离。遮栏高度不应低于1.7m，下部边缘离地不应超过0.1m。对于低压设备，网眼遮栏与带电体的距离不宜小于0.15m；10kV设备不宜小于0.35m；20～35kV设备不宜小于0.6m。栅栏的高度户内不应低于1.2m；户外不应低于1.5m。对于低压设备，栅栏与裸导体距离不宜小于0.8m，栏条间距离不应超过0.2m。户外变配电装置围墙的高度一般不应低于2.5m。

3）被屏护的带电部分应有明显标志，标明规定的符号或涂上规定的颜色。

4）可根据具体情况，采用板状屏护装置或网眼屏护装置，网眼屏护装置的网眼不应大于20mm×20mm～40mm×40mm。

5）遮栏、栅栏等屏护装置上，应根据被屏护对象挂上"止步，高压危险！""切勿攀登，生命危险！"等标志。

6）必要时应配合采用声光报警信号和联锁装置。前者是利用声音、灯光或仪表指示有电；后者是采用专门装置，当人体越过屏护装置可能接近带电体时，被屏护的装置自动断电。

二、间距

间距是指带电体与地面之间、带电体与其他设备和设施之间、带电体与带电体之间必要的安全距离。

间距的作用是防止人体触及或接近带电体造成触电事故；避免车辆或其他器具碰撞或过分接近带电体造成事故；防止火灾、过电压放电及各种短路事故。间距是将可能触及的带电体置于可能触及的范围之外，在间距的设计选择时，既要考虑安全要求，同时也要符合人-机工效学的要求。

不同电压等级、不同设备类型、不同安装方式和不同的周围环境所要求的间距不同。

1. 线路间距

架空线路导线在弛度最大时与地面或水面的距离不应小于表2-5所示的距离。

表2-5　导线与地面或水面的最小距离　　　　　　　　　　　（单位：m）

线路经过地区	线路电压		
	3kV 以下	3～10kV	35～66kV
居民区	6	6.5	7
非居民区	5	5.5	6
不能通航或浮运的河、湖（冬季水面）	5	5	—
不能通航或浮运的河、湖（50年一遇的洪水水面）	3	3	—
交通困难地区	4	4.5	5
步行可以达到的山坡	3	4.5	5
步行不能达到的山坡、峭壁或岩石	1	1.5	3

在未经相关管理部门许可的情况下，架空线路应不得跨越建筑物。架空线路与有爆炸、火灾危险的厂房之间应保持必要的防火间距，且不应跨越具有可燃材料屋顶的建筑物，架空线路导线与建筑物的最小距离见表2-6。

架空线路与街道或厂区树木的最小距离见表2-7，架空线路导线与绿化区树木、公园的树木的最小距离为3m。

表2-6　导线与建筑物的最小距离

线路电压/kV	≤1	10	35
垂直距离/m	2.5	3.0	4.0
水平距离/m	1.0	1.5	3.0

表2-7　导线与树木的最小距离

线路电压/kV	≤1	10	35
垂直距离/m	1.0	1.5	3.0
水平距离/m	1.0	2.0	—

架空线路导线与铁路、道路、通航河流、电气线路及其特殊管道等工业设施之间的最小距离见表2-8。表中：特殊管道指的是输送易燃易爆介质的管道；各项中的水平距离在开阔地区不应小于电杆的高度。

表 2-8　架空线路与工业设施的最小距离　　　　　　　　　　　（单位：m）

项目					线路电压		
					≤1kV	10kV	35kV
铁路	标准轨迹	垂直距离		至钢轨顶面	7.5	7.5	7.5
				至承力索接触线	3.0	3.0	3.0
		水平距离	电杆外缘至轨道中心	交叉		5.0	
				平行		杆高加 3.0	
	窄轨	垂直距离		至钢轨顶面	6.0	6.0	7.5
				至承力索接触线	3.0	3.0	3.0
		水平距离	电杆外缘至轨道中心	交叉		5.0	
				平行		杆高加 3.0	
道路	垂直距离				6.0	7.0	7.0
	水平距离（电杆至道路边缘）				0.5	0.5	0.5
通航河流	垂直距离	至 50 年一遇的洪水位			6.0	6.0	6.0
		至最高航行水位的最高桅顶			1.0	1.5	2.0
	水平距离　边导线至河岸上缘					最高杆（塔）高	
弱电线路	垂直距离				6.0	7.0	7.0
	水平距离（两线路边导线间）				0.5	0.5	0.5
电力线路	≤1kV	垂直距离			1.0	2.0	3.0
		水平距离（两线路边导线间）			2.5	2.5	5.0
	10kV	垂直距离			2.0	2.0	3.0
		水平距离（两线路边导线间）			2.5	2.5	5.0
	35kV	垂直距离			3.0	2.0	3.0
		水平距离（两线路边导线间）			5.0	5.0	5.0
特殊管道	垂直距离	电力线路在上方			1.5	3.0	3.0
		电力线路在下方			1.5	—	—
	水平距离（边导线至管道）				1.5	2.0	4.0

　　同杆架设不同种类、不同电压的电气线路时，电力线路应位于弱电线路的上方，高压线路应位于低压线路的上方。横担之间的最小距离见表 2-9。

　　从配电线到用户进线处第一个支持点之间的一段导线称为接户线。10kV 接户线对地距离不应小于 4.5m；低压接户线对地距离不应小于 2.75m。低压接户线跨越通车街道时，对地距离不应小于 6m；跨越通车困难的街道或人行道时，对地距离不应小于 3.5m。

表 2-9　同杆线路横担之间的最小距离　　　　　　　　　　　（单位：m）

项目	直线杆	分支杆和转角杆	项目	直线杆	分支杆和转角杆
10kV 与 10kV	0.8	0.45/0.6[①]	10kV 与通信电缆	2.5	—
10kV 与低压	1.2	1.0			
低压与低压	0.6	0.3	低压与通信电缆	1.5	—

①　单回线路采用 0.6m；双回线路距上面的横担采用 0.45m，距下面的横担采用 0.6m。

接户线离建筑物突出部位的距离不得小于 0.15m，离下方阳台的垂直距离不得小于 2.5m，离下方窗户的垂直距离不得小于 0.3m，离上方窗户或阳台的垂直距离不得小于 0.8m，离窗户或阳台的水平距离也不得小于 0.8m。接户线与通信线路交叉，接户线在上方时，其间垂直距离不得小于 0.6m；接户线在下方时，其间垂直距离不得小于 0.3m。接户线与树木之间的最小距离不得小于 0.3m。接户线不宜跨越建筑物，必须跨越时，离建筑物最小高度不得小于 2.5m。

从接户线引入室内的一段导线称为进户线。进户线的进户管口与接户线端头之间的垂直距离不应大于 0.5m。进户线对地距离不应小于 2.7m。

户内低压线路与工业管道和工艺设备之间的最小距离见表 2-10。应用表 2-10 需注意以下几点：

1）表内无括号的数字为电缆管线在管道上方的数据，有括号的数字为电缆管线在管道下方的数据。电缆管线应尽可能敷设在热力管道的下方。

2）在不能满足表中所列距离的情况下应采取以下措施：①电气管线与蒸汽管不能满足表中所列距离时，应在蒸汽管或电气管外包以隔热层，则平行净距可减为 200mm，交叉处仅需考虑施工方便和便于维修的距离；②电气管线与暖水管不能满足表中所列距离时，应在暖水管外包以隔热层；③裸导线与其他管道交叉不能满足表中所列距离时，应在交叉处的裸导线外加装保护网或保护罩。

3）当上水管与电线管平行敷设且在同一垂直面时，应将电线管敷设于水管上方。

4）裸导线应敷设在经常维修的管道上方。

表 2-10　户内低压线路与工业管道和工艺设备的最小距离　　　　（单位：mm）

布线方式		穿金属管导线	电　缆	明设绝缘导线	裸　导　线	起重机滑触线	配电设备
煤气管	平行	100	500	1000	1000	1500	1500
	交叉	100	300	300	500	500	—
乙炔管	平行	100	1000	1000	2000	3000	3000
	交叉	100	500	500	500	500	—
氧气管	平行	100	500	500	1000	1500	1500
	交叉	100	300	300	500	500	—
蒸汽管	平行	1000（500）	1000（500）	1000（500）	1000	1000	500
	交叉	300	300	300	500	500	—
暖热水管	平行	300（200）	500	300（200）	1000	1000	100
	交叉	100	100	100	500	500	—
通风管	平行	—	200	200	1000	1000	100
	交叉	—	100	100	500	500	—
上、下水管	平行	—	200	200	1000	1000	100
	交叉	—	100	100	500	500	—
压缩空气管	平行	—	200	200	1000	1000	100
	交叉	—	100	100	500	500	—
工艺设备	平行	—	—	—	1500	1500	100
	交叉	—	—	—	1500	1500	—

直接埋地电缆埋设深度不应小于 0.7m，并应位于冻土层之下。直接埋地电缆与工艺设备的最小距离见表 2-11。当电缆与热力管道接近时，电缆周围土壤温升不应超过 10℃，超过时须进行隔热处理。表 2-11 中的最小距离对采用穿管保护时，应从保护管的外壁算起。

表 2-11　直埋电缆与工艺设备的最小距离 （单位：m）

敷 设 条 件	平 行 敷 设	交 叉 敷 设
与电杆或建筑物地下基础之间，控制电缆与控制电缆之间	0.6	—
10kV 以下的电力电缆之间或与控制电缆之间	0.1	0.5
10～35kV 的电力电缆之间或与其他电缆之间	0.25	0.5
不同部门的电缆（包括通信电缆）之间	0.5	0.5
与热力管沟之间	2.0	0.5
与可燃气体、可燃液体管道之间	1.0	0.5
与水管、压缩空气管道之间	0.5	0.5
与道路之间	1.5	1.0
与普通铁路路轨之间	3.0	1.0
与直流电气化铁路路轨之间	10.0	—

2. 用电设备间距

车间低压配电箱底口距地面的高度，暗装时可取 1.4m，明装时可取 1.2m。明装电度表板底口距地面的高度可取 1.8m。

常用开关电器的安装高度为 1.3～1.5m。为了便于操作，开关手柄与建筑物之间应保留 150mm 的距离。墙用平开关（板把开关）离地面高度可取 1.4m。拉线开关离地面高度可取 3m。明装插座离地面高度可取 1.3～1.8m，暗装的可取 0.2～0.3m。

户内灯具高度应大于 2.5m，受实际条件约束达不到时，可减为 2.2m；如低于 2.2m 时，应采取适应安全措施。当灯具位于桌面上方等人碰不到的地方时，高度可减为 1.5m。户外灯具高度应大于 3m；安装在墙上时可减为 2.5m。

起重机具至线路导线间的最小距离：1kV 及 1kV 以下者不应小于 1.5m；10kV 不应小于 2m；35kV 及以上者不应小于 4m。

3. 检修间距

为了防止在检修工作中，人体及其所携带的工具触及或接近带电体，必须保证足够的检修间距。

在低压操作时，人体及其所携带工具与带电体之间的距离不得小于 0.1m。

在高压操作时，各种作业类别所要求的最小距离见表 2-12。

表 2-12 高压作业的最小距离 （单位：m）

类 别	电压等级	
	10kV	35kV
无遮栏作业，人体及其所携带工具与带电体之间①	0.7	1.0
无遮栏作业，人体及其所携带工具与带电体之间，用绝缘杆操作	0.4	0.6
线路作业，人体及其所携带工具与带电体之间②	1.0	2.5
带电水冲洗，小型喷嘴与带电体之间	0.4	0.6
喷灯或气焊火焰与带电体之间③	1.5	3.0

① 距离不足时，应装设临时遮栏。

② 距离不足时，邻近线路应当停电。

③ 火焰不应喷向带电体。

第四节　安全电压

根据欧姆定律，在电阻一定时，电压越大，电流也就越大。因此，可以把可能加在人身上的电压限制在某一范围之内，使得触电时在这种电压作用下，通过人体的电流不超过允许的范围，将触电危险性控制在没有危险的范围内，这一电压就称为安全电压，也称为安全特低电压或安全超低电压。具有安全电压的设备属于Ⅲ类设备。

一、特低电压的区段、限值和安全电压额定值

1. 特低电压区段

所谓特低电压区段，是指如下范围：

交流（工频）：无论是相对地或相对相之间，电压有效值均不超过50V。

直流（无纹波）：无论是极对地或极对极之间，电压均不超过120V。

2. 特低电压限值

限值是指任何运行条件下，任何两导体间可能出现的最高电压值。特低电压限值可作为从电压值的角度评价电击防护安全水平的基础性数据。我国国家标准 GB3805—1983《安全电压》$^{\ominus}$规定，工频有效值的限值为50V、直流电压的限值为120V。

我国标准还推荐：当接触面积大于$1cm^2$、接触时间超过1s时，干燥环境中工频电压有效值的限值为33V、直流电压限值为70V；潮湿环境中工频电压有效值的限值为16V、直流电压限值为35V。

3. 安全电压额定值

我国国家标准 GB3805—1983《安全电压》$^{\ominus}$规定了安全电压的系列，将安全电压额定值

　㊀ 取代 GB3805—1983《安全电压》的新标准 GB/T 3805—2008《特低电压（ELV）限值》中没有"安全电压"的简明规定，这里仍以老标准作为参考。

（工频有效值）的等级规定为：42V、36V、24V、12V 和 6V。具体选用时，应根据使用环境、人员和使用方式等因素确定。特别危险环境中使用的手持电动工具应采用 42V 安全电压；有电击危险环境中使用的手持照明灯和局部照明灯应采用 36V 或 24V 安全电压；金属容器内、隧道内、水井内以及周围有大面积接地导体等工作地点狭窄、行动不便的环境或特别潮湿处等特别危险环境中使用的手持照明灯应采用 12V 安全电压；水下作业等特殊场所应采用 6V 安全电压。当电气设备采用 24V 以上安全电压时，必须采取防护直接接触电击的措施。

二、特低电压防护类型及安全条件

1. 类型

特低电压电击防护类型分为特低电压（Extra Low Voltage，缩写 ELV）和功能特低电压（Functional Extra Low Voltage，缩写 FELV）。其中，ELV 防护又包括了安全特低电压（Safety Extra Low Voltage，缩写 SELV）和保护特低电压（Protective Extra Low Voltage，缩写 PELV）两种类型的防护。但是，根据国际电工委员会相关的导则中有关慎用"安全"一词的原则，上述缩写仅作为特低电压保护类型的表示，而不再有原缩写字的含义，即：不能认为仅采用了"安全"特低电压电源就能防止电击事故的发生。因为只有同时符合规定的条件和防护措施，系统才是安全的。

（1）SELV　只作为不接地系统的安全特低电压用的防护。

（2）PELV　只作为保护接地系统的安全特低电压用的防护。

（3）FELV　由于功能上的原因（非电击防护目的），采用的特低电压，但不能满足或没有必要满足 SELV 和 PELV 的所有条件。FELV 防护是在这种前提下，补充规定了某些直接接触电击和间接接触电击防护措施的一种防护。

2. 安全条件

要达到兼有防止直接电击和防止间接电击的保护要求，必须满足以下条件：

1）线路或设备的标准电压不超过标准所规定的安全特低电压值。

2）SELV 和 PELV 必须满足安全电源、回路配置和各自的特殊要求。

3）FELV 必须满足其辅助要求。

三、SELV 和 PELV 的安全电源及回路配置

SELV 和 PELV 对安全电源的要求完全相同，在回路配置上有共同要求，也有特殊要求。

1. SELV 和 PELV 的安全电源

安全特低电压必须由安全电源供电，可以作为安全电源的主要有：

1）安全隔离变压器或与其等效的具有多个隔离绕组的电动机组，其绕组的绝缘至少相当于双重绝缘或加强绝缘。安全隔离变压器的电路图如图 2-11 所示。

安全隔离变压器的一次与二次绕组之间必须有良好的绝缘；其间还可用接地的屏蔽隔离

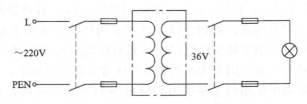

图 2-11　安全隔离变压器电路图

开来。安全隔离变压器各部分的绝缘电阻不得低于下列数值：

带电部分与壳体之间的工作绝缘	2MΩ
带电部分与壳体之间的加强绝缘	7MΩ
输入回路与输出回路之间	5MΩ
输入回路与输入回路之间	2MΩ
输出回路与输出回路之间	2MΩ
Ⅱ类变压器的带电部分与金属物体之间	2MΩ
Ⅱ类变压器的带电部分与壳体之间	5MΩ
绝缘壳体上内、外金属物体之间	2MΩ

安全隔离变压器的额定容量：单相变压器不得超过 10kVA；三相变压器不得超过 16kVA；电铃用变压器不得超过 100V·A；玩具用变压器不得超过 200V·A。

安全隔离变压器的额定电压：交流电压有效值不得超过 50V；脉动直流电压不得超过 $50\sqrt{2}$V；电铃用变压器的交流电压有效值和脉动直流电压分别不应超过 24V 和 $24\sqrt{2}$V；玩具用变压器的交流电压有效值和脉动直流电压分别不应超过 33V 和 $33\sqrt{2}$V。

安全隔离变压器的输入和输出导线应有各自的通道。导线进、出变压器处应有护套。固定式变压器的输入电路中不得采用接插件。可移动式变压器（带插销者除外）应带有 2~4m 的电源线。

当环境温度为 35℃时，安全隔离变压器的各部分最高温升不得超过下列数值：

金属握持部分	20℃
非金属握持部分	40℃
金属非握持部分的外壳	25℃
非金属非握持部分的外壳	50℃
接线端子	35℃
橡胶绝缘	30℃
聚氯乙烯绝缘	40℃

2）电化电源或与高于安全特低电压回路无关的电源，如蓄电池及独立供电的柴油发电机等。

3）即使在故障时仍能够确保输出端子上的电压不超过特低电压值的电子装置电源等。

2. SELV 和 PELV 的回路配置

SELV 和 PELV 的回路配置都应满足以下要求：

1）SELV 和 PELV 回路的带电部分相互之间、回路与其他回路之间应实行电气隔离，其隔离水平不应低于安全隔离变压器输入与输出回路之间的电气隔离。尤其是有些电气设备，如继电器、接触器、辅助开关的带电部分，与电压较低线路的任何部分的电气隔离不应小于安全隔离变压器的输入和输出绕组的电气隔离要求，但此要求不排除 PELV 回路与地的连接。

2）SELV 和 PELV 回路的导线应与其他任何回路的导线分开敷设，以保持适当的物理上的隔离。当此要求不能满足时，必须采取诸如将回路的导线置于非金属外护物中，或将电压不同的回路的导线以接地金属屏蔽层屏蔽，或接地的金属护套分隔开等措施。回路电压不同的导线置于同一根多芯电缆或导线组中时，其中 SELV 和 PELV 回路的导线的绝缘必须单独地或成组地按能够耐受所有回路中的最高电压考虑。

四、SELV 及 PELV 的特殊要求

1. SELV 的特殊要求

1）SELV 回路的带电部分严禁与大地或其他回路的带电部分或保护导体相连接。

2）外露可导电部分不应有意地连接到大地或其他回路的保护导体和外露可导电部分，也不能连接到外部可导电部分。若设备功能要求与外部可导电部分进行连接，则应采取措施，使这部分所能出现的电压不超过安全特低电压。

如果 SELV 回路的外露可导电部分容易偶然或被有意识地与其他回路的外露可导电部分相接触，则电击保护就不能再仅仅依赖于 SELV 的保护措施，还应依靠其他回路的外露可导电部分的保护方法，如发生接地故障时自动切断电源。

3）若标称电压超过 25V 交流有效值或 60V 无纹波直流值，应装设必要的遮栏或外护物，或者提高绝缘等级；若标称电压不超过上述数值，除某些特殊应用的环境条件外，一般无须直接接触电击防护。

2. PELV 的特殊要求

实际上，可以将 PELV 类型视为是由 SELV 类型进行接地演变而来。PELV 允许回路接地。由于 PELV 回路的接地，有可能从大地引入故障电压，使回路的电位升高，因此，PELV 的防护水平要求比 SELV 要高。

1）利用必要的遮栏或外护物，或者提高绝缘等级来实现直接接触电击防护。

2）如果设备在等电位连接有效区域内，以下情况可不进行上述直接接触电击防护。

① 当标称电压不超过 25V 交流有效值或 60V 无纹波直流值，而且设备仅在干燥情况下使用，且带电部分不大可能同人体大面积接触时。

② 在其他任何情况下，标称电压不超过 6V 交流有效值或 15V 无纹波直流值。

五、FELV 的辅助要求

第一，装设必要的遮栏或外护物，或者提高绝缘等级来实现直接接触电击防护。

第二，当 FELV 回路设备的外露可导电部分与安全电压电源的一次侧回路的保护导体（保护零线或保护地线）相连接时，应在一次侧回路装设自动断电的防护装置，以实现间接接触电击的防护。

六、插头及插座

为了避免经电源插头和插座将外部电压引入，必须从结构上保证 SELV、PELV 及 FELV 回路的插头和插座不致误插入其他电压系统或被其他系统的插头插入，并且在其插头和插座上放置明显的标志。SELV 和 PELV 回路的插座不得带有接零或接地插孔，而 FELV 回路则根据需要决定是否带接零或接地插孔。

第五节　电气隔离

电气隔离是采用电压比为 1∶1，即一次电压与二次电压相等的隔离变压器实现工作回路与其他电气回路电气上的隔离。电气隔离的保护原理是在隔离变压器的二次侧构成了一个不接地的电网，因而阻断了在二次侧工作的人员单相触电时电击电流的通路。电气隔离防护的主要要求之一是被隔离设备或回路必须由单独的电源供电。这种单独的电源可以是一个隔离变压器，也可以是一个安全等级相当于隔离变压器的电源。

一、电气隔离的安全原理

电气隔离安全实质是将接地电网转换为一范围很小的不接地电网。图 2-12 是电气隔离的原理图。分析图中 a、b 两人的触电危险性可以看出：正常情况下，由于 N 线（或 PEN 线）直接接地，使流经 a 的电流沿系统的工作接地和重复接地构成回路，a 的危险性很大；而流经 b 的电流只能沿绝缘电阻和分布电容构成回路，电击的危险性可以得到抑制。

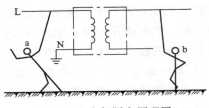

图 2-12　电气隔离原理图

二、电气隔离的安全条件

单独的供电电源有的仅对单一设备供电，有的同时对多台设备供电。对这两种情况，从安全条件上有其通用的要求，也有各自的特殊要求。

1. 通用要求

1）电气上隔离的回路，其交流电压有效值不得超过 500V。

2）电气上隔离的回路必须由隔离的电源供电。使用隔离变压器供电时，隔离变压器必须具有加强绝缘的结构，其温升和绝缘电阻要求与安全隔离变压器相同。最大容量单相变压器不得超过 25kV·A、三相变压器不得超过 40kV·A。

3）被隔离回路的带电部分保持独立，严禁与其他电气回路、保护导体或大地有任何电气连接。应有防止被隔离回路发生故障接地及窜入其他电气回路的措施。

4）软电线电缆中易受机械损伤的部分的全长均应是可见的。

5）被隔离回路应尽量采用独立的布线系统。

6）隔离变压器的二次电压过高或二次侧线路过长都会降低回路对地绝缘水平，增大故障接地的危险。因此，必须限制二次电压和二次侧线路长度。按照规定，电压与长度的乘积不应超过 100000V·m。此时，布线长度不应超过 200m。

2. 特殊要求

（1）对单一电气设备隔离的补充要求 当实行电气隔离的为单一电气设备时，设备的外露可导电部分严禁与系统或装置中的保护导体或其他回路的外露可导电部分连接，以防止从隔离回路以外引入故障电压。若设备的外露可导电部分易于与其他回路的外露可导电部分形成接触，则触电防护就不应再依赖于电气隔离，而必须采取电击防护措施，例如实行以外露可导电部分接地为条件的自动切断电源的防护。

（2）对多台电气设备隔离的补充要求

1）当实行电气隔离的为多台电气设备时，必须用绝缘和不接地的等电位联结导体相互连接，如图 2-13 所示。如果没有等电位联结线（图中的虚线），当隔离回路中两台相距较近的设备的外壳将带有不同的对地电压。当有人同时触及这两台设备时，则承受的接触电压为线电压，具有相当大的危险性。还须注意，等电位联结导体严禁与其他回路的保护导体、外露可导电部分或任何可导电部分连接。

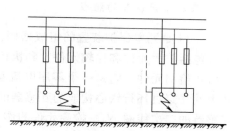

图 2-13 电气隔离的等电位联结

2）回路中所有插座必须带有供等电位联结用的专用插孔。

3）除了为Ⅱ类设备供电的软电缆之外，所有软电缆都必须包含一根用于等电位联结的保护芯线。

4）设置自动切断供电的保护装置，用于在隔离回路中两台设备发生不同相线的碰壳故障时，按规定的时间自动切断故障回路的供电。

第六节　漏　电　保　护

漏电保护是利用漏电保护装置来防止电气事故的一种安全技术措施。漏电保护装置又称为剩余电流保护装置或触电保安装置。漏电保护装置主要用于单相电击保护，也用于防止由漏电引起的火灾，还可用于检测和切断各种一相接地故障。漏电保护装置的功能是提供间接接触电击保护，而额定漏电动作电流不大于 30mA 的漏电保护装置，在其他保护措施失效时，也可作为直接接触电击的补充保护。有的漏电保护装置还带有过载保护、过电压保护和欠电压保护、缺相保护等保护功能。

漏电保护装置主要用于 1000V 以下的低压系统，但作为检测漏电情况，也用于高压系统。

实践证明，漏电保护装置和其他电气安全技术措施配合使用，在防止电气事故方面有显著的作用。本节就漏电保护装置的原理及应用进行介绍。

一、漏电保护装置的原理

电气设备漏电时，将呈现出异常的电流和电压信号。漏电保护装置通过检测此异常电流或异常电压信号，经信号处理，促使执行机构动作，借助开关设备迅速切断电源。根据故障电流动作的漏电保护装置是电流型漏电保护装置，根据故障电压动作的是电压型漏电保护装置。早期的漏电保护装置为电压型漏电保护装置，因其存在结构复杂，受外界干扰动作稳定性差、制造成本高等缺点，已逐步被淘汰，取而代之的是电流型漏电保护装置。电流型漏电保护装置得到了迅速的发展，并占据了主导地位。目前，国内外漏电保护装置的研究生产及有关技术标准均以电流型漏电保护装置为对象。下面主要对电流型漏电保护装置进行介绍。

1. 漏电保护装置的组成

图 2-14 是漏电保护装置的组成框图。其构成主要有三个基本环节，即检测元件、中间环节（包括放大元件和比较元件）和执行机构。其次，还具有辅助电源和试验装置。

（1）检测元件　它是一个零序电流互感器，如图 2-15 所示。图中，被保护主电路的相线和中性线穿过环行铁心构成的互感器的一次线圈 N_1，均匀缠绕在环行铁心上的绕组构成了互感器的二次线圈 N_2。检测元件的作用是将漏电电流信号转换为电压或功率信号输出给中间环节。

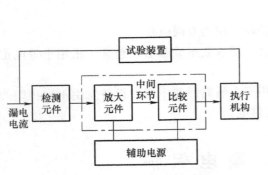

图 2-14　漏电保护器组成框图

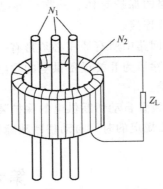

图 2-15　零序电流互感器

（2）中间环节　该环节对来自零序电流互感器的信号进行处理。中间环节通常包括放大器、比较器、脱扣器（或继电器）等，不同形式的漏电保护装置在中间环节的具体构成上形式各异。

（3）执行机构　该机构用于接收中间环节的指令信号，实施动作，自动切断故障处的电源。执行机构多为带有分励脱扣器的自动开关或交流接触器。

（4）辅助电源　当中间环节为电子式时，辅助电源的作用是提供电子电路工作所需的低压电源。

（5）试验装置　这是对运行中的漏电保护装置进行定期检查时所使用的装置。通常用一只限流电阻和检查按钮相串联的支路来模拟漏电的路径，以检验装置是否正常动作。

2. 漏电保护装置的工作原理

图 2-16 是某三相四线制供电系统的漏电保护装置的工作原理示意图。图中 TA 为零序电流互感器，GF 为主开关，TL 为主开关的分励脱扣器线圈。下面针对此电路图，对漏电保护装置的整体工作原理进行说明。

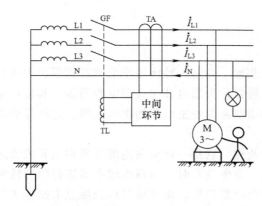

图 2-16　漏电保护装置工作原理

在被保护电路工作正常、没有发生漏电或触电的情况下，由基尔霍夫定律可知，通过 TA 一次电流的相量和等于零，即 $\dot{i}_{L1} + \dot{i}_{L2} + \dot{i}_{L3} - \dot{i}_N = 0$。这使得 TA 铁心中磁通的相量和也为零。TA 二次侧不产生感应电动势。漏电保护装置不动作，系统保持正常供电。

当被保护电路发生漏电或有人触电时，三相电流的平衡遭到破坏，出现零序电流，即：$\dot{i}_{L1} + \dot{i}_{L2} + \dot{i}_{L3} \neq \dot{i}_N$。此零序电流是故障时流经人体，或流经故障接地点流入地下，或经保护导体返回电源的电流。由于漏电电流的存在，通过 TA 一次侧各相负载电流的相量和不再等于零，即产生了剩余电流。剩余电流是零序电流的一部分，此电流就导致了 TA 铁心中的磁通相量和也不再为零，即在铁心中出现了交变磁通。在此交变磁通作用下，TA 二次线圈就有感应电动势产生。此漏电信号经中间环节进行处理和比较，当达到预定值时，使主开关的分励脱扣器线圈 TL 通电，驱动主开关 GF 自动跳闸，迅速切断被保护电路的供电电源，从而实现保护。

二、漏电保护装置的分类

漏电保护装置的种类很多，可以按照不同的方式分类。

1. 按漏电保护装置中间环节的结构特点分类

（1）电磁式漏电保护装置　其中间环节为电磁元件，有电磁脱扣器和灵敏继电器两种。电磁式漏电保护装置因全部采用电磁元件，使得其耐过电流和过电压冲击的能力较强；由于没有电子放大环节而无需辅助电源，当主电路缺相时仍能起漏电保护作用。但其不足之处是灵敏度不高，额定漏电动作电流一般只能设计到 40～50mA，且制造工艺复杂，价格较高。

（2）电子式漏电保护装置　其中间环节使用了由电子元器件构成的电子电路，有的是分立元器件电路，也有的是集成电路。中间环节的电子电路用来对漏电信号进行放大、处理和比较。它的主要优点是灵敏度高，其额定漏电动作电流不难设计到 6mA；动作电流整定误差小，动作准确；容易取得动作延时，动作电流和动作时间容易调节，便于实现分级保护；利用电子元器件的机动性，容易设计出多功能的保护器；对各元器件的要求不高，工艺制作比较简单。但其不足之处是应用元器件较多，可靠性较低；电子元器件承受冲击能力较弱，抗过电流和过电压的能力较差；当主电路缺相时，电子式漏电保护装置可能失去辅助电源而丧失保护功能。

2. 按结构特征分类

（1）开关型漏电保护装置　它是一种将零序电流互感器、中间环节和主开关组合安装在同一机壳内的开关电器，通常称为漏电开关或漏电断路器。其特点是：当检测到触电、漏电后，保护器本身即可直接切断被保护主电路的供电电源。这种保护器有的还兼有短路保护及过载保护功能。

（2）组合型漏电保护装置　它是一种由漏电继电器和主开关通过电气连接组合而成的漏电保护装置。当发生触电、漏电故障时，由漏电继电器进行信号检测、处理和比较，通过其脱扣器或继电器动作，发出报警信号；也可通过控制触点去操作主开关切断供电电源。漏电继电器本身不具备直接断开主电路的功能。

3. 按安装方式分类

1）固定位置安装、固定接线方式的漏电保护装置。
2）带有电缆的可移动使用的漏电保护装置。

4. 按极数和线数分类

按照主开关的极数和穿过零序电流互感器的线数可将漏电保护装置分为：单极二线漏电保护装置、二极漏电保护装置、二极三线漏电保护装置、三极漏电保护装置、三极四线漏电保护装置和四极漏电保护装置。其中，单极二线漏电保护装置、二极三线漏电保护装置、三极四线漏电保护装置均有一根直接穿过零序电流互感器而不能被主开关断开的中性线。

5. 按运行方式分类

1）不需要辅助电源的漏电保护装置。
2）需要辅助电源的漏电保护装置。此类中又分为辅助电源中断时可自动切断的漏电保护装置和辅助电源中断时不可自动切断的漏电保护装置。

6. 按动作时间分类

按动作时间可将漏电保护装置分为：快速动作型漏电保护装置、延时型漏电保护装置和反时限型漏电保护装置。

7. 按动作灵敏度分类

按照动作灵敏度可将漏电保护装置分为：高灵敏度型漏电保护装置、中灵敏度型漏电保护装置和低灵敏度型漏电保护装置。

三、漏电保护装置的主要技术参数

1. 动作参数

动作参数是漏电保护装置最基本的技术参数。

（1）额定漏电动作电流（$I_{\Delta n}$）　它是指在规定的条件下，漏电保护装置必须动作的漏电动作电流值。该值反映了漏电保护装置的灵敏度。

我国标准规定电流型漏电保护装置的额定漏电动作电流值为：6mA、10mA、（15mA）、30mA、（50mA）、（75mA）、100mA、（200mA）、300mA、500mA、1000mA、3000mA、5000mA、10000mA、20000mA 共 15 个等级（带括号的值不推荐优先采用）。其中，30mA 及其 30mA 以下者属于高灵敏度，主要用于防止各种人身触电事故；30mA 以上至 1000mA 者属于中灵敏度，用于防止触电事故和漏电火灾；1000mA 以上者属低灵敏度，用于防止漏电火灾和监视一相接地事故。

（2）额定漏电不动作电流（$I_{\Delta n0}$）　它是指在规定的条件下，漏电保护装置必须不动作的漏电不动作电流值。为了避免误动作，漏电保护装置的额定漏电不动作电流不得低于额定动作电流的 1/2。

（3）漏电动作分断时间　它是指从突然施加漏电动作电流开始到被保护电路完全被切断为止的全部时间。为适应人身触电保护和分级保护的需要，漏电保护装置有快速型、延时型和反时限型三种。快速型适用于单级保护，用于直接接触电击防护时必须选用快速型的漏电保护装置。延时型漏电保护装置人为地设置了延时，主要用于分级保护的首端。反时限型漏电保护装置是配合人体安全电流—时间曲线而设计的，其特点是漏电电流越大，则对应的动作时间越小，呈现反时限动作特性。

快速型漏电保护装置动作时间与动作电流的乘积不应超过 30mA·s。

我国标准规定漏电保护装置的动作时间见表 2-13，表中额定电流≥40A 的一栏适用于组合型漏电保护装置。

表 2-13　漏电保护装置的动作时间

额定漏电动作电流 $I_{\Delta n}$/mA	额定电流/A	动作时间/s			
		$I_{\Delta n}$	$2I_{\Delta n}$	0.5A	$5I_{\Delta n}$
≤30	任意值	0.2	0.1	0.04	—
>30	任意值	0.2	0.1	—	0.04
	≥40	0.2	—	—	0.15

延时型漏电保护装置延时时间的优选值为：0.2s、0.4s、0.8s、1s、1.5s、2s。采用 3 级保护者，最上一级动作时间也不宜超过 1s。

2. 其他技术参数

漏电保护装置的其他技术参数的额定值主要有：

1）额定频率为 50Hz。

2）额定电压为 220V 或 380V。

3）额定电流（I_n）为 6A、10A、16A、20A、25A、32A、40A、50A、（60A）、63A、（80A）、100A、（125A）、160A、200A、250A（带括号值不推荐优先采用）。

3. 接通分断能力

漏电保护装置的额定接通分断能力应符合表 2-14 的规定。

表 2-14 漏电保护装置的接通分断能力

额定动作电流 $I_{\Delta n}$/mA	接通分断电流/A	额定动作电流 $I_{\Delta n}$/mA	接通分断电流/A
$I_{\Delta n} \leqslant 10$	$\geqslant 300$	$100 < I_{\Delta n} \leqslant 150$	$\geqslant 1500$
$10 < I_{\Delta n} \leqslant 50$	$\geqslant 500$	$150 < I_{\Delta n} \leqslant 200$	$\geqslant 2000$
$50 < I_{\Delta n} \leqslant 100$	$\geqslant 1000$	$200 < I_{\Delta n} \leqslant 250$	$\geqslant 3000$

四、漏电保护装置的应用

1. 漏电保护装置的选用

选用漏电保护装置应首先根据保护对象的不同要求而进行选型，既要保证技术上有效，还应考虑经济上合理。不合理的选型不仅达不到保护目的，还会造成漏电保护装置的拒动作或误动作。正确合理地选用漏电保护装置，是实施漏电保护措施的关键。

（1）动作参数的选择

1）防止人身触电事故。用于直接接触电击防护的漏电保护装置应选用额定动作电流为 30mA 及其以下的高灵敏度、快速型漏电保护装置。

在浴室、游泳池、隧道等场所，漏电保护装置的额定动作不宜超过 10mA。

在触电后，可能导致二次事故的场合，应选用额定动作电流为 6mA 的快速型漏电保护装置。

漏电保护装置用于间接接触电击防护时，着眼在于通过自动切断电源，消除电气设备发生绝缘损坏时因其外露可导电部分持续带有危险电压而产生触电的危险。例如，对于固定式的电动机设备、室外架空线路等，应选用额定动作电流为 30mA 及其以上的漏电保护装置。

2）防止火灾。对木质灰浆结构的一般住宅和规模小的建筑物，考虑其供电量小、漏电电流小的特点，并兼顾到电击防护，可选用额定动作电流为 30mA 及其以下的漏电保护装置。

对除住宅以外的中等规模的建筑物，分支回路可选用额定动作电流为 30mA 及其以下的漏电保护装置；主干线可选用额定动作电流为 200mA 以下的漏电保护装置。

对钢筋混凝土类建筑，内装材料为木质时，可选用 200mA 以下的漏电保护装置；内装材料为不燃物时，应区别情况，可选用 200mA 到数安的漏电保护装置。

3）防止电气设备烧毁。选择数安的电流作为额定动作电流的上限，一般不会造成电气设备的烧毁，因此，防止电气设备烧毁所考虑的主要是防止触电事故的需要和满足电网供电可靠性问题。通常选用 100mA 到数安的漏电保护装置。

（2）其他性能的选择　对于连接户外架空线路的电气设备，应选用冲击电压不动作型的漏电保护装置。

对于不允许停转的电动机，应选用漏电报警方式，而不是漏电切断方式的漏电保护装置。

对于照明线路，宜根据漏电电流的大小和分布，采用分级保护的方式。支线上选用高灵敏度的漏电保护装置，干线上选用中灵敏度的漏电保护装置。

漏电保护装置的极线数应根据被保护电气设备的供电方式来进行选择：单相 220V 电源供电的电气设备应选用二极或单极二线式漏电保护装置；三相三线 380V 电源供电的电气设备应选用三极式漏电保护装置；三相四线 220/380V 电源供电的电气设备应选用四极或三极四线式漏电保护装置。

漏电保护装置的额定电压、额定电流、分断能力等性能指标应与线路条件相适应。漏电保护装置的类型应与供电线路、供电方式、系统接地类型和用电设备特征相适应。

2. 漏电保护装置的安装

（1）需要安装漏电保护装置的场所　带金属外壳的Ⅰ类设备和手持式电动工具；安装在潮湿或强腐蚀等恶劣场所的电气设备；建筑施工工地的电气施工机械设备；临时性电气设备；宾馆客房内的插座；触电危险性较大的民用建筑物内的插座；游泳池、喷水池或浴室类场所的水中照明设备；安装在水中的供电线路和电气设备，以及医院中直接接触人体的电气医疗设备（胸腔手术室除外）等均应安装漏电保护装置。

对于公共场所的通道照明及应急照明电源，消防用电梯及确保公共场所安全的电气设备的电源，消防设备（如火灾报警装置、消防水泵、消防通道照明等）的电源，防盗报警装置的电源，以及其他不允许突然停电的场所或电气装置的电源，若在发生漏电时上述电源被立即切断，将会造成严重事故或重大经济损失。因此，在上述情况下，应装设不切断电源的漏电报警装置。

（2）不需要安装漏电保护装置的设备或场所　使用安全电压供电的电气设备；一般环境情况下使用的具有双重绝缘或加强绝缘的电气设备；使用隔离变压器供电的电气设备；在采用了不接地的局部等电位联结安全措施的场所中使用的电气设备，以及其他没有间接接触电击危险场所的电气设备。

（3）漏电保护装置的安装要求　漏电保护装置的安装应符合生产厂家产品说明书的要求，应考虑供电线路、供电方式、系统接地类型和用电设备特征等因素。漏电保护装置的额定电压、额定电流、额定分断能力、极数、环境条件以及额定漏电动作电流和分断时间，在满足被保护供电线路和设备的运行要求时，还必须满足安全要求。

安装漏电保护装置之前，应检查电气线路和电气设备的漏电电流值和绝缘电阻值。所选用漏电保护装置的额定漏电不动作电流应不小于电气线路和设备正常漏电电流最大值的两倍。当电气线路或设备的漏电电流大于允许值时，必须更换绝缘良好的电气线路或设备。

安装漏电保护装置不得拆除或放弃原有的安全防护措施，漏电保护装置只能作为电气安全防护系统中的附加保护措施。

漏电保护装置标有电源侧和负载侧，安装时必须加以区别，按照规定接线，不得接反。如果接反，会导致电子式漏电保护装置的脱扣线圈无法随电源切断而断电，以致长时间通电而烧毁。

安装漏电保护装置时，必须严格区分中性线和保护线。使用三极四线式和四极四线式漏电保护装置时，中性线应接入漏电保护装置。经过漏电保护装置的中性线不得作为保护线、不得重复接地或连接设备外露可导部分。

保护线不得接入漏电保护装置。

漏电保护装置安装完毕后应操作试验按钮试验 3 次，带负载分合 3 次，确认动作正常后，才能投入使用。

漏电保护装置的接线方式见表 2-15。

表 2-15 漏电保护装置的接线方式

注：1. L1、L2、L3 为相线；N 为中性线；PE 为保护线；PEN 为中性线和保护线合一；⌒⌒ 为单相或三相电气设备；⊗ 为单相照明设备；RCD 为漏电保护装置；⏚ 为不与系统中接地点相连的单独接地装置，作保护接地用。

2. 单相负载或三相负载在不同的接地保护系统中的接线方式图中，左侧设备未装有漏电保护装置，中间和右侧装有漏电保护装置。

3. 在 TN 系统中使用漏电保护装置的电气设备，其外露可导电部分的保护线可接在 PEN 线，也可以接在单独接地装置上形成局部 TT 系统，如 TN 系统接线方式图的右侧设备的接线。

3. 漏电保护装置的运行

（1）漏电保护装置的运行管理　为了确保漏电保护装置的正常运行，必须加强运行管理。

1）对使用中的漏电保护装置应定期试验其可靠性。

2）为检验漏电保护装置使用中动作特性的变化，应定期对其动作特性（包括漏电动作电流值、漏电不动作电流值及动作时间）进行试验。

3）运行中漏电保护器跳闸后，应认真检查其动作原因，排除故障后再合闸送电。

（2）漏电保护装置的误动作和拒动作分析

1）误动作。它是指线路或设备未发生预期的触电或漏电时漏电保护装置产生的动作。误动作的原因主要来自两方面：一方面是由漏电保护装置本身的原因引起的；另一方面是由来自线路的原因而引起的。

由漏电保护装置本身引起误动作的主要原因是质量问题。如装置在设计上存在缺陷，选用元器件质量不良，装配质量差，屏蔽不良等，均会降低漏电保护装置的稳定性和平衡性，使可靠性下降，从而导致误动作。

由线路原因引起误动作的原因主要有：

① 接线错误。例如，保护装置后方的零线与其他零线连接或接地，或保护装置的后方的相线与其他支路的同相相线连接，或负载跨接在保护装置的电源侧和负载侧，则接通负载时，都可能造成保护装置的误动作。

② 绝缘恶化。保护装置后方一相或两相对地绝缘破坏，或对地绝缘不对称，都将产生不平衡的泄漏电流，从而引发保护装置的误动作。

③ 冲击过电压。迅速分断低压感性负载时，可能产生20倍额定电压的冲击过电压，冲击过电压将产生较大的不平衡冲击漏电电流，从而导致保护装置的误动作。

④ 不同步合闸。不同步合闸时，先于其他相合闸的一相可能产生足够大的漏电电流，从而使保护装置误动作。

⑤ 大型设备起动。大型设备在起动时，起动的堵转电流很大。如果漏电保护装置内的零序电流互感器的平衡特性不好，则在大型设备起动的大电流作用下，零序电流互感器一次绕组的漏磁可造成保护装置的误动作。

⑥ 附加磁场。如果保护装置屏蔽不好，或附近装有流经大电流的导体，或装有磁性元件或较大的导磁体，均可能在零序电流互感器铁心中产生附加磁通，因而导致保护装置的误动作。

此外，偏离使用条件，例如环境温度、相对湿度、机械振动等超过保护装置的设计条件时，都可能造成保护装置的误动作。

2）拒动作。它是指线路或设备已发生预期的触电或漏电而漏电保护装置却不产生预期的动作。拒动作较误动作少见，然而拒动作造成的危险性比误动作大。造成拒动作的主要原因有：

① 接线错误。错将保护线也接入漏电保护装置，从而导致拒动作。

② 动作电流选择不当。额定动作电流选择过大或整定过大，从而造成保护装置的拒动作。

③ 线路绝缘阻抗降低。由于线路绝缘阻抗变小，部分电击电流不沿配电网工作接地，而是沿保护装置前方的绝缘阻抗流经零序电流互感器到保护装置后方的绝缘阻抗返回电源，从而导致过电流变小，造成保护装置的拒动作。

④ 线路太长。由于线路过长造成过电流变小，使得保护装置拒动作。

此外，产品质量低劣，例如零序电流互感器二次线圈断线、脱扣元件黏连等各种各样的漏电保护装置内部故障、缺陷均可造成保护装置的拒动作。

第三章 接地系统

第一节 概　　述

一、基本概念

(1) 地　能提供或接受大量电荷可用来作为稳定良好的基准电位或参考电位的物体，一般指大地，理论上约定为零电位。而工程上通过接地极与大地作电接触的局部地，其电位不一定等于零。电子设备中的电位参考点（基准点）也称为"地"，但不一定与大地相连。

(2) 接地　在系统、装置或设备的给定点与局部地之间做电连接。

(3) 接地极　为电气装置或电力系统提供至大地的低阻抗通路而埋入土壤或特定的导电介质（如混凝土或焦炭）中，与大地有电接触的可导电部分，称为接地极。

兼作接地极用的直接与大地接触的各种金属构件、金属管道、建筑物和设备基础的钢筋等称为自然接地体。

(4) 接地导体（接地线）　为系统、装置或设备的给定点与接地极或接地网之间提供导电通路或部分导电通路的导体。

(5) 接地装置（接地极系统）　由接地极、接地导体、总接地端子或接地母线组成的系统称为接地装置（接地极系统）。一般取总接地端子或接地母线为电位参考点。

(6) 接地配置（接地系统）　一个系统、装置或设备的接地所包含的全部电气连接和器件。

二、接地的分类

根据接地的不同作用，一般分为功能性接地、保护性接地和电磁兼容性接地三大类。

1. 功能性接地

出于电气安全之外的以实现系统正常运行之目的，将系统、装置或设备的一点或多点接地，如：

(1) 系统接地　根据系统运行的需要进行的接地，如交流电力系统的中性点接地、直流系统中的电源正极或中性点接地等。

(2) 信号电路接地　为保证信号具有稳定的基准电位而设置的接地。

2. 保护性接地

以人身和设备的安全为目的的接地，如：

(1) 电气装置保护接地　电气装置的外露可导电部分的接地，防止其由于绝缘损坏或爬电有可能带电时，危及人身和设备的安全。

（2）雷电防护接地　为雷电防护装置向大地泄放雷电流而设的接地，用以消除或减轻雷电危及人身和损坏设备。

（3）防静电接地　将静电荷导入大地的接地。如对易燃易爆管道、贮罐以及电子器件、设备为防止静电的危害而设的接地。

（4）阴极保护接地　使被保护金属表面成为电化学原电池的阴极，以防止该表面被腐蚀的接地。可采用牺牲阳极法和外部电流源抵消氧化电压法。

牺牲阳极法为用镁、铝、锰或其他较活泼的金属埋设于被保护金属附近并与其搭接。但此法只能在有限范围提供保护。

对于长电缆金属外皮和金属管道可采用对被保护金属施加相对于周围土壤为$-1.2 \sim -0.7V$的直流电压提供保护。该直流电源一般通过整流获得。

3. 电磁兼容性接地

电磁兼容性是指装置、设备或系统在其工作的电磁环境中能不降低性能地正常工作，且对该环境中的其他事物（包括有生命体和无生命体）不构成电磁危害或骚扰的能力。为此目的所做的接地称为电磁兼容性接地。电磁兼容性（EMC）接地，既有功能性接地（抗干扰）、又有保护性接地（抗损害）的含义。

屏蔽是电磁兼容性要求的基本保护措施之一。为防止寄生电容回授或形成噪声电压需将屏蔽体接地，以便电磁屏蔽体泄放感应电荷或形成足够的反向电流以抵消干扰影响。

三、共用接地

根据电气装置的要求，接地配置可以兼有或分别地承担保护和功能两种功能。对于保护目的的要求，始终应当予以优先考虑。

建筑物内通常有多种接地，如电力系统接地、电气装置保护接地、电子信息设备信号电路接地、防雷接地等。如果用于不同目的的多个接地系统分开独立接地，不但受场地的限制难以实施，而且不同的地电位会带来安全隐患，不同系统接地导体间的耦合也会引起相互干扰。因此，接地导体少、系统简单经济、便于维护、可靠性高且低阻抗的共用接地系统应运而生。

1）每幢建筑物本身应采用一个接地系统。

2）各个建、构筑物可分别设置本身的共用接地系统。每个独立接闪杆或每组接闪线是单独的一个构筑物，应有各自的接地装置。

3）功能上密切联系的一组邻近建、构筑物，宜设置一套共用接地系统。

4）在一定条件下，变电所的保护接地和低压系统接地可以共用接地装置。

第二节　低压配电系统的接地形式

一、低压配电系统接地形式的表示方法

第一字母表示电源端对地的关系，第二个字母表示电气装置的外露可导电部分对地的关系，短横线"–"后的字母（如果有）用来表示中性导体与保护导体的配置情况。以拉丁字母作为代号，其意义为：

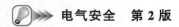

T——电源端有一点直接接地。

I——电源端所有带电部分不接地或有一点经高阻抗接地。

T——电气装置的外露可导电部分直接接地，此接地点在电气上独立于电源端的接地点。

N——电气装置的外露可导电部分与电源端接地有直接电气连接。

S——中性导体和保护导体是分开的。

C——中性导体和保护导体是合一的。

二、低压配电系统接地形式的分类（见表3-1）

表3-1 低压配电系统接地形式的分类

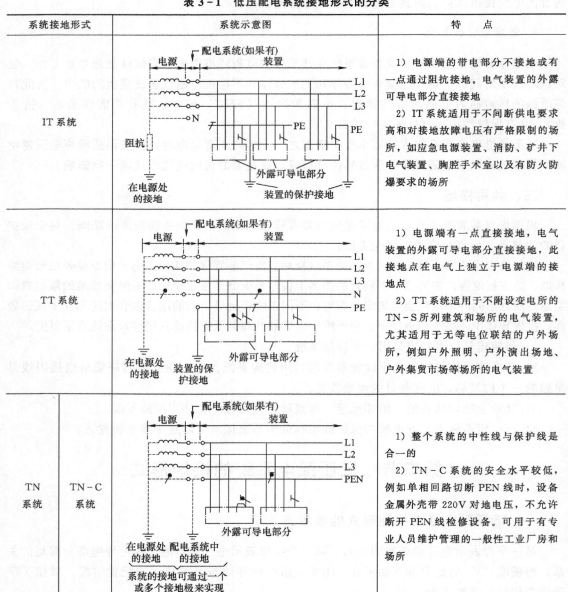

系统接地形式		系统示意图	特　点
IT 系统			1) 电源端的带电部分不接地或有一点通过阻抗接地。电气装置的外露可导电部分直接接地 2) IT系统适用于不间断供电要求高和对接地故障电压有严格限制的场所，如应急电源装置、消防、矿井下电气装置、胸腔手术室以及有防火防爆要求的场所
TT 系统			1) 电源端有一点直接接地，电气装置的外露可导电部分直接接地，此接地点在电气上独立于电源端的接地点 2) TT系统适用于不附设变电所的TN-S列建筑和场所的电气装置，尤其适用于无等电位联结的户外场所，例如户外照明、户外演出场地、户外集贸市场等场所的电气装置
TN 系统	TN-C 系统		1) 整个系统的中性线与保护线是合一的 2) TN-C系统的安全水平较低，例如单相回路切断PEN线时，设备金属外壳带220V对地电压，不允许断开PEN线检修设备。可用于有专业人员维护管理的一般性工业厂房和场所

（续）

系统接地形式		系统示意图	特　　点
TN 系统	TN - S 系统	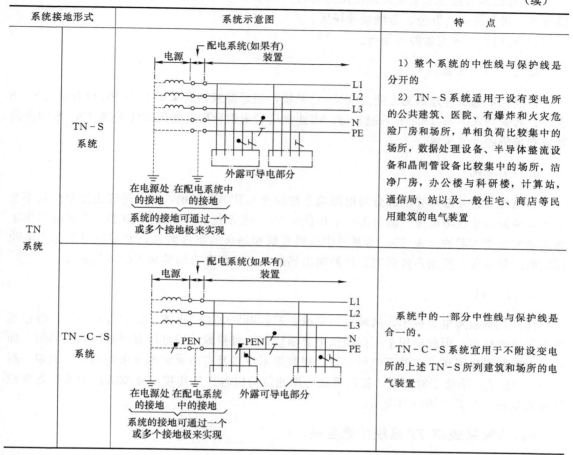	1）整个系统的中性线与保护线是分开的 2）TN - S 系统适用于设有变电所的公共建筑、医院、有爆炸和火灾危险厂房和场所，单相负荷比较集中的场所，数据处理设备、半导体整流设备和晶闸管设备比较集中的场所，洁净厂房，办公楼与科研楼，计算站，通信局、站以及一般住宅、商店等民用建筑的电气装置
	TN - C - S 系统		系统中的一部分中性线与保护线是合一的。 TN - C - S系统宜用于不附设变电所的上述 TN - S 所列建筑和场所的电气装置

三、系统接地形式的选用

1. TN - C 系统

由于整个系统的 N 线和 PE 线是合一的，虽节省一根导线但其安全水平较低。如系统为一单相回路，当 PEN 线中断或导电不良时，设备金属外壳对地将带 220V 的故障电压，电击死亡的危险很大；并且不能装 RCD（剩余电流装置）来防电击和接地电弧火灾。因 PEN线不允许被切断，检修设备时不安全。PEN 线因通过中性线电流，对信息系统和电子设备易产生干扰等。由于上述原因，目前已很少采用。

2. TN - S 系统

因 PE 线正常不通过工作电流，其电位接近地电位，不会对信息技术设备造成干扰，能大大降低电击或火灾危险，较为安全。特别适用于设有对低压电气装置供电的配电变压器的下列工业与民用建筑：

1）对供电连续性或防电击要求较高的公共建筑、医院、住宅等民用建筑。

2）单相负荷较大或非线性负荷较多的工业厂房。

3）有较多信息技术系统以及电磁兼容性（EMC）要求较高的通信局站、计算机站房、微电子厂房及科研、办公、金融楼等场所。

4）有爆炸、火灾危险的场所。

3. TN-C-S 系统

在独立变电所与建筑物之间为 TN-C 系统，但进建筑物后采用 N 与 PE 分开的 TN-S 系统，其安全水平与 TN-S 系统相仿，因此宜用于未附设配电变压器的上述 TN-S 中所列建筑和场所的电气装置。

4. TT 系统

因电气装置外露可导电部分与电源端系统接地分开单独接地，装置外壳为地电位且不会导入电源侧接地故障电压，防电击安全性优于 TN-S 系统，但需装用 RCD。故同样适用于未附设配电变压器的上述 TN-S 系统中所列建筑和场所的电气装置，尤其适用于无等电位联结的户外场所，例如户外照明、户外演出场地、户外集贸市场等场所的电气装置。

5. IT 系统

因其接地故障电流很小，故障电压很低，不致引发电击、火灾、爆炸等危险，供电连续性和安全性最高。因此适用于不间断供电要求较高和对接地故障电压有严格限制的场所，如应急电源装置，消防、矿井下电气装置，医院手术室以及有防火防爆要求的场所。但因一般不引出 PE 线，不便于对照明、控制系统等单相负荷供电；且其接地故障防护和维护管理较复杂而限制了在其他场所的应用。

四、TN 系统与 TT 系统的兼容性

1）同一电源供电的不同建筑物，可分别采用 TN 系统和 TT 系统。各建筑物应实施总等电位联接。

2）同一建筑物内宜采用 TN 系统或 TT 系统中的一种。

3）如能分设接地极，同一建筑物内可以兼容 TN 系统和 TT 系统。

TN 系统可以向总等电位联接区以外的局部 TT 系统（如室外照明）供电。

五、IT 系统与 TN 或 TT 系统的兼容性

1）同一电源供电范围内，IT 系统不能与 TN 系统或 TT 系统兼容。同一电源供电范围是指由同一变压器或发电机供电的有直接电气联系的系统。

2）同一建筑物内 IT 系统可以与 TN 系统或 TT 系统兼容，只需 IT 系统与 T 字头的系统不并联运行即可。

第三节 电气装置保护接地的范围

根据 GB/T50065—2011《交流电气装置的接地设计规范》的规定和要求，电气装置和设施的接地应符合下列规定和要求。

1. 电力系统、装置或设备的下列部分（给定点）均应接地

1）有效接地系统中部分变压器的中性点和有效接地系统中部分变压器、谐振接地、低电阻接地以及高电阻接地系统的中性点所接设备的接地端子。

2）高压并联电抗器中性点接地电抗器的接地端子。

3）电机、变压器和高压电器等的底座和外壳。

4）发电机中性点柜的外壳、发电机出线柜、封闭母线的外壳和变压器、开关柜等（配套）的金属母线槽等。

5）气体绝缘金属封闭开关设备的接地端子。

6）配电、控制和保护用的屏（柜、箱）等的金属框架。

7）箱式变电站和环网柜的金属箱体等。

8）发电厂、变电站电缆沟和电缆隧道内，以及地上各种电缆金属支架等。

9）屋内外配电装置的金属架构和钢筋混凝土架构，以及靠近带电部分的金属围栏和金属门。

10）电力电缆接线盒、终端盒的外壳，电力电缆的金属护套或屏蔽层，穿线的钢管和电缆桥架等。

11）装有架空地线的架空线路杆塔。

12）除沥青地面的居民区外，其他居民区内，不接地、谐振接地和高电阻接地系统中无地线架空线路的金属杆塔和钢筋混凝土杆塔。

13）装在配电线路杆塔上的开关设备、电容器等电气装置。

14）高压电气装置传动装置。

15）附属于高压电气装置的互感器的二次绕组和铠装控制电缆的外皮。

2. 附属于高压电气装置和电力生产设施的二次设备等的下列金属部分可不接地

1）在木质、沥青等不良导电地面的干燥房间内，交流标称电压380V及以下、直流标称电压220V及以下的电气装置外壳，但当维护人员可能同时触及电气装置外壳和接地物件时除外。

2）安装在配电屏、控制屏和配电装置上的电测量仪表、继电器和其他低压电器等的外壳，以及当发生绝缘损坏时在支持物上不会引起危险电压的绝缘子金属底座等。

3）安装在已接地的金属架构上，且保证电气接触良好的设备。

4）标称电压220V及以下的蓄电池室内的支架。

第四节 接 地 电 阻

一、基本规定

高、低压供配电系统及配电装置接地电阻见表3-2。

表 3-2 高、低压供配电系统及配电装置接地电阻

类　别	技术规定和要求
高压系统	保护接地要求的发电厂和变电站接地网的接地电阻，应符合下列要求： 1. 有效接地系统和低电阻接地系统 1) 接地网的接地电阻宜符合下式的要求，且保护接地接至变电站接地网的站用变压器的低压应采用 TN 系统，低压电气装置应采用（含建筑物钢筋）保护总等电位联结系统： $$R \leqslant 2000/I_G \tag{3-1}$$ 式中　R——考虑季节变化的最大接地电阻（Ω）； 　　　I_G——计算用经接地网入地的最大接地故障不对称电流有效值（A），应按 GB/T50065—2011《交流电气装置的接地设计规范》附录 B 确定。 I_G 应采用设计水平年系统最大运行方式下在接地网内、外发生接地故障时，经接地网流入地中并计及直流分量的最大接地故障电流有效值。对其计算时，还应计算系统中各接地中性点间的故障电流分配，以及避雷线中分走的接地故障电流。 2) 当接地网的接地电阻不符合式(3-1)的要求时，可通过技术经济比较，适当增大接地电阻。 2. 不接地、谐振接地和高电阻接地系统 1) 接地网的接地电阻应符合下式的要求，但不应大于 4Ω，且保护接地接至变电站接地网的站用变压器的低压侧电气装置，应采用（含建筑物钢筋）保护总等电位联结系统： $$R \leqslant 120/I_g \tag{3-2}$$ 式中　R——采用季节变化的最大接地电阻（Ω）； 　　　I_g——计算用的接地网入地对称电流（A）。 2) 谐振接地系统中，计算发电厂和变电站接地网的入地对称电流时，对于装有自动跟踪补偿消弧装置（含非自动调节的消弧线圈）的发电厂和变电站电气装置的接地网，计算电流等于接在同一接地网中同一系统各自动跟踪补偿消弧装置额定电流总和的 1.25 倍；对于不装自动跟踪补偿消弧装置的发电厂和变电站电气装置的接地网，计算电流等于系统中断开最大一套自动跟踪补偿消弧装置或系统中最长线路被切除时的最大可能残余电流值。
低压系统	建筑物处的低压系统电源中性点、电气装置外露导电部分的保护接地、保护等电位联结的接地极等，可与建筑物的雷电保护接地共用同一接地装置。共用接地装置的接地电阻，应不大于各要求值中的最小值。
配电装置	1) 工作于不接地、谐振接地和高电阻接地系统、向 1kV 及以下低压电气装置供电的高压配电电气装置，其保护接地的接地电阻应符合下式的要求，且不应大于 4Ω。 $$R \leqslant 50/I \tag{3-3}$$ 式中　R——因季节变化的最大接地电阻（Ω）； 　　　I——计算用的单相接地故障电流，谐振接地系统为故障点残余电流。 2) 低电阻接地系统的高压配电电气装置，其保护接地的接地电阻应符合式(3-1)的要求，且不应大于 4Ω。 3) 配电变压器设置在建筑物外其低压采用 TN 系统时，低压线路在引入建筑物处 PE 线或 PEN 线应重复接地，接地电阻不宜超过 10Ω。 4) 向低压电气装置供电的配电变压器的高压侧工作于不接地、谐振接地和高电阻接地系统，且变压器的保护接地装置的接地电阻符合式(3-3)的要求，建筑物内低压电气装置采用（含建筑物钢筋的）保护总等电位联结系统时，低压系统电源中性点可与该变压器保护接地共用接地装置。 5) 向低压电气装置供电的配电变压器的高压侧工作于低电阻接地系统，变压器的保护接地装置的接地电阻符合本表中高压系统接地的要求，建筑物内低压采用 TN 系统且低压电气装置采用（含建筑物钢筋的）保护总等电位联结系统时，低压系统电源中性点可与该变压器保护接地共用接地装置。 当建筑物内低压电气装置虽采用 TN 系统，但未采用（含建筑物钢筋的）保护总等电位联结系统，以及建筑物内低压电气装置采用 TT 或 IT 系统时，低压系统电源中性点严禁与变压器保护接地共用接地装置，低压电源系统的接地应按工程条件研究确定。

（续）

类　别	技术规定和要求
TT 系统和 IT 系统	1）TT 系统中电气装置外露可导电部分应设保护接地的接地装置，其接地电阻与外露可导电部分的保护导体电阻之和，应符合下式的要求： $$R_A \leqslant 50/I_a \qquad (3\text{-}4)$$ 式中　R_A——季节变化时接地装置的最大接地电阻与外露可导电部分的保护导体电阻之和（Ω）； 　　　　I_a——保护电器自动动作的动作电流，当保护电器为剩余电流保护时，I_a 为额定漏电动作电流 $I_{\Delta n}$（A）。 2）TT 系统配电线路内由同一接地故障保护电器保护的外露可导电部分，应用 PE 线连接至共用的接地极上。当有多级保护时，各级宜有各自的接地极。 3）IT 系统各电气装置的外露可导电部分其保护接地可共用同一接地装置，亦可个别地或成组地用单独的接地装置接地。每个接地装置的接地电阻应符合下式的要求： $$R \leqslant 50/I_d \qquad (3\text{-}5)$$ 式中　R——外露可导电部分的接地装置因季节变化的最大接地电阻（Ω）； 　　　　I_d——相导体（线）和外露可导电部分间第一次出现阻抗可不计的故障时的故障电流（A）。
架空线和 电缆线路	1）6kV 及以上无地线线路钢筋混凝土杆宜接地，金属杆塔应接地，接地电阻不宜超过 30Ω。 2）除多雷区外，沥青路面上的架空线路的钢筋混凝土杆塔和金属杆塔，以及有运行经验的地区，可不另设人工接地装置。 3）66kV 及以上钢筋混凝土杆铁横担和钢筋混凝土横担线路的地线支架、导线横担与绝缘子固定部分或瓷横担固定部分之间，宜有可靠的电气连接，并应与接地引下线相连。主杆非预应力钢筋上下已用绑扎或焊接连成电气通路时，可兼作接地引下线。利用钢筋兼作接地引下线的钢筋混凝土电杆时，其钢筋与接地螺母、铁横担间应有可靠的电气连接。 4）单独电源中性点接地的 TN 系统的低压线路和高、低压线路共杆线路的钢筋混凝土杆塔，其铁横担以及金属杆塔本体应与低压线路 PE 线或 PEN 线相连接，钢筋混凝土杆塔的钢筋宜与低压线路的相应导体相连接。与低压线路 PE 线或 PEN 线相连接的杆塔可不另作接地。 5）配电变压器设置在建筑物外其低压采用 TN 系统时，低压线路在引入建筑物处，PE 线或 PEN 线应重复接地，接地电阻不宜超过 10Ω。 6）中性点不接地 IT 系统的低压线路钢筋混凝土杆塔宜接地，金属杆塔应接地，接地电阻不宜超过 30Ω。 7）架空低压线路入户处的绝缘子铁脚宜接地，接地电阻不宜超过 30Ω。土壤电阻率在 200Ω·m 及以下地区的铁横担钢筋混凝土杆线路，可不另设人工接地装置。当绝缘子铁脚与建筑物内电气装置的接地装置相连时，可不另设接地装置。人员密集的公共场所的入户线，当钢筋混凝土杆的自然接地电阻大于 30Ω 时，入户处的绝缘子铁脚应接地，并应设专用的接地装置。 8）电力电缆金属护套或屏蔽层应按下列规定接地： ① 三芯电缆应在线路两终端直接接地。线路中有中间接头时，接头处也应直接接地； ② 单芯电缆在线路上应至少有一点直接接地，且任一非接地处金属护套或屏蔽层上的正常感应电压，不应超过下列数值： a. 在正常满负载情况下，未采取防止人员任意接触金属护套或屏蔽层的安全措施时，50V。 b. 在正常满负荷情况下，采取防止人员任意接触金属护套或屏蔽层的安全措施时，100V。 ③ 长距离单芯水底电缆线路应在两岸的接头处直接接地。
其他	1）保护配电变压器的避雷器，其接地应与变压器保护接地共用接地装置。 2）保护配电柱上断路器、负荷开关和电容器组等的避雷器的接地导体（线），应与设备外壳相连，接地装置的接地电阻不应大于 10Ω。

二、接地电阻值

各类电气装置要求的接地电阻值见表 3-3。

表 3-3 各类电气装置要求的接地电阻值

电气装置名称	接地的电气装置特点	接地电阻要求/Ω
发电厂、变电站电气装置保护接地	有效接地和低电阻接地	$R \leqslant 2000/I$ 当 $I > 4000A$ 时，$R \leqslant 0.5$
不接地、谐振接地和高电阻接地系统中发电厂、变电站电气装置保护接地	仅用于高压电力装置的接地装置	$R \leqslant 250/I$（不宜大于 10）
	高压与低压电力装置共用的接地装置	$R \leqslant 120/I$（不宜大于 4）
低压电网中，电源中性点接地	由单台容量不超过 100kV·A 或使用同一接地装置并联运行且总容量不超过 100kV·A 的变压器或发电机供电	$R \leqslant 10$
	上述装置的重复接地（不少于 3 处）	$R \leqslant 30$
引入线上装有 25A 以下的熔断器的小容量线路电气装置	任何供电系统	$R \leqslant 30$
	高、低压电气设备联合接地	$R \leqslant 4$
	电流、电压互感器二次线圈接地	$R \leqslant 10$
土壤电阻率大于 500Ω·m 的高土壤电阻率地区发电厂、变电站电气装置保护接地	独立避雷针	$R \leqslant 10$
	发电厂和变电站接地装置	$R \leqslant 10$
建筑物	一类防雷建筑物（防止直接雷）	$R \leqslant 10$（冲击电阻）
	一类防雷建筑物（防止感应雷）	$R \leqslant 10$（工频电阻）
	二类防雷建筑物（防止直接雷）	$R \leqslant 10$（冲击电阻）
	三类防雷建筑物（防止直接雷）	$R \leqslant 10$（冲击电阻）
共用接地装置		接入设备要求的最小值确定，一般 $R \leqslant 1$

三、接地装置

确定变电站接地网的形式和布置时，考虑保护接地要求，应尽量降低接触电位差和跨步电位差。

1）高压电气装置接地的一般规定

① 电力系统、装置或设备应按规定接地。接地装置应充分利用自然接地极，但应校验自然接地极的热稳定性。

② 不同用途、不同额定电压的电气装置或设备除另有规定外，应使用一个总的接地网，接地电阻应符合其中最小值的要求。

③ 设计接地装置时，应考虑土壤干燥或降雨和冻结等季节变化的影响，接地电阻、接触电位差和跨步电位差在四季中均应符合要求，但雷电保护接地的接地电阻，可只考虑在雷

季中土壤干燥状态的影响。

2) 110kV 及以上有效接地系统和 6～35kV 低电阻接地系统发生单相接地或同点两相接地时,变电站接地网的接触电位差和跨步电位差不应超过由下列两式计算所得的数值:

$$U_t = \frac{174 + 0.17\rho_s C_s}{\sqrt{t_s}} \tag{3-6}$$

$$U_s = \frac{174 + 0.7\rho_s C_s}{\sqrt{t_s}} \tag{3-7}$$

式中　U_t——接触电位差允许值 (V);

　　　U_s——跨步电位差允许值 (V);

　　　ρ_s——地表层的电阻率 (Ω·m);

　　　C_s——表层衰减系数;

　　　t_s——接地故障电流持续时间,与接地装置热稳定校验的接地故障等效持续时间 t_e 取相同值 (s)。

3) 6～66kV 不接地、谐振接地和高电阻接地的系统,发生单相接地故障后,当不迅速切除故障时,发电厂和变电站接地装置的接触电位差和跨步电位差不应超过下列两式计算所得的数值:

$$U_t = 50 + 0.05\rho_s C_s \tag{3-8}$$
$$U_s = 50 + 0.2\rho_s C_s \tag{3-9}$$

注:上述公式(3-6)～(3-9)推导中的人体电阻按 1500Ω 考虑。表层衰减系数 C_s 可按图 3-1 查取。

图 3-1 中,K 为不同电阻率土壤的反射系数,h 为表层土壤厚度 (m)。K 按式(3-10)计算。

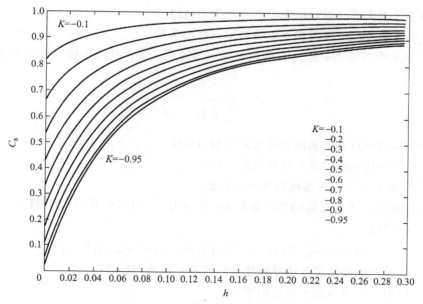

图 3-1　C_s 与 h 和 K 的关系曲线

$$K = \frac{\rho - \rho_s}{\rho + \rho_s} \tag{3-10}$$

式中　ρ——下层土壤电阻率（$\Omega \cdot m$）；

ρ_s——表层土壤电阻率（$\Omega \cdot m$）。

在工程实践中，若对地网上方跨步电位差和接触电位差允许值的计算精度要求不高（误差在 5% 以内）时，也可采用下式计算：

$$C_s = 1 - \frac{0.09 \times \left(1 - \dfrac{\rho}{\rho_s}\right)}{2h + 0.09} \tag{3-11}$$

当上述接触电位差可能沿 PE 线传至用户用电设备外露导电部分时，则应 $U_t \leqslant 50V$。

在条件特别恶劣的场所，例如水田中，接触电位差和跨步电位差的允许值宜适当降低。

四、接地电阻的计算

1）单独接地极或杆塔接地装置的冲击接地电阻可按下式计算。

$$R_i = \alpha R \tag{3-12}$$

式中　R_i——单独接地极或杆塔接地装置的冲击接地电阻（Ω）；

R——单独接地极或杆塔接地装置的工频接地电阻（Ω）；

α——单独接地极或杆塔接地装置的冲击系数。

2）当接地装置由较多水平接地极或垂直接地极组成时，垂直接地极的间距不应小于其长度的两倍；水平接地极的间距不宜小于 5m。

由 n 根等长水平放射形接地极组成的接地装置，其冲击接地电阻可按下式计算。

$$R_i = \frac{R_{hi}}{n} \times \frac{1}{\eta_i} \tag{3-13}$$

式中　R_{hi}——每根水平放射形接地极的冲击接地电阻（Ω）；

η_i——考虑各接地极间相互影响的冲击利用系数。

3）水平接地极连接的 n 根垂直接地极组成的接地装置，其冲击接地电阻可按下式计算。

$$R_i = \frac{\dfrac{R_{vi}}{n} \times R'_{hi}}{\dfrac{R_{vi}}{n} + R'_{hi}} \times \frac{1}{\eta_i} \tag{3-14}$$

式中　R_{vi}——每根垂直接地极的冲击接地电阻（Ω）；

R'_{hi}——水平接地极的冲击接地电阻（Ω）。

4）杆塔接地装置与单独接地极的冲击系数。

① 杆塔接地装置接地电阻的冲击系数 α，可利用式(3-15)～式(3-20) 计算。

a. 铁塔接地装置：

$$\alpha = 0.74\rho^{-0.4}(7.0 + \sqrt{L})[1.56 - \exp(-3.0 I_i^{-0.4})] \tag{3-15}$$

式中　I_i——流过杆塔接地装置或单独接地极的冲击电流（kA）；

ρ——以 $\Omega \cdot m$ 表示的土壤电阻率；

L——请参考 GB/T 50065—2011 中表 F.0.1 的取值。

b. 钢筋混凝土杆放射形接地装置：

$$\alpha = 1.36\rho^{-0.4}(1.3+\sqrt{L})[1.55-\exp(-4.0I_i^{-0.4})] \tag{3-16}$$

c. 钢筋混凝土杆环形接地装置：

$$\alpha = 2.94\rho^{-0.5}(6.0+\sqrt{L})[1.23-\exp(-2.0I_i^{-0.3})] \tag{3-17}$$

② 单独接地极接地电阻的冲击系数 α，可利用以下各式计算。

a. 垂直接地极：

$$\alpha = 2.75\rho^{-0.4}(1.8+\sqrt{L})[0.75-\exp(-1.5I_i^{-0.2})] \tag{3-18}$$

b. 单端流入冲击电流的水平接地极：

$$\alpha = 1.62\rho^{-0.4}(5.0+\sqrt{L})[0.79-\exp(-2.3I_i^{-0.2})] \tag{3-19}$$

c. 中部流入冲击电流的水平接地极：

$$\alpha = 1.16\rho^{-0.4}(7.1+\sqrt{L})[0.78-\exp(-2.3I_i^{-0.2})] \tag{3-20}$$

③ 杆塔自然接地极的冲击系数。

杆塔自然接地极的效果仅在 $\rho \leqslant 300\Omega \cdot m$ 才加以考虑，其冲击系数可利用下式计算：

$$\alpha = \frac{1}{1.35+\alpha_i I_i^{1.5}} \tag{3-21}$$

式中　α_i——对钢筋混凝土杆、钢筋混凝土桩和铁塔的基础（一个塔脚）为 0.053；对装配式钢筋混凝土基础（一个塔脚）和拉线盘（带拉线棒）为 0.038。

④ 接地极的冲击利用系数。

各种形式接地极的冲击利用系数 η_i 可采用表 3-4 所列数值。工频利用系数可取 0.9。对自然接地极，工频利用系数可取 0.7。

表 3-4　接地极的冲击利用系数 η_i

接地极形式	接地导体的根数	冲击利用系数	备　注
n 根水平射线（每根长 10～80m）	2 3 4～6	0.83～1.0 0.75～0.90 0.65～0.80	较小值用于较短的射线
以水平接地极连接的垂直接地极	2 3 4 6	0.8～0.85 0.70～0.80 0.70～0.75 0.65～0.70	$\dfrac{D(\text{垂直接地极间距})}{l(\text{垂直接地极长度})}=2\sim 3$ 较小值用于 $\dfrac{D}{l}=2$ 时
自然接地极	拉线棒与拉线盘间 铁塔的各基础间 门型、各种拉线杆塔的各基础间	0.6 0.4～0.5 0.7	

第五节　等电位联结

一、等电位联结的作用

建筑物的低压电气装置应采用等电位联结以降低建筑物内间接接触电压和不同金属物体间的电位差；避免自建筑物外经电气线路和金属管道引入的故障电压的危害；减少保护电器动作不可靠带来的危险和有利于避免外界电磁场引起的干扰、改善装置的电磁兼容性。

二、等电位联结的分类

按等电位联结的作用可分为保护等电位联结（如防间接接触电击的等电位联结或防雷的等电位联结）和功能等电位联结（如信息系统抗电磁干扰及用于电磁兼容的等电位联结）。按等电位联结的作用范围分为总等电位联结、局部等电位联结和辅助等电位联结。

1. 总等电位联结

每个建筑物内的接地导体、总接地端子和下列可导电部分应实施保护等电位联结：

1）进入建筑物的金属管道，例如燃气管、水管等。

2）在正常使用时可触及的装置外可导电结构、集中供热和空调系统的金属部分。

3）便于利用的钢筋混凝土结构中的钢筋。

从建筑物外进入的上述可导电部分，应尽可能在靠近入户处进行等电位联结。

通信电缆的金属护套应作保护等电位联结，这时应考虑通信电缆的业主或管理者的要求。

2. 局部等电位联结

在一局部范围内将各可导电部分连通，称为局部等电位联结。可通过局部等电位联结端子板将 PE 母线（或干线）、金属管道、建筑物金属体等相互连通。

下列情况需作局部等电位联结：

1）当电源网络阻抗过大，使自动切断电源时间过长，不能满足防电击要求时。

2）由 TN 系统同一配电箱供电给固定式和手持式、移动式两种电气设备，而固定式设备保护电器切断电源时间不能满足手持式、移动式设备防电击要求时。

3）为满足浴室、游泳池、医院手术室等场所对防电击的特殊要求时。

4）为避免爆炸危险场所因电位差产生电火花时。

3. 辅助等电位联结

将伸臂范围内可同时触及的导电部分用导体直接连接，使其电位相等，称为辅助等电位联结。适用于需连接部分少的情况。等电位联结示意图如图 3-2 所示。

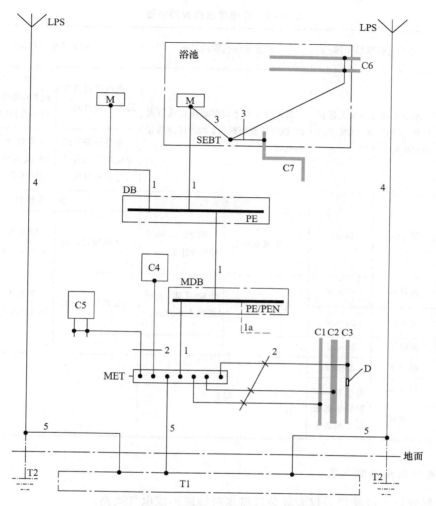

图 3-2　接地配置、保护导体和保护连接导体的说明

M—电气设备外露可导电部分　C—外部可导电部分，包括 C1~C7

C1—外部进来的金属水管　C2—外部进来的金属排弃废物、排水管道

C3—外部进来的带绝缘插管（D）的金属可燃气体管道　C4—空调

C5—供热系统　C6—金属水管，如浴池里的金属水管

C7—在外露可导电部分的伸臂范围内的外部可导电部分

MET—总接地端子/母线　MDB—主配电盘

DB—分配电盘　SEBT—辅助等电位联结端子

T1—基础接地　T2—LPS（防雷装置）的接地极（如果需要）

1—PE 导体　1a—来自网络的 PE/PEN 导体　2—等电位联结导体

3—辅助等电位联结导体　4—LPS（防雷装置）的引下线（如果有）　5—接地导体

4.等电位联结线（保护联接导体）的截面

防电击的保护等电位联结线的截面见表 3-5。

表 3-5 等电位联结线的截面

类别\取值	总等电位联结导体	局部等电位联结导体		辅助等电位联结导体	
一般值	不小于进线的最大保护导体（PE 线/PEN 线）截面积的 1/2	其电导不小于局部场所进线最大 PE 线导体截面积 1/2 的导体所具有的电导		两电气设备外露导电部分间	其电导不小于接至两设备外露可导电部分的较小的 PE 导体的电导
				电气设备外露导电部分与外部可导电部分间	其电导不小于相应 PE 线导体截面积 1/2 的导体所具有的电导
最小值	铜导体	6mm²	单独敷设时		单独敷设时	
			有机械保护时	铜导体 2.5mm² 或铝导体 16mm²	有机械保护时	铜导体 2.5mm² 或铝导体 16mm²
	铝导体	16mm²	无机械保护时	铜导体 4mm² 或铝导体 16mm²	无机械保护时	铜导体 4mm² 或铝导体 16mm²
	钢导体	50mm²				
	铜镀钢	25mm²	—	—	—	—
最大值	铜导体	25mm²	同左		—	
	铝导体	按与 25mm² 铜导体载流量相同确定				
	钢导体					

5. 等电位联结线的安装

1）金属管道上的阀门、仪表等装置需加跨接线连成电气通路。

2）煤气管入户处应插入一绝缘段（如在法兰盘间插入绝缘板），并在此绝缘段两端跨接火花放电间隙，由煤气公司实施。

3）导体间的连接可根据实际情况采用焊接或螺栓连接，要求做到连接可靠。

4）等电位联结线应有黄绿相间的色标，在总等电位联结端子板上刷黄色底漆并作黑色"▽"标记。

第四章 电气设备安全

相对于电气设备的运行功能而言，电气设备的安全是第一位的，通过学习本章内容要理解电气设备的安全有两方面的含义：其一是指电气设备能在确定的使用环境中，安全地完成正常运行功能，即在正常情况下设备本身不应发生损坏（如引发电气火灾等）。其二是指电气设备在其所安装的环境中正常运行时，对其使用者或操作人员而言应是安全的，不应该发生人身电击伤害事故。

根据电气设备安装场所的电气危险程度，有一般环境和特殊环境之分。同一个电气故障，在一般场所内的电气设备不至于发生电气事故，而在某些特殊场所的安装环境中，就可能引起这样或那样的事故。例如，某建筑物的进户电源线路发生接地故障时，因建筑物内实行了等电位联结而不会发生电击伤人事故，但户外电路部分有可能引起电击伤人事故。同样，一个由静电引起的电火花，在住宅内并不会引起什么危害，而在有可燃爆气体的场合，如石化企业、炼油厂、加油站等，则可能导致爆炸起火。因此，电气设备的安全条件是根据其应用环境的不同而区别划分的，在一般应用场所能安全运行的电气设备在特殊场所可能无法安全运行。

第一节 用电设备的环境条件

电气设备的安全使用条件是与使用环境密切相关的，不同的使用条件对电气设备的安全要求是不一样的。电气设备的环境条件，按不同的方法可有不同的分类。按电气设备故障引起的危险程度来分，可分为：①爆炸危险环境。②一般正常工作环境（非爆炸危险环境），它包括大部分的民用建筑和部分工业建筑，且又可细分为：正常工作环境、狭窄导电工作环境、潮湿工作环境、高温环境、多粉尘环境（非易燃易爆粉尘）、化学腐蚀环境和高海拔环境。

一、电气设备使用环境分类

1. 爆炸危险环境的电气设备分类

在这类环境中，往往存在或有可能存在易燃易爆的气体（或蒸汽）和可爆燃的粉尘，因此，在爆炸危险环境中使用的电气装置，应该特殊对待，并满足现行国家标准《爆炸危险环境电力装置设计规范》GB50058—2014 的要求。

依现行国家标准，爆炸危险环境分为爆炸性气体（或蒸汽）危险环境和爆炸性粉尘危险环境。在爆炸性气体（或蒸汽）危险环境中，根据爆炸性气体混合物的出现频繁程度及持续时间，又可按规定划分成三个区：①0 区：连续出现或长期出现爆炸性气体混合物的环境；②1 区：在正常运行时可能出现爆炸性气体混合物的环境；③2 区：在正常运行时不太可能出现爆炸性气体混合物的环境，或即使出现也仅是短时存在的爆炸性气体混合物的环境。

此外根据爆炸性粉尘危险环境出现的频繁程度和持续时间，把该环境分为 3 个区：①20

区应为空气中的可燃性粉尘云持续地或长期地或频繁地出现于爆炸性环境中的区域；②21区应为在正常运行时，空气中的可燃性粉尘云很可能偶尔出现于爆炸性环境中的区域；③22区应为在正常运行时，空气中的可燃粉尘云一般不可能出现于爆炸性粉尘环境中的区域，即使出现，持续时间也是短暂的。

（1）爆炸性气体的分类、分级和分组　同是爆炸性气体，但它们的引爆条件是不同的。为此，在爆炸危险场合运行的电气设备，必须根据电气设备使用环境中，爆炸性气体的具体分类和分组来选择具体使用环境相对应的防爆电气设备标准。

（2）爆炸危险环境的防爆电气设备分类　目前，按照国家规定所生产的防爆电气产品主要分为两大类：一为气体—蒸汽类，二为粉尘类。

1）气体—蒸汽类：该类防爆电气设备主要用于有爆炸性气体和蒸汽产生的场所，其产品又细分为Ⅰ类和Ⅱ类。其区别标准为：

Ⅰ类：矿井甲烷环境中使用；

Ⅱ类：一般工业爆炸危险气体或蒸汽环境使用。

由于Ⅰ类产品用于井下的矿井甲烷环境，如煤矿井下采煤机械配套的电气设备，该类产品有许多特殊要求，且应用的专业性较强，故本章仅作为一般介绍，不进一步加以论述，重点关注的则是Ⅱ类产品。在Ⅱ类防爆电气产品中，常用的各种低压电气设备的防爆结构主要有如下几种类型：

隔爆型：用电气设备的隔爆外壳来阻滞内部爆炸时的外泄能量，从而防止引起外部爆炸性气体的混合物爆炸。

增安型：在正常运行时不产生火花、电弧和危险温度的产品部件上采取措施，以提高安全度。

本质安全型：在低压小电流电路系统和产品中，合理选择电路参数使其故障状态下产生的电火花达不到引爆外部气体的最小引燃能量。

正压型：向电气设备的外壳内充入新鲜空气或惰性气体，并使其壳内气压大于壳外气压，防止外部的爆炸性气体侵入。

油浸型：将电气设备中可能产生火花、电弧的部件置于不燃的油中。

充砂型：将电气设备中可能产生火花、电弧的部件置于砂中。

除此之外，防爆电气设备还有无火花型、浇封型等，而每种防爆类型又可分为 T1～T6 这 6 个温度组别。通常一个Ⅱ类防爆电气设备的完整防爆等级标志为：

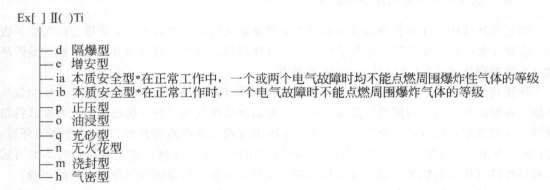

Ex[ ] Ⅱ( )Ti

—d　隔爆型
—e　增安型
—ia　本质安全型*在正常工作中，一个或两个电气故障时均不能点燃周围爆炸性气体的等级
—ib　本质安全型*在正常工作时，一个电气故障时不能点燃周围爆炸气体的等级
—p　正压型
—o　油浸型
—q　充砂型
—n　无火花型
—m　浇封型
—h　气密型

其中　Ex——表示防爆电气产品；

　　[　]——由1～2位小写英文字母表示其防爆型式；

　　（　）——最大安全试验间隙分为A、B、C三级（仅隔爆和本质安全型有，其他型式无）；

　　Ti——防爆产品的温度组别，T1～T6。

2）粉尘类：对粉尘类物质而言，可分成爆炸性粉尘和可燃性粉尘，前者如炸药粉尘（烟花爆竹生产环境），后者有面粉加工厂、铝材加工车间等。其中，可燃性粉尘（环境）还可细分为导电粉尘（如铝粉）和非导电粉尘（如面粉）。对粉尘类防爆电气设备，应执行国家标准GB12476.1—2013《可燃性粉尘环境用电气设备　第1部分：通用要求》，粉尘类防爆电气设备的防爆措施就是"防尘"，以阻止可爆炸性粉尘进入电气设备内部。

（3）防爆电气设备选用的一般原则　在爆炸和火灾危险环境中，为了保证电气设备的使用安全，电气设备的防爆选型是十分重要的，一般可以按如下原则来选择防爆电气设备。

1）根据爆炸危险环境的划分、危险区域的分区、电气设备的种类和防爆结构的要求选择相应的防爆电气设备。

2）选用的防爆电气设备的级别和温度组别，不得低于该环境爆炸性气体（或粉尘）的级别和组别，当有两种以上爆炸性气体（或粉尘）同时存在，分别属于不同的分类、分级或分组时，以要求最高的一个气体（或粉尘）的分类、分级、分组为标准来选择防爆电气设备。

3）爆炸危险环境区域内的电气设备，在不降低其结构防爆性能要求的情况下，还要满足周围环境内电气、化学、机械、温度及风沙、霉菌对电气设备的运行要求。

2. 一般工业及民用建筑场所的电气设备分类

相对而言，用于爆炸危险环境的电气设备毕竟是少数，人们平常所使用的各种电气设备，绝大多数还是应用于一般工业和民用建筑场所，其环境是非爆炸危险环境。在这种场合，用电设备的环境分类一般可以按如下情况进行分类：

（1）正常工作环境　通常是比较干燥的工业或民用建筑用电场合，其周围的空气温度上限不超过+40℃，下限为-5℃，且24h平均值≤+35℃，相对湿度不大于50%（+40℃时）。在最湿月份的月平均最大相对湿度为90%（该月的平均最低湿度为25℃），无雨雪侵袭，周围介质无爆炸危险，无腐蚀性气体及导电尘埃，安装地点的海拔为+2000m以下。

（2）狭窄导电工作环境　狭窄导电工作环境系指工作场所狭小、活动空间受限的工作环境，且在此场所内主要部分为导电的金属部分，当人在该场所内工作时，人体的一部分难以避免与场所内的金属部分相碰，而场所内的金属部分又与大地有良好的接触带地电位，从而导致人身受电击时的危险增大。

（3）潮湿环境　如浴室、卫生间、游泳池、厨房等，这些场所的相对湿度经常超过75%，甚至达90%以上，在此环境中安装的电气设备首先要确保使用者的安全，防止人身电击危害。

（4）高温环境　包括平均气温大于35℃的干热环境和湿热环境，在此环境中使用的电气设备常因高温而导致设备功能下降，绝缘材料加速老化，如桑拿室。在湿热环境中应用的电气设备应选湿热环境型（TH型），而干热环境宜选TA型的电气设备。

（5）多粉尘（非易燃易爆粉尘）环境　导电或非导电的粉尘积聚在电气装置上，并对电气设备的安全运行构成威胁。

（6）化学腐蚀环境　具有腐蚀性的化学气体、液体或固体对电气设备导电体及绝缘发生损害的场所。

（7）高海拔地区　海拔≥2000m 的高原环境，由于空气密度降低，导致电气设备运行时的散热条件变差，同时由于高原紫外线的加强，引起绝缘材料的提前老化，在这种环境中使用的电气设备应是高原（高海拔）型的。

由于电气设备的运行安全性能一般是按照正常工作环境条件而设计的，当这些电气设备用于（2）～（7）的用电环境时，将会降低其安全性。除某些环境对电气设备需要降额使用外，还需要采取一些特殊的技术措施来保证电气设备的安全和使用人员的安全。

二、电气设备外壳的防护等级

1. 一般规定

为了使电气设备满足在各种环境中正常使用的要求，人们对各类电气设备外壳的防护提出了一定的要求。根据国际 IEC 标准的规定（我国国标为 GB4208—2008《外壳防护等级》），电气设备外壳的防护等级表达方式为：

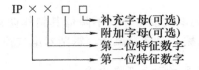

第一位特征数字×表示防固体异物进入，第二位特征数字×表示防止液体（水）进入，两位特征数字所表示意义的具体划分可见表 4-1 和表 4-2。

表 4-1　防固体异物进入（第一位特征数字）

防护等级	技术要求	概　述
0	无防护	不要求专门的防护
1	防范大于 50mm 的固体	能防止直径大于 50mm 的固体异物进入 能防止人手偶然或无意识地进入并触及带电部分或运动部分
2	防范大于 12.5mm 的固体	能防止直径大于 12.5mm 的固体异物进入 能防止手指触及内部带电部分或运动部分
3	防范大于 2.5mm 的固体	能防止直径大于 2.5mm 的固体异物进入 能防止厚度（或直径）大于 2.5mm 的工具、导线等触及内部带电部分或运动部分
4	防范大于 1mm 的固体	能防止直径大于 1mm 的固体异物进入 能防止厚度（或直径）大于 1mm 的工具、导线等触及内部带电部分或运动部分
5	防尘	能防止灰尘进入量达到影响设备功能的程度 完全防止人体触及内部带电导体或运动部分
6	尘密	完全防止灰尘进入 完全防止人体触及内部带电导体或运动部分

表 4-2 防水进入（第二位特征数字）

防护等级	技术要求	概 述
0	无防护	没有专门的防护
1	垂直防滴	垂直的滴水不能直接进入
2	15°防滴	与铅垂线成 15°角范围内的滴水不能直接进入
3	防淋水	与铅垂线成 60°角范围内的淋水不能直接进入
4	防溅	任何方向的溅水无有害影响
5	防喷水	任何方向的喷水无有害影响
6	防猛烈喷水	猛烈的海浪或强烈喷水无有害影响
7	防短时间浸水	在规定的压力和时间下浸在水中，进水量无有害影响
8	防连续浸水	在规定的压力下长时间浸在水中，进水量无有害影响

例 4-1 某低压电动机的防护等级为 IP23，它表示该电动机外壳具有如下防护能力：

IP 后第一位数字为 "2"；可防范大于 12.5mm 的固体异物进入，能防止成人的手指触及内部的带电部分或运动部分。

IP 后第二位数字为 "3"：表示该电动机外壳可防止与铅垂线成 60°角范围内的淋水进入电动机内部。

例 4-2 某室外使用的照明灯具防护等级为 IP65，它表示该灯具外壳具有如下防护能力：

"6" ——表示尘密型，可完全防止灰尘进入。

"5" ——表示防喷水型，任何方向对该灯具的喷水都不会造成有害影响。

如果仅需用一个特征数字来表示防护等级，则被省略的数字必须用字母 X 来代替，例如：

IPX5 ——表示防喷水（任何方向喷水无有害影响）。

IPX6 ——表示尘密型（无尘埃进入）。

因此，不同的应用场所和不同的电气应用环境应选择具有不同防护等级外壳的电气产品。比如在一般正常工作环境中，交流低压电动机选择 IP23 防护等级就可以了，但在室外使用或虽然在室内使用、但工作环境中有大量水蒸气及其他液体时应选用 IP44 或 IP54 的防护等级。对于存在非导电灰尘的一般多尘环境，应选用 IP5X 级电气设备（防尘型），但有导电性灰尘的多尘环境则应选 IP6X（尘密型）防护等级。

再比如室内使用的家用电器，一般防护等级为 IP3X，可不考虑防水。但在浴室、卫生间等较为潮湿的场合，则应达到 IPX4～IPX7 的防水等级。总之，电气设备在不同的使用环境中，应该对应于不同的防护等级。但值得注意的是，即使在同一个电气应用环境中，因为电气设备安装位置的不同，其防护等级也不尽相同。

2. 潮湿环境的电气设备防护要求

常见的潮湿环境如浴室（包括公共浴室）、室内外游泳池，都属于特别潮湿环境，有时由于使用的需要，会在水下部分装设电气设备，这就大大增加了人体受到电击伤害的机会并增大了危害程度，因此在特别潮湿的环境中，对电气设备及线路的防护等级要求特别高，例如国际 IEC 标准将游泳池的不同使用部位划分为三个区域，并规定了各个区域内电气设备的不同防护等级。泳池三个区域的划分如图 4-1 所示。

图 4-1 中，0 区为游泳池内部、水下；1 区为离游池边缘 2m 垂直面内、高度为距地面 2.5m 的或距人能到达最高水平面的 2.5m 高度的立体区域；2 区为 1 区至离 1 区 1.5m 的平行垂直面内，高度同 1 区的立体区域。

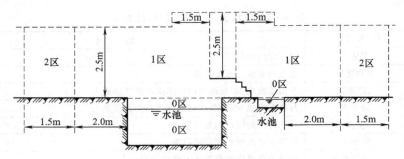

图 4-1 游泳池的区域划分

在上述三个区域中使用的电气设备和电气线路的防水等级要求为：

0 区——IPX8 级；

1 区——IPX4 级；

2 区——IPX2 级。

类似的特殊场所还有浴室等。根据 IEC 标准浴室内可划分为四个区域，如图 4-2 所示。

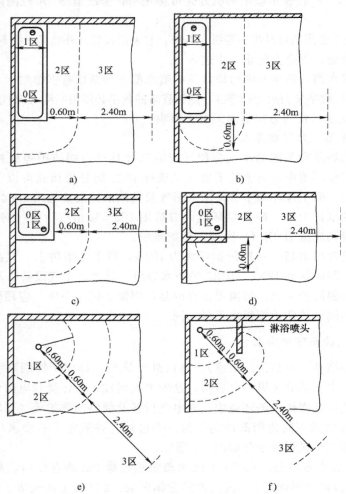

图 4-2 浴室内的区域划分

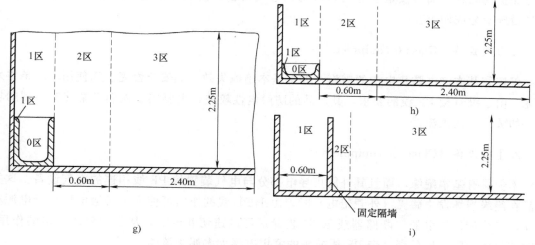

图 4-2 浴室内的区域划分（续）

图 4-2 中，0 区为浴盆或浴盆内部。1 区为围绕浴盆或淋浴盆外边缘的垂直立面内，高度止于地面上 2.25m。2 区为 1 区至离 1 区 0.6m 的平行垂直面内，其高度为地面上 2.25m。3 区为 2 区至 2 区 2.4m 的平行垂直面内，其高度为地面上 2.25m。

由于浴室内的环境特别潮湿，按照 IEC 标准，在 0、1、2 区内不得设置电源插座和开关，而对浴室内必须要用的电气设备和线路，IEC 标准则规定了各分区的防水等级要求：

0 区——IPX7 级；

1 区——IPX5 级；

2 区——IPX4 级（公共浴室为 IPX5）；

3 区——IPX1 级（公共浴室为 IPX5）。

第二节 手持电动工具和移动式电气设备

手持电动工具和移动式电气设备是我们日常生活和工作中经常碰到的一大类电气设备，手持电动工具（Handhold equipment）是指使用时需要用手持握的移动式电气设备，如吹风机、手电钻等。而移动式电气设备（Portable equipment）是指在工作时需移动的设备，如土建施工工具、电动割草机、伐木工具等，或在接有电源时能方便地由一处移往另一处的设备，如风扇、落地灯等。某些有搬运把手但重量使人难以移动的设备不属于移动式电气设备，如大型冰柜、电冰箱等。

一、电气设备的防触电保护分类

由于手持式和移动式电气设备使用的特点，电气设备的外壳与人手紧密接触，增加了使用中发生电气故障时漏电伤人的可能性。为了保证电气设备使用者的安全，电气设备正常工作中所有的带电部分，包括导线、接线端子必须用绝缘物或外加遮蔽的方法将它们遮护起来，这种保护使用者人身安全的措施称为防触电保护。值得说明的是，所有电气设备都有防触电保护的问题，而不仅是手持式和移动式电气设备。按照 IEC 标准，电气设备的防触电保护措施应分成四类。

1. 0 类设备 (Class 0 equipment)

仅依靠基本绝缘防止电击的措施，如果基本绝缘失效，其安全性完全靠使用环境条件来保证。由于没有接 PE 线的要求，其产品的防触电性较差，主要用于人们日常接触不到的场所，如荧光灯的镇流器。

2. Ⅰ类设备 (Class Ⅰ equipment)

不但具有基本绝缘，而且其外露可导电部分与电气装置的 PE 线相连的电气设备。这类产品在绝缘损坏发生碰壳（外壳带电）时，由于 PE 线的作用可使人体接触电压小于电源相电压，且依赖保护电器（断路器或 RCD 装置）可迅速切断电源，从而起到防电击的作用，现时广泛使用的金属外壳、带 PE 线插头的家用电器大多属于该类。

3. Ⅱ类设备 (Class Ⅱ equipment)

具有双重绝缘或加强绝缘的电气设备，它不可能发生接地故障，故不需接 PE 线。家用电器中的电推剪、塑料外壳的灯具、电扇属于这一类。

4. Ⅲ类设备 (Class Ⅲ equipment)

采用 SELV 回路供电的设备。Ⅲ类设备不论发生何种接地故障，都不可能出现危险接触电压，如用 24V 或 36V 供电的手持式安全灯、泳池中用于水下照明的灯具、某些用交流电但经变压器隔离降压供电的儿童玩具等。

显然，从防止触电的措施上来看，Ⅲ类设备的安全性最高，0 类设备的安全性较差，但Ⅲ类设备因需要专门的 SELV 供电电源，故产品的价格较高，经济性不好，且维护也较麻烦。所以电气设备的使用者应根据电气设备的实际使用环境来选择电气设备的防触电类别。

一般来说，清洁、干燥的使用场所可以选用 0 类设备，而特别潮湿的环境如浴室、泳池、建筑工地、地下室等应该选用Ⅱ类和Ⅲ类的电气设备。家用电器设备大多属于Ⅱ类和Ⅰ类产品，而用于室外照明的灯具和灯杆以Ⅰ类设备为多（不包括水下灯具）。

二、手持电动工具和移动式电气设备的防触电

通常手持电动工具和移动式电气设备的防触电类别应该不低于Ⅰ类的标准，其中手持电动工具不宜低于Ⅱ类。

1. Ⅰ类移动式电气设备的 PE 线连接失效

由于移动式电气设备经常处于移动工作状态，其工作环境比较恶劣，如室外用的割草机、建筑工地的混凝土搅拌机，其供电电缆的外皮极易磨损，加之设备本身工作中振动较大，造成 PE 线连接端脱落，形同虚设，如维修不及时，将使得名义上的Ⅰ类设备实际上已降为 0 类设备，一旦基本工作绝缘破坏，触电事故就不可避免了。

2. Ⅰ类移动式电气设备的保护电器参数选择错误

由于Ⅰ类设备的防触电措施不仅依赖于基本绝缘，而且依赖于PE线及保护电器的参数配合。虽然电气设备的PE线连接完好，但由于保护电器类型不对或参数选择错误，也必将导致在基本绝缘破坏时发生电击伤人事故。

保护电器的选择错误主要表现为：

1）在TT系统中，保护电器错误选用熔断器，且电流容量不当，根本无过载保护和漏电保护功能，如图4-3所示。

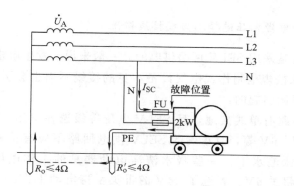

图 4-3 保护电器错误选择（一）

说明：$I_{FU}=30A$（熔断器电流）当发生单相"碰壳"故障时，故障电流 I_{SC} 为：

$$I_{SC}=\frac{U_P}{R_o+R_o'}=\frac{220}{4+4}A=27.5A \quad I_{SC}<I_{FU}$$

2）在TN-S系统中选择低压断路器（无漏电保护功能）时，未经单相接地短路电流校验，使得电气设备发生漏电时，由于供电线路过长、电流过小使得低压断路器拒分，无法切断故障电气设备的供电电源，如图4-4所示。

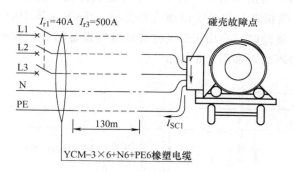

图 4-4 保护电器错误选择（二）

说明：低压断路器的瞬时动作电流 $I_{r3}=500A$，而130m橡塑电缆的单相接地短路电流 I_{SC1} 仅为：$I_{SC1}=186A$

3）在TT系统中保护电器未选用漏电开关（RCD器件），或选用参数不当（$I_m\geqslant30mA$）。不论上述那一种原因，都使得Ⅰ类移动设备的工作绝缘破坏时不能及时分断电源（尽管PE线连接有效），其实际防触电能力仅与0类设备相同。

3．手持电动工具防触电类别不够

一般来说，手持电动工具的防触电类别应该为Ⅱ类或Ⅲ类，即不依赖 PE 线和保护电器的配合来防电击（Ⅱ类）或不可能出现危险的接触电压（Ⅲ类）。然而有的手持电动工具的双重绝缘不可靠，或在维修过程中破坏了部分加强绝缘材料，使得其实际防触电类别下降至 0 类，甚至于有些手持电动工具实际是按Ⅰ类防触电标准生产的（最明显的标志是电源插头为单相三线型，带有 PE 桩头），这更是导致触电事故发生的重要原因之一。

4．Ⅲ类电气设备的电源电压选择不当或接线错误

由于Ⅲ类电气设备是采用 SELV 回路供电的，一般来说，发生电击的可能性几乎为零，但是如果 SELV 回路未按规范制作或电气设备本身的接线不当也会引发电击事故，通常此类电击事故是由如下原因引起的：

（1）SELV 供电线路有单线接地，且 SELV 电压等级选择不当 SELV 电压等级常用的有 36V、24V、12V、6V 等，且正确的 SELV 供电回路不应有接地点。如果在一些特别潮湿的环境，如游泳池水下，一些吸水清洁电动器具的工作电压应不大于 12V，而手持式设备的电压不超过 6V。若选了 24V 的Ⅲ类手持电动工作，当 SELV 回路某根线接地时，就会发生电击事故。所以，正确地选择 SELV 电压等级和正确接线也是十分重要的。

1）一般潮湿环境的 SELV 电压等级为 36V 或更低（如建筑工地）。

2）比较潮湿环境的 SELV 电压等级为 24V 以下（如浴室）。

3）特别潮湿环境的 SELV 电压为 12V 或 6V（如泳池水中）。

4）SELV 回路任何一点不应接地。

（2）Ⅲ类手持电动工具接线错误 对于一些有金属外壳，但由 SELV 供电的电动工具，本身不需要与任何 PE 线相连，如果错误地将外壳与 TN－S 系统中的 PE 线相连，则当其他电气设备发生"碰壳"故障时，会由 PE 线将其他电气设备部分的相电压导至手持电动工具的金属外壳，造成电击事故，如图 4-5 所示。

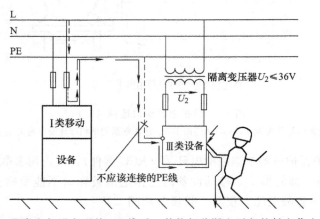

图 4-5　Ⅲ类电气设备误接 PE 线后，其他部分漏电引起的触电伤人示意图

三、手持电动工具和移动式电气设备的安全使用条件

为了保证电气操作人员的安全，防止电击事故，手持电动工具和移动式电气设备应满足其安全使用条件。

1. 一般规定

1）选购的手持电动工具和移动式电气设备应符合相应的国家标准、专业标准和相关安全技术规范，并有合格证和使用说明书。手持电动工具原则上应选用Ⅱ类和Ⅲ类产品。以Ⅱ类产品为主，移动式电气设备可以选用Ⅰ类或Ⅱ类电气产品。

2）手持电动工具和移动式电气设备应有专人负责，定期检查和维修。

3）手持电动工具和移动式电气设备的使用须与使用环境相匹配。

4）移动式电气设备的防触电类别应与电源及保护电器的参数一致。

2. 手持式电动工具的安全使用条件

1）在一般场所宜使用Ⅱ类手持电动工具，并应装设漏电动作电流不大于 30mA、漏电动作时间小于 0.1s 的漏电保护装置。

2）在露天场所、潮湿场所或金属构架上作业时，必须选用Ⅱ类手持电动工具，并在供电线路上设漏电动作电流≤15mA，漏电动作时间＜0.1s 的漏电保护装置，严禁使用Ⅰ类手持电动工具。

3）在狭窄场所（金属容器、地沟、管道内）作业时，宜选用Ⅲ类手持电动工具。若选用Ⅱ类手持电动工具时，须装设与 2）内容相同的漏电保护装置，且漏电保护装置或 SELV 电源的隔离变压器应设在狭窄场所外，并有专人监护。

4）手持式电动工具的供电电缆必须采用耐气候型（如防潮、防高温）的橡塑护套铜芯软电缆，并不得有中间接头。

5）手持电动工具的绝缘电阻和绝缘耐压不应小于如下数值。

绝缘电阻：带电部件与金属部件间　　　　　（Ⅱ类）≥2MΩ
　　　　　带电部件与壳体间　　　　　　　（Ⅱ类）≥5MΩ
绝缘耐压：Ⅱ类（基本绝缘）　　　　　　1250V
　　　　　Ⅱ类（双重绝缘）　　　　　　3750V
　　　　　Ⅲ类　　　　　　　　　　　　≥500V

3. 移动式电气设备的安全使用条件

1）在一般场所宜使用Ⅰ类移动式电气设备，在露天、潮湿的场所可选用Ⅱ类或Ⅰ类电气设备，不得使用 0 类移动式电气设备。

2）Ⅰ类移动式电气设备必须作接零保护。其 PE 线应为铜线，截面积应≥2.5mm²，外皮为绿/黄双色，并且应在绝缘良好的多胶铜心橡胶软电缆中，电缆不得有中间接头。

3）Ⅰ类移动式电气设备必须装设漏电保护装置，漏电动作电流不大于 30mA，动作时间不大于 0.1s。

4）对于产品振动较大的移动式设备，其 PE 线的连接点应加强且不应小于两处。

5）移动电气设备的绝缘电阻应满足以下数值。

Ⅰ类：带电部件与壳体≥2MΩ

Ⅱ类：带电部件与壳体≥5MΩ

第三节 电 气 照 明

电气照明是人们日常生活和工作中必不可少的，合适的电气照明可以创造一个明亮的光环境，提高人们的工作效率，进行安全生产，减少事故。同时恰当的电气照明也有助于建筑物内外环境的美化，有益于人们的身心健康。

一、电气照明的分类

电气照明依照不同的准则可有多种分类。

1. 按照明方式分类

1）一般照明。为照亮某个区域或空间而设置的均匀照明，用于对光照方向无特殊要求的场所。

2）局部照明。特定视觉工作用的，为照亮某个局部环境而设置的照明。

3）混合照明。由上述的一般照明和局部照明组合而成。

2. 按照明场所的电气危险程度分类

1）一般工作环境照明。

2）爆炸危险环境的电气照明。对于爆炸危险环境的电气照明，不仅要满足光环境上的要求，而且要根据规范满足爆炸危险环境的电气装置要求，对不同的防爆分区（0区，1区，2区）选用不同防爆类型和等级的照明灯具及附件。

3. 按照明器安装的自然场所分类

可分为室内照明和室外照明两大类。室外照明所使用的灯具及附件，其防护等级往往高于同环境的室内照明。

4. 按照明使用功能分类

照明可分为正常照明、应急照明、值班照明、警卫照明、障碍照明和装饰性照明。

1）正常照明。在正常工作时使用的室内外照明，是保障人们正常工作和生活所进行的照明，它通常可单独使用，也可以与应急照明、值班照明同时使用。

2）应急照明。正常照明系统因断电而失效后，紧急启用的照明为应急照明。它按使用功能的不同又可分为备用照明、安全照明和疏散照明。在由于正常照明中断而可能引起工作中断，造成较大经济损失或易误操作会导致爆炸、火灾和人身伤害事故的场所，以及中断照明会造成严重政治后果的场所，均应设置应急照明。

3）值班照明。在非工作时间内供值班人员用的照明为值班照明。

4）警卫照明。在夜间为改善对人员、财产、建筑物和设备的保卫，用于警戒而安装的照明称警卫照明。

5）障碍照明。例如，用于航空安全设置在高大建筑物上的障碍标志灯，道路施工和维修过程中设置的障碍指示灯。

6）装饰照明。为创造或渲染美化某种环境氛围，以满足人们的某些心理要求而设置的照明，包括室外景观照明、室内的商业照明、广告照明及娱乐场所的艺术照明。

5. 按照明场所的环境和电气安全的要求分类

1）一般干燥、洁净场所的照明，如商场、办公室。

2）多尘环境的照明，如露天场所和城市道路。

3）潮湿、多尘环境的照明，如建筑工地、地下工程施工。

4）高温湿热环境的照明，如桑拿浴室、锅炉房、厨房间。

5）特别潮湿场所的照明，如卫生间、浴室、游泳池等场所。

6）振动较大的环境照明，如金加工车间、锻压车间、某些大跨度悬索桥。

6. 按照明灯具安装处的表面材料的可燃与否分类

按照明灯具安装处的表面材料的可燃与否将照明灯具分为防燃灯具（用标记 $\boxed{F}$ 表示）和非防燃灯具。前者可以安装在可燃材料的表面，而后者只能安装在不燃材料的表面。

二、照明设备的选择及安全要求

照明设备在满足所在区域的照明光学条件的前提下，还需满足装置的环境条件和电气安全要求。

1. 一般规定

1）在建筑工地、地下坑洞内作业、夜间施工或自然采光差的环境场所，应设置一般照明、局部照明或混合照明，而不能只装设局部照明。

2）对停电后作业人员需要及时撤离现场的特殊场所，须装设应急照明。例如高层建筑的夜间施工、地下涵洞的施工等。

3）照明装置的选择应按环境条件确定。

4）照明器具和器材的质量标准和防护等级、防触电类别，均应符合国家及行业的有关规定，并有相应的合格证书。不得使用不合标准的或质量不合格的照明设备，也不得使用绝缘老化或已破损的照明器具和器材。

2. 环境条件对照明装置的要求

根据不同的照明设备使用环境条件，对照明装置（灯具、附件、照明线路和光源、电源等）也有着不同的技术要求，主要应从灯具的防护等级上来考虑。

1）在爆炸危险环境中，应根据照明装置所在的爆炸危险分区和爆炸介质的环境分类（爆炸性气体环境、爆炸性粉尘环境）等级，选择相应的防爆灯具类型、级别和温度组别。

2）在多尘的环境中，应选用限制尘埃进入的防尘型灯具（IP5X 防护等级）或不允许灰尘进入的尘密型灯具（IP6X 等级）。

3）在特别潮湿的场所，应将导线引入灯具端密封，并选择有防水防尘罩的密闭型灯具或配有防水灯头的开启式照明器。

4）在室外使用的照明灯具，如路灯、草坪灯、投光灯等至少应达到 IPX4 的防护等级，通常室外灯具产品按不同的应用场所要求，有 IP45、IP55、IP65 三个等级。

5）在特别热的高温环境，应限制使用带有密闭玻璃罩的灯具，如必须使用时，应选用耐高温的气体放电灯具光源。

6）在有压力的水中环境或水下照明，如游泳池和浴室内，应选用防护等级为 IPX6～IPX8 的灯具。

3. 按电气安全的要求选择照明设施的防触电保护分类

据 IEC 对灯具防触电保护的分类规定和我国国标《灯具通用安全要求与试验》GB7000.1—2015 的标准《灯具 第 1 部分：一般要求与试验》，灯具防触电保护的形式分为 0 类、Ⅰ类、Ⅱ类、Ⅲ类，详见表 4-3。

表 4-3 灯具防触电保护的形式

等级	定　义	图　例	说　明	应　用
0 类	依靠基本绝缘防止触电，一旦绝缘失效，只靠周围环境提供保护，否则，易触及部件和外壳会带电	1—易触及部分及外壳 2—基本绝缘	金属外壳要与带电部件隔开，绝缘材料的外壳可成为基本绝缘，绝缘材料外壳内有接地的属Ⅰ类，内部有部分地方可以采用双重或加强绝缘	安全程度不高，用于安全程度好的环境，如空气干燥、木地板的场所
Ⅰ类	除靠基本绝缘防触电外，可能触及的导电部件要与保护导线（地线）连接，万一基本绝缘失效时，导电部件不会带电	1—易触及部分及外壳 2—基本绝缘	若带软线的话，软线中应包括保护导线。若不使用保护导线，安全程度同 0 类	用于金属外壳的灯具如投光灯、路灯、庭院灯等，提高安全程度
Ⅱ类	采用双重绝缘或加强绝缘作为安全防护，无保护导线	1—易触及部分及外壳 2—加强绝缘 3—基本绝缘	一个完整的绝缘外罩可视为补充绝缘；金属外壳的内部一定要双重绝缘或加强绝缘；为起动而接地但不与所有可触及的金属件相连的仍为Ⅱ类，否则为Ⅰ类	绝缘性好，安全程度高，适用于环境差，人经常触摸的环境，如台灯、手提灯等

（续）

等级	定 义	图 例	说 明	应 用
Ⅲ类	采用安全特低电压，灯内不会产生高于 SELV 电压值的灯具	⊗ ≤50V 1—易触及部分及外壳 2—基本绝缘	不必有保护性接地	安全程度最高，用于恶劣环境，如机床灯、儿童用灯等

（1）不同环境条件对照明装置的防触电安全要求　对不同的环境条件而言，照明设施需选择不同的防触电类别。

1）一般工作环境（室内或室外），宜选用 220V 交流供电的照明光源，当灯具的防触电保护类别为 0 类时，应设置在高度不低于 2.4m 或人们一般难以触摸到的位置。如高大厂房或仓储库房内的一般照明。

2）Ⅰ类照明设备可设在室内或室外、人们有可能触摸到的场所。这时照明器具的金属外壳必须与 PE 线可靠连接，电源线上需装设漏电保护装置。作为道路照明的室外照明灯具安装高度不宜低于 3m（而高压钠灯、金卤灯不宜低于 6m）。

3）地下工程、高温有导电灰尘的场所或灯具距地面高度低于 2.4m 的场所，宜选用Ⅱ类或Ⅲ类的照明设备。

4）在潮湿和易触摸及带电体的照明场所，应选用Ⅲ类照明设备，其中特别潮湿的场所，如游泳池、浴室、水下及建筑工地应选择如下的 SELV 电压等级：

建筑工地、地下工程照明：宜选用≤36V 电压。

浴室、游泳池、桑拿浴室：宜选用≤24V 电压。

水中或水下用照明灯具：宜选用≤12V 电压。

5）在工作场所狭小的环境中，使用手持式行灯用于检修照明或局部照明时，宜选用不大于 36V 的 SELV 供电的Ⅲ类产品，且灯头与灯体结合应固牢，绝缘良好无开关。灯泡外部需有金属保护网，其配套的行灯变压器必须是隔离变压器，严禁使用自耦变压器。

（2）照明装置电气安全的技术措施　为了保证照明设备的电气安全，除了根据环境条件正确选择不同防触电类别的照明产品之外还需要一些相应的技术措施来保证使用安全。这些技术措施包括：

1）每一相照明回路上的灯具数量不宜超过 25 个。

2）每一交流 220V 单相照明回路应装设 16A 以下的断路器或熔断器。

3）对于Ⅰ类照明设备应做好 PE 线的可靠连接，并在单相线路上装设漏电动作电流为 30mA、动作时间 0.1s 以下的漏电保护装置（二极型产品，可同时分断相线与中性线）。

4）对于Ⅱ类照明设备，虽无 PE 线，但当其用于潮湿环境，或高度低于 2.4m 时，仍应在线路上装设与 3）要求相同的漏电保护装置。

5）室内或局部单独开关的灯具，开关应装设在相线上（0、Ⅰ、Ⅱ类）。

6）路灯的每个灯具宜单独设熔断器或断路器保护。

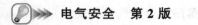

7）手持或移动式照明设备的供电线路，宜选用绝缘良好的铜心橡塑护套软电缆，在与灯具结合处应密封良好。

8）当采用隔离变压器给多台户外照明设备供电时，应将该类设备的外露导电部分用绝缘导线互相连接，并不接地，它被称为不接地的等电位联结，如图4-6所示。

9）及时和定期的对照明设备进行电气安全检测和维修。

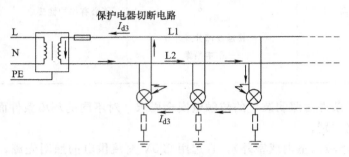

图4-6　不接地的等电位联结消除电击危险

第五章 建筑物防雷

第一节 雷电的危害

在电力系统中，雷电是主要的自然灾害之一。它可能造成建筑物和设备损坏、停电、火灾、爆炸，也可能危及人身安全。

1）雷电放电产生高温，引起厂房着火，设备损坏。带电云对地面物体发生放电时，雷电流可达几十千安，甚至更大。即使这种过电流的持续时间非常短暂，也能在通道上产生大量的热，温度最高可达几万摄氏度。若该强烈的弧光与易燃易爆物质相接触，必然引起燃烧、爆炸或造成火灾。如果厂房的屋顶是可燃的，雷击时就可能引起火灾。

2）雷电放电产生强烈机械效应，造成厂房或设备损坏。当雷电流通过木材内部纤维缝隙或砖结构中的缝隙时，会产生很高的温度，使附近空气剧烈膨胀，水分及其他物质迅速分解为气体，因而呈现极大的机械力。再加上静电排斥力的作用，将对地面结构造成严重的劈裂，甚至使木柱变成碎屑。当雷击在无接闪杆的砖制烟囱上时，破坏力尤为严重。

3）雷电放电时，静电和电磁感应对厂房和设备造成破坏。在雷云对地放电的先导阶段，虽然它不一定落在建筑物上，但由于在先导路径中布满与雷云同性的电荷，当其距离建筑物比较近时，就会在建筑物的某一部分，如铁屋顶上感应出异性电荷，并使其电位发生变化，这就有向其他金属物放电的可能性。因为静电感应产生的电压可以击穿数十厘米的空气间隙，对于装有易燃易爆物质的仓库无疑是很危险的。此外，由于电磁感应的作用，建筑物的金属物体之间也可能产生火花放电。

当室外发生直击雷时，在雷击地点附近的送、配电线路，由于雷电放电使其周围区域电场急剧变化，对其附近线路产生静电和电磁感应，在线路上引起感应过电压。在雷云间放电时，也会造成感应过电压，其幅值可达 $300 \sim 400 \mathrm{kV}$。这对设备的绝缘，尤其是对低压线路非常危险。在引入室内的电力线或电灯配线上，可能产生很高的电位，造成绝缘击穿，损坏设备或造成工作人员触电伤亡。

4）雷电放电造成附近人员伤亡。当雷击接闪杆时，由于雷电流向四周发散，若有人在附近地面走动，可能由于跨步电压的作用而造成伤亡。当雷击大树或高大建筑物时，在下面或附近的人员也可能被击死。

第二节 建筑物的防雷分类

建筑物根据建筑物的重要性、使用性质、发生雷电事故的可能性和后果，根据 GB50057—2010《建筑物防雷设计规范》，可以分成三类，见表5-1。

表 5-1　建筑物的防雷分类

类　别	建筑物种类
第一类防雷建筑物	1）凡制造、使用或贮存火炸药及其制品的危险建筑物，因电火花而引起爆炸、爆轰，会造成巨大破坏和人身伤亡者； 2）具有 0 区或 20 区爆炸危险场所的建筑物； 3）具有 1 区或 21 区爆炸危险场所的建筑物，因电火花而引起爆炸，会造成巨大破坏和人身伤亡者。
第二类防雷建筑物	1）国家级重点文物保护的建筑物； 2）国家级的会堂、办公建筑物、大型展览和博览建筑物、大型火车站和飞机场（飞机场不含停放飞机的露天场所和跑道）、国宾馆、国家级档案馆、大型城市的重要给水泵房等特别重要的建筑物； 3）国家级计算中心、国际通信枢纽等对国民经济有重要意义的建筑物； 4）国家特级和甲级大型体育馆； 5）制造、使用或贮存火炸药及其制品的危险建筑物，且电火花不易引起爆炸或不致造成巨大破坏和人身伤亡者； 6）具有 1 区或 21 区爆炸危险场所的建筑物，且电火花不易引起爆炸或不致造成巨大破坏和人身伤亡者； 7）具有 2 区或 22 区爆炸危险场所的建筑物； 8）有爆炸危险的露天钢质封闭气罐； 9）预计雷击次数大于 0.05 次/a 的部、省级办公建筑物和其他重要或人员密集的公共建筑物以及火灾危险场所； 10）预计雷击次数大于 0.25 次/a 的住宅、办公楼等一般性民用建筑物或一般性工业建筑物。
第三类防雷建筑物	1）省级重点文物保护的建筑物及省级档案馆； 2）预计雷击次数大于或等于 0.01 次/a，且小于或等于 0.05 次/a 的部、省级办公建筑物和其他重要或人员密集的公共建筑物，以及火灾危险场所； 3）预计雷击次数大于或等于 0.05 次/a，且小于或等于 0.25 次/a 的住宅、办公楼等一般性民用建筑物或一般性工业建筑物； 4）在平均雷暴日大于 15d/a 的地区，高度在 15m 及以上的烟囱、水塔等孤立的高耸建筑物；在平均雷暴日小于或等于 15d/a 的地区，高度在 20m 及以上的烟囱、水塔等孤立的高耸建筑物。

注：根据 JGJ16—2008《民用建筑电气设计规范》，高度超过 100m 或 35 层以上的住宅建筑和年预计雷击次数大于 0.25 次/a 的住宅建筑，应按第二类防雷建筑物采取相应的防雷建筑。应按第三类防雷建筑物采取相应的防雷建筑还有：省级大型计算中心和装有重要电子设备的建筑物；高度为 50～100m 或 19～34 层的住宅建筑；建筑群中最高的建筑物或位于建筑群边缘高度超过 20m 的建筑物；通过调查确认当地遭受过雷击灾害的类似建筑物；历史上雷害事故严重地区或雷害事故较多地区的较重要建筑物；根据雷击后对工业生产的影响及产生的后果，并结合当地气象、地形、地质及周围环境等因素，确定需要防雷的 21 区、22 区、23 区火灾危险环境。

民用建筑无第一类防雷建筑物，划分为第二类防雷建筑物和第三类防雷建筑物。

第三节　建筑物的防雷措施

一、基本规定

各类防雷建筑物应设防直击雷的外部防雷装置，并应采取防闪电电涌侵入的措施。

第一类防雷建筑物和表 5-1 中第二类防雷建筑物的 5)～7) 款所规定的第二类防雷建筑物，还应采取防闪电感应的措施。

各类防雷建筑物应设内部防雷装置，并应符合下列规定：

1）在建筑物的地下室或地面层处，以下物体应与防雷装置做防雷等电位联结。

① 建筑物金属体。

② 金属装置。

③ 建筑物内系统。

④ 进出建筑物的金属管线。

2）除 1）采取的措施外，外部防雷装置与建筑物金属体、金属装置、建筑物内系统之间，还应满足间隔距离的要求。

表 5-1 中第二类防雷建筑物的 2）～4）款所规定的第二类防雷建筑物还应采取防雷击电磁脉冲的措施。其他各类防雷建筑物，当其建筑物内系统所接设备的重要性高，以及所处雷击磁场环境和加于设备的闪电电涌无法满足要求时，也应采取防雷击电磁脉冲的措施。

3）建筑物防雷不应采用装有放射性物质的接闪器。

4）新建建筑物防雷应根据建筑及结构形式与相关专业配合，宜利用建筑物金属结构及钢筋混凝土结构中的钢筋等导体做防雷装置。

5）年平均雷暴日数应根据当地气象台（站）的资料确定。

二、第一类防雷建筑物的防雷措施

第一类防雷建筑物的防雷措施见表 5-2。

表 5-2　第一类防雷建筑物的防雷措施

项　　目	技术规定与要求
防直击雷	外部防雷装置完全与被保护的建筑物脱离者称为独立的外部防雷装置，其接闪器称为独立接闪器。 1）为了使被保护的建筑物及风帽、放散管等突出屋面的物体均处于接闪器的保护范围，应装设独立接闪杆或架空接闪线或网。架空接闪网的网格尺寸不应大于 5m×5m 或 6m×4m。 2）从安全的角度考虑，排放爆炸危险气体、蒸气或粉尘的放散管、呼吸阀、排风管等的管口外的以下空间应处于接闪器的保护范围内： ① 当有管帽时应按表 5-3 的规定确定。 ② 当无管帽时，应为管口上方半径 5m 的半球体。 ③ 接闪器与雷闪的接触点应设在第①项或第②项所规定的空间之外。 3）为了保证安全，排放爆炸危险气体、蒸气或粉尘的放散管、呼吸阀、排风管等，当其排放物达不到爆炸浓度、长期点火燃烧、一排放就点火燃烧，以及发生事故时排放物才达到爆炸浓度的通风管、安全阀，接闪器的保护范围可仅保护到管帽，无管帽时可仅保护到管口。 4）独立接闪杆的杆塔、架空接闪线的端部和架空接闪网的每根支柱处应至少设一根引下线。对用金属制成或有焊接、绑扎连接钢筋网的杆塔、支柱，宜利用金属杆塔或钢筋网作为引下线。 5）为防止雷击电流流过防雷装置时所产生的高电位对被保护的建筑物或与其有联系的金属物发生反击，独立接闪杆和架空接闪线或网的支柱及其接地装置和被保护建筑物及与其有联系的管道、电缆等金属物之间保持一定的间隔距离（如图 5-1 所示），应按下列公式计算，但不得小于 3m。 ① 地上部分 　　　当 $h_x<5R_i$ 时，$S_{a1}\geqslant 0.4(R_i+0.1h_x)$　　　　　　　　（5-1） 　　　当 $h_x\geqslant 5R_i$ 时，$S_{a1}\geqslant 0.1(R_i+h_x)$　　　　　　　　（5-2） ② 地下部分 　　　　　　$S_{e1}\geqslant 0.4R_i$　　　　　　　　　　　　　　（5-3）

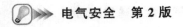

（续）

项　目	技术规定与要求
防直击雷	式中　S_{a1}——空气中的间隔距离（m）； 　　　S_{e1}——地中的间隔距离（m）； 　　　R_i——独立接闪杆、架空接闪线或网支柱处接地装置的冲击接地电阻（Ω）； 　　　h_x——被保护建筑物或计算点的高度（m）。 　　6）架空接闪线至屋面和各种突出屋面的风帽、放散管等物体之间的间隔距离（图5-1），应按下列公式计算，但不应小于3m。 　　①当$\left(h+\dfrac{l}{2}\right)<5R_i$时， $$S_{a2}\geqslant 0.2R_i+0.03\left(h+\frac{l}{2}\right)\qquad(5\text{-}4)$$ 　　②当$\left(h+\dfrac{l}{2}\right)\geqslant 5R_i$时 $$S_{a2}\geqslant 0.05R_i+0.06\left(h+\frac{l}{2}\right)\qquad(5\text{-}5)$$ 式中　S_{a2}——接闪线至被保护物在空气中的间隔距离（m）； 　　　h——接闪线的支柱高度（m）； 　　　l——接闪线的水平长度（m）。 　　7）架空接闪网至屋面和各种突出屋面的风帽、放散管等物体之间的间隔距离，应按下列公式计算，但不应小于3m。 　　①当$(h+l_1)<5R_i$时， $$S_{a2}\geqslant\frac{1}{n}[0.4R_i+0.06(h+l_1)]\qquad(5\text{-}6)$$ 　　②当$(h+l_1)\geqslant 5R_i$时， $$S_{a2}\geqslant\frac{1}{n}[0.1R_i+0.12(h+l_1)]\qquad(5\text{-}7)$$ 式中　S_{a2}——接闪网至被保护物在空气中的间隔距离（m）； 　　　l_1——从接闪网中间最低点沿导体至最近支柱的距离（m）； 　　　n——从接闪网中间最低点沿导体至最近不同支柱并有同一距离l_1的个数。 　　8）独立接闪杆、架空接闪线或架空接闪网设独立的接地装置，每一引下线的冲击接地电阻不宜大于10Ω。在土壤电阻率高的地区，可适当增大冲击接地电阻，但在3000Ω·m以下的地区，冲击接地电阻不应大于30Ω。 　　9）当树木邻近建筑物且不在接闪器保护范围之内时，树木与建筑物间的净距不应小于5m。
防闪电感应	1）建筑物内的设备、管道、构架、电缆金属外皮、钢屋架、钢窗等较大金属物和突出屋面的放散管、风管等金属物，均应接到防闪电感应的接地装置上。 　　金属屋面周边每隔18～24m应采用引下线接地一次。 　　现场浇灌的或用预制构件组成的钢筋混凝土屋面，其钢筋网的交叉点应绑扎或焊接，并应每隔18～24m采用引下线接地一次。 　　2）平行敷设的管道、构架和电缆金属外皮等长金属物，其净距小于100mm时，应采用金属线跨接，跨接点的间距不应大于30m；交叉净距小于100mm时，其交叉处也应跨接。 　　当长金属物的弯头、阀门、法兰盘等连接处的过渡电阻大于0.03Ω时，连接处应用金属线跨接。对有不少于5根螺栓连接的法兰盘，在非腐蚀环境下，可不跨接。 　　3）防雷电感应的接地装置应与电气和电子系统的接地装置共用，其工频接地电阻不宜大于10Ω。防闪电感应的接地装置与独立接闪杆、架空接闪线或架空接闪网的接地装置之间的间隔距离，应符合本表防直击雷第5）条的规定。 　　当屋内设有等电位联结的接地干线时，其与防闪电感应接地装置的连接不应少于两处。

（续）

项　目	技术规定与要求
防闪电电涌侵入	1）室外低压配电线路应全线采用电缆直接埋地敷设，在入户处应将电缆的金属外皮、钢管接到等电位联结带或防闪电感应的接地装置上。 2）当全线采用电缆有困难时，不得将架空线路直接引入屋内，应采用钢筋混凝土杆和铁横担的架空线，并应使用一段金属铠装电缆或护套电缆穿钢管直接接地引入。架空线与建筑物的距离不应小于 15m。 　　在电缆与架空线连接处，还应装设户外型电涌保护器。电涌保护器、电缆金属外皮、钢管和绝缘子铁脚、金具等应连在一起接地，其冲击接地电阻不宜大于 30Ω。所装设的电涌保护器应选用 I 级试验产品，其电压保护水平应小于或等于 2.5kV，其每一保护模式应选冲击电流等于或大于 10kA；若无户外型电涌保护器，应选用户内型电涌保护器，其使用温度应满足安装处的环境温度，并应安装在防护等级 IP54 的箱内。 　　当 TT 系统电涌保护器安装在进户处剩余电流保护器的电源侧时，接在中性线和 PE 线间电涌保护器的冲击电流，当为三相系统时不应小于 40kA，当为单相系统时不应小于 20kA。 3）当架空线转换成一段金属铠装电缆或护套电缆穿钢管直接埋地引入时，其埋地长度可按下式计算： $$l \geq 2\sqrt{\rho} \tag{5-8}$$ 式中　l——电缆铠装或穿电缆的钢管埋地直接与土壤接触的长度（m）； 　　　ρ——埋电缆处的土壤电阻率（Ω·m）。 4）在入户处的总配电箱内是否装设电涌保护器应按防雷击电磁脉冲的规定确定。当需要安装电涌保护器时，电涌保护器的最大持续运行电压值和接线形式应按 GB50057—2010《建筑物防雷设计规范》中附录 J 的规定确定；连接电涌保护器的导体截面积应按表 5-16 的规定取值。 5）电子系统的室外金属导体线路宜全线采用有屏蔽层的电缆埋地或架空敷设，其两端的屏蔽层、加强钢线、钢管等应等电位联结到入户处的终端箱体上，在终端箱体内是否装设电涌保护器应按防雷击电磁脉冲的规定确定。 6）当通信线路采用钢筋混凝土杆的架空线时，应使用一段护套电缆穿钢管直接埋地引入，其埋地长度应按式(5-8) 计算，且不应小于 15m。在电缆与架空线连接处，还应装设户外型电涌保护器。电涌保护器、电缆金属外皮、钢管和绝缘子铁脚、金具等应连在一起接地，其冲击接地电阻不宜大于 30Ω。所装设的电涌保护器应选用 D1 类高能量试验的产品，其电压保护水平和最大持续运行电压值应按 GB50057—2010《建筑物防雷设计规范》中附录 J 的规定确定，连接电涌保护器的导体截面应按表 5-16 的规定取值，每台电涌保护器的短路电流应等于或大于 2kA；若无户外型电涌保护器，可选用户内型电涌保护器，但其使用温度应满足安装处的环境温度，并应安装在防护等级 IP54 的箱内。在入户处的终端箱体内是否装设电涌保护器应按防雷击电磁脉冲的规定确定。 7）架空金属管道，在进出建筑物处，应与防闪电感应的接地装置相连。距离建筑物 100m 内的管道，应每隔 25m 接地一次，其冲击接地电阻不应大于 30Ω，并应利用金属支架或钢筋混凝土支架的焊接、绑扎钢筋网作为引下线，其钢筋混凝土基础宜作为接地装置。 　　埋地或地沟内的金属管道，在进出建筑物处应等电位联结到等电位联结带或防闪电感应的接地装置上。
特殊情况下防直击雷	当难以装设独立的外部防雷装置时，可将接闪杆或网格不大于 5m×5m 或 6m×4m 的接闪网或由其混合组成的接闪器直接装在建筑物上，接闪网应按表 5-18 的规定沿屋角、屋脊、屋檐和檐角等易受雷击的部位敷设；当建筑物高度超过 30m 时，首先应沿屋顶周边敷设接闪带，接闪带应设在外墙外表面或屋檐边垂直面上，也可设在外墙外表面或屋檐垂直面外，并应符合下列规定： 1）接闪器之间应互相连接。 2）引下线不应少于两根，并应沿建筑物四周和内庭院四周均匀或对称布置，其间距沿周长计算不宜大于 12m。 3）排放爆炸危险气体、蒸气或粉尘的管道应符合本表防直击雷第 2）、3）条的规定。

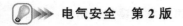
（续）

项 目	技术规定与要求
特殊情况下防直击雷	4）建筑物应装设等电位联结环，环间垂直距离不应大于12m，所有引下线、建筑物的金属结构和金属设备均应连到环上，以减少其间的电位差，避免发生火花放电。等电位联结环可利用电气设备的等电位联结干线环路。 5）外部防雷的接地装置应围绕建筑物敷设成环形接地体，每根引下线的冲击接地电阻不应大于10Ω，并应和电气和电子系统等接地装置及所有进入建筑物的金属管道相连，此接地装置可兼作防雷电感应接地之用。 6）当每根引下线的冲击接地电阻大于10Ω时，外部防雷的环形接地体宜按以下方法敷设： ① 当土壤电阻率小于或等于500Ω·m时，对环形接地体所包围面积的等效圆半径小于5m的情况，每一引下线处应补加水平接地体或垂直接地体。 ② 当第①项补加水平接地体时，其最小长度应按下式计算： $$l_r = 5 - \sqrt{\frac{A}{\pi}} \tag{5-9}$$ 式中　$\sqrt{\dfrac{A}{\pi}}$——环形接地体所包围面积的等效圆半径（m）； 　　　　l_r——补加水平接地体的最小长度（m）； 　　　　A——环形接地体所包围的面积（m²）。 ③当第①项补加垂直接地体时，其最小长度应按下式计算： $$l_v = \frac{5 - \sqrt{\dfrac{A}{\pi}}}{2} \tag{5-10}$$ 式中　l_v——补加垂直接地体的最小长度（m）。 ④ 当土壤电阻率大于500Ω·m、小于或等于3000Ω·m，且对环形接地体所包围面积的等效圆半径符合下式的计算值时，每一引下线处应补加水平接地体或垂直接地体： $$\sqrt{\frac{A}{\pi}} \leqslant \frac{11\rho - 3600}{380} \tag{5-11}$$ ⑤ 当第④项补加水平接地体时，其最小总长度应按下式计算： $$l_r = \left(\frac{11\rho - 3600}{380}\right) - \sqrt{\frac{A}{\pi}} \tag{5-12}$$ ⑥ 当第④项补加垂直接地体时，其最小总长度应按下式计算： $$l_v = \frac{\left(\dfrac{11\rho - 3600}{380}\right) - \sqrt{\dfrac{A}{\pi}}}{2} \tag{5-13}$$ **注：** 按本方法敷设接地体以及环形接地体所包围的面积的等效圆半径等于或大于所规定的值时，每根引下线的冲击接地电阻可不做规定。共用接地装置的接地电阻按50Hz电气装置的接地电阻确定，应为不大于按人身安全所确定的接地电阻值。 7）当建筑物高于30m时，还应采取下列防侧击的措施： ① 应从30m起每隔不大于6m沿建筑物四周设水平接闪带并与引下线相连。 ② 30m及以上外墙上的栏杆、门窗等较大的金属物应与防雷装置连接。 8）在电源引入的总配电箱处应装设I级试验的电涌保护器。电涌保护器的电压保护水平值应小于或等于2.5kV。每一保护模式的冲击电流值，当无法确定时，冲击电流应取等于或大于12.5kA。 9）电源总配电箱处所装设的电涌保护器，其每一保护模式的冲击电流 I_{imp} 当电源线路无屏蔽层时宜按式(5-14)计算，当有屏蔽层时宜按式(5-15)计算： $$I_{imp} = \frac{0.5I}{nm} \tag{5-14}$$ $$I_{imp} = \frac{0.5IR_s}{n(mR_s + R_c)} \tag{5-15}$$

（续）

项　目	技术规定与要求
特殊 情况下 防直击雷	式中 I——雷电流，取 200kA； 　　n——地下和架空引入的外来金属管道和线路的总数； 　　m——每一线路内导体芯线的总根数； 　　R_s——屏蔽层每千米的电阻（Ω/km）； 　　R_c——芯线每千米的电阻（Ω/km）。 　10）电源总配电箱处所设的电涌保护器，其连接的导体截面、最大持续运行电压值和接线形式应按 GB50057—2010《建筑物防雷设计规范》中附录 J 的规定取值。 　注：当 TT 系统电涌保护器安装在进户处剩余电流保护器的电源侧时，接在中性线和 PE 线间电涌保护器的冲击电流，当为三相系统时不应小于本表特殊情况下防直击雷第 9）项规定值的 4 倍，当为单相系统时不应小于两倍。 　11）当电子系统的室外线路采用金属线时，在其引入的终端箱处应安装 D1 类高能量试验类型的电涌保护器，其短路电流当无屏蔽层时，宜按式(5-14) 计算，当有屏蔽层时宜按式(5-15) 计算，当无法确定时应选用 2kA。选取电涌保护器的其他参数应符合 GB50057—2010《建筑物防雷设计规范》中附录 J 的规定，连接电涌保护器的导体截面积应按表 5-16 的规定取值。 　12）当电子系统的室外线路采用光缆时，在其引入的终端箱处的电气线路侧，当无金属线路引出本建筑物至其他有自己接地装置的设备时，可安装 B2 类慢上升率试验类型的电涌保护器，其短路电流应按 GB50057—2010《建筑物防雷设计规范》中附录 J 的规定确定，宜选用 100A。 　13）输送火灾爆炸危险物质的埋地金属管道，当其从室外进入户内处设有绝缘段时，应在绝缘段处跨接符合下列要求的电压开关型电涌保护器或隔离放电间隙： 　① 选用 I 级试验的密封型电涌保护器； 　② 电涌保护器能承受的冲击电流按式(5-14) 计算，取 $m=1$； 　③ 电涌保护器的电压保护水平应小于绝缘段的耐冲击电压水平，无法确定时，应取其等于或大于 1.5kV 和等于或小于 2.5kV； 　④ 输送火灾爆炸危险物质的埋地金属管道在进入建筑物处的防雷等电位联结，应在绝缘段之后管道进入室内处进行，可将电涌保护器的上端头接到等电位连接带。 　14）具有阴极保护的埋地金属管道，在其从室外进入户内处宜设绝缘段，应在绝缘段处跨接符合下列要求的电压开关型电涌保护器或隔离放电间隙： 　① 选用 I 级试验的密封型电涌保护器； 　② 电涌保护器能承受的冲击电流按式(5-14) 计算，取 $m=1$； 　③ 电涌保护器的电压保护水平应小于绝缘段的耐冲击电压水平，并应大于阴极保护电源的最大端电压 　④ 具有阴极保护的埋地金属管道在进入建筑物处的防雷等电位联结，应在绝缘段之后管道进入室内处进行，可将电涌保护器的上端头接到等电位联结带

表 5-3　有管帽的管口外处于接闪器保护范围内的空间

装置内的压力与周围空气压力 的压力差/kPa	排放物对比于空气	管帽以上的 垂直距离/m	距管口处的 水平距离/m
<5	重于空气	1	2
5~25	重于空气	2.5	5
≤25	轻于空气	2.5	5
>25	重或轻于空气	5	5

注：相对密度小于或等于 0.75 的爆炸性气体规定为轻于空气的气体；相对密度大于 0.75 的爆炸性气体规定为重于空气的气体。

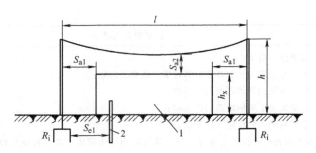

图 5-1　防雷装置至被保护物的间隔距离

1—被保护建筑物　2—金属管道

三、第二类防雷建筑物的防雷措施

第二类防雷建筑物的防雷措施见表 5-4。

表 5-4　第二类防雷建筑物的防雷措施

项　目	技术规定与要求
防直击雷	1) 第二类防雷建筑物外部防雷的措施，宜采用装设在建筑物上的接闪网、接闪带或接闪杆，也可采用由接闪网、接闪带或接闪杆混合组成的接闪器。接闪网、接闪带应按表 5-18 的规定沿屋角、屋脊、屋檐和檐角等易受雷击的部位敷设，并应在整个屋面组成不大于 10m×10m 或 12m×8m 的网格；当建筑物高度超过 45m 时，首先应沿屋顶周边敷设接闪带，接闪带应设在外墙外表面或屋檐边垂直面上，也可设在外墙外表面或屋檐边垂直面外。为了提高可靠性和安全度，便于雷电流的流散以及减小流经引下线的雷电流，多根接闪器之间应互相连接。 2) 突出屋面的放散管、风管、烟囱等物体，应按下列方式保护： ① 排放爆炸危险气体、蒸气或粉尘的放散管、呼吸阀、排风管等管道应符合表 5-2 中防直击雷第 2) 条的规定。 ② 排放无爆炸危险气体、蒸气或粉尘的放散管、烟囱，1 区、21 区、2 区和 22 区爆炸危险场所的自然通风管，0 区和 20 区爆炸危险场所的装有阻火器的放散管、呼吸阀、排风管，以及表 5-2 中防直击雷第 3) 条所规定的管、阀及煤气和天然气放散管等，其防雷保护应符合下列规定： a. 金属物体可不装接闪器，但应和屋面防雷装置相连； b. 除符合表 5-8 中其他设施防雷的第 3) 和 4) 条的规定情况外，在屋面接闪器保护范围之外的非金属物体应装接闪器，并和屋面防雷装置相连。 3) 专设引下线不应少于两根，并应沿建筑物四周和内庭院四周均匀对称布置，其间距沿周长计算不宜大于 18m。当建筑物的跨度较大，无法在跨距中间引下线，应在跨距两端设引下线并减小其他引下线的间距，专设（专门敷设，区别于利用建筑物的金属体）引下线的平均间距不应大于 18m。 4) 外部防雷装置的接地应和防雷电感应、内部防雷装置、电气和电子系统等接地共用接地装置，并应与引入的金属管线做等电位联结。外部防雷装置的专设接地装置宜围绕建筑物敷设成环形接地体。 5) 利用建筑物的钢筋作为防雷装置时应符合下列规定： ① 建筑物宜利用钢筋混凝土屋顶、梁、柱、基础内的钢筋作为引下线。表 5-1 中第二类防雷建筑物中第 2)、3)、4)、9)、10) 条的建筑物，当其女儿墙以内的屋顶钢筋网以上的防水和混凝土层允许不保护时，宜利用屋顶钢筋网作为接闪器（利用屋顶钢筋作为接闪器，其前提是允许屋顶受雷击时混凝土会有一些碎片脱离以及一小块防水、保温层遭破坏）；表 5-1 中第二类防雷建筑物中第 2)、3)、4)、9)、10) 条的建筑物为多层建筑，且周围很少有人停留时，宜利用女儿墙压顶板内或檐内的钢筋作为接闪器。 ② 当基础采用硅酸盐水泥和周围土壤的含水量不低于 4% 及基础的外表面无防腐层或有沥青质防腐层时，宜利用基础内的钢筋作为接地装置。当基础的外表面有其他类的防腐层且无桩基可利用时，宜在基础防腐层下面的混凝土垫层内敷设人工环形基础接地体。

（续）

项 目	技术规定与要求
防直击雷	③ 敷设在混凝土中作为防雷装置的钢筋或圆钢，当仅为一根时，其直径不应小于10mm。被利用作为防雷装置的混凝土构件内有箍筋连接的钢筋时，其截面积总和不应小于一根直径10mm钢筋的截面积。 ④ 利用基础内钢筋网作为接地体时，在周围地面以下距地面不应小于0.5m，每根引下线所连接的钢筋表面积总和应按下式计算： $$S \geqslant 4.24k_c^2 \qquad (5\text{-}16)$$ 式中 S——钢筋表面积总和（m²）； k_c——分流系数，其值按 GB50057—2010《建筑物防雷设计规范》中附录 E 的规定取值。 ⑤ 当在建筑物周边的无钢筋的闭合条形混凝土基础内敷设人工基础接地体时，接地体的规格尺寸应按表5-5的规定确定。 ⑥ 构件内有箍筋连接的钢筋或成网状的钢筋，其箍筋与钢筋、钢筋与钢筋应采用土建施工的绑扎法、螺纹、对焊或搭焊连接。单根钢筋、圆钢或外引预埋连接板、线与构件内钢筋的连接应焊接或采用螺栓紧固的卡夹器连接。构件之间必须连接成电气通路。 6）共用接地装置的接地电阻应按50Hz电气装置的接地电阻确定，不应大于按人身安全所确定的接地电阻值。在土壤电阻率小于或等于3000Ω·m的时，外部防雷装置的接地体应符合下列规定之一以及环形接地体所包围面积的等效圆半径等于或大于所规定的值时，可不计及冲击接地电阻；但当每根专设引下线的冲击接地电阻不大于10Ω时，可不按下列①、②敷设接地体： ① 当土壤电阻率 ρ 小于或等于800Ω·m时，对环形接地体所包围面积的等效圆半径小于5m的情况，每一引下线处应补加水平接地体或垂直接地体。当补加水平接地体时，其最小长度应按式(5-9)计算；当补加垂直接地体时，其最小长度应按式(5-10)计算。 ② 当土壤电阻率大于800Ω·m、小于或等于3000Ω·m时，且对环形接地体所包围的面积的等效圆半径小于按下式的计算值时，每一引下线处应补加水平接地体或垂直接地体： $$\sqrt{\frac{A}{\pi}} < \frac{\rho-550}{50} \qquad (5\text{-}17)$$ ③ 当第②项补加水平接地体时，其最小总长度应按下式计算： $$l_r = \left(\frac{\rho-550}{50}\right) - \sqrt{\frac{A}{\pi}} \qquad (5\text{-}18)$$ ④ 当第②项补加垂直接地体时，其最小总长度应按下式计算： $$l_v = \frac{\left(\dfrac{\rho-550}{50}\right) - \sqrt{\dfrac{A}{\pi}}}{2} \qquad (5\text{-}19)$$ ⑤ 在符合本表防直击雷第5）条规定的条件下，利用槽形、板形或条形基础的钢筋作为接地体或在基础下面混凝土垫层内敷设人工环形基础接地体，当槽形、板形基础钢筋网在水平面的投影面积或成环的条形基础钢筋或人工环形基础接地体所包围的面积符合下列规定时，可不补加接地体： a. 当土壤电阻率小于或等于800Ω·m时，所包围的面积应大于或等于79m²； b. 当土壤电阻率大于800Ω·m且小于等于3000Ω·m时，所包围的面积应大于或等于按下式的计算值： $$A \geqslant \pi \left(\frac{\rho-550}{50}\right)^2 \qquad (5\text{-}20)$$ ⑥ 在符合本表防直击雷第5）条规定的条件下，对6m柱距或大多数柱距为6m的单层工业建筑物，当利用柱子基础的钢筋作为外部防雷装置的接地体并同时符合下列规定时，可不另加接地体： a. 利用全部或绝大多数柱子基础的钢筋作为接地体； b. 柱子基础的钢筋网通过钢柱，钢屋架，钢筋混凝土柱子、屋架、屋面板、吊车梁等构件的钢筋或防雷装置互相连成整体； c. 在周围地面以下距地面不小于0.5m，每一柱子基础内所连接的钢筋表面积总和大于或等于0.82m²。

项　目	技术规定与要求
防直击雷	7) 高度超过 45m 的建筑物,除屋顶的外部防雷装置应符合本表中防直击雷第 1) 条的规定外,还应符合下列规定: 　① 对水平突出外墙的物体,当滚球半径为 45m 的球体从屋顶周边接闪带外向地面垂直下降接触到突出外墙的物体时,应采取相应的防雷措施; 　② 高于 60m 的建筑物,其上部占高度 20% 并超过 60m 的部位应防侧击,防侧击应符合下列规定: 　a. 在建筑物上部占高度 20% 并超过 60m 的部位,各表面上的尖物、墙角、边缘、设备以及显著突出的物体,应按屋顶的保护措施考虑; 　b. 在建筑物上部占高度 20% 并超过 60m 的部位,布置接闪器应符合对本类防雷建筑物的要求,接闪器应重点布置在墙角、边缘和显著突出的物体上; 　c. 外部金属物,当其最小尺寸符合本章第四节中“接闪器”第 6) 条第③款的规定时,可利用其作为接闪器,还可利用布置在建筑物垂直边缘处的外部引下线作为接闪器; 　d. 符合本表中防直击雷第 5 条规定的钢筋混凝土内钢筋和建筑物金属框架,当作为引下线或与引下线连接时,均可利用其作为接闪器。 　③ 外墙内、外竖直敷设的金属管道及金属物的顶端和底端,应与防雷装置等电位联结。 8) 有爆炸危险的露天钢质封闭气罐,在其高度小于或等于 60m 的、罐顶壁厚不小于 4mm 时,或其高度大于 60m 的条件下、罐顶壁厚和侧壁壁厚均不小于 4 mm 时,可不装设接闪器,但应接地,且接地点不应少于两处,两接地点间距离不宜大于 30m,每处接地点的冲击接地电阻不应大于 30Ω。当防雷的接地装置符合本表中防直击雷第 6) 条的规定时,可不计及其接地电阻值,但本表中防直击雷第 6) 条规定的 10Ω 可改为 30Ω。放散管和呼吸阀的保护应符合本表中防直击雷第 2 条规定。
防闪电感应	1) 表 5-1 中第二类防雷建筑物的第 5)～7) 条所规定的建筑物,其防闪电感应的措施应符合下列规定: 　① 建筑物内的设备、管道、构架等主要金属物(不含混凝土构件内的钢筋),应就近接到防雷装置或共用接地装置上; 　② 除表 5-1 中第二类防雷建筑物的第 7) 条所规定的建筑物外,平行敷设的管道、构架和电缆金属外皮等长金属物应符合表 5-2 中防闪电感应的第 2) 条的规定,但长金属物连接处可不跨接; 　③ 建筑物内防闪电感应的接地干线与接地装置的连接,不应少于两处。 2) 防止雷电流流经引下线和接地装置时产生的高电位对附近金属物或电气和电子系统线路的反击,应符合下列要求: 　① 在金属框架的建筑物中,或在钢筋连接在一起、电气贯通的钢筋混凝土框架的建筑物中,金属物或线路与引下线之间的间隔距离可无要求;在其他情况下,金属物或线路与引下线之间的间隔距离应按下式计算: $$S_{a3} \geqslant 0.06 k_c l_x \qquad (5\text{-}21)$$ 式中　S_{a3}——空气中的间隔距离(m); 　　　l_x——引下线计算点到连接点的长度(m),连接点即金属物或电气和电子系统线路与防雷装置之间直接或通过电涌保护器相连之点。 　② 当金属物或线路与引下线之间有自然或人工接地的钢筋混凝土构件、金属板、金属网等静电屏蔽物隔开时,金属物或线路与引下线之间的间隔距离可无要求。 　③ 当金属物或线路与引下线之间有混凝土墙、砖墙隔开时,其击穿强度应为空气击穿强度的 1/2。当间隔距离不能满足第①项的规定时,金属物应与引下线直接相连,带电线路应通过电涌保护器与引下线相连。 　④ 在电气接地装置与防雷接地装置共用或相连的情况下,应在低压电源线路引入的总配电箱、配电柜处装设 I 级试验的电涌保护器。电涌保护器的电压保护水平值应小于或等于 2.5kV。每一保护模式的冲击电流值,当无法确定时应取等于或大于 12.5kA。

（续）

项　　目	技术规定与要求
防闪 电感应	⑤ 当 Yyn0 型或 Dyn11 型接线的配电变压器设在本建筑物内或附设于外墙处时，应在变压器高压侧装设避雷器；在低压侧的配电屏上，当有线路引出本建筑物至其他有独自敷设接地装置的配电装置时，应在每线上装设Ⅰ级试验的电涌保护器，电涌保护器每一保护模式的冲击电流值，当无法确定时冲击电流应取等于或大于 12.5kA；当无线路引出本建筑物时，应在母线上装设Ⅱ级试验的电涌保护器，电涌保护器每一保护模式的标称放电电流值应等于或大于 5kA。电涌保护器的电压保护水平值应小于或等于 2.5kV。 ⑥ 低压电源线路引入的总配电箱、配电柜处设装Ⅰ级实验的电涌保护器，以及配电变压器设在本建筑物内或附设于外墙处时，并在低压侧配电屏的母线上装设Ⅰ级实验的电涌保护器时，电涌保护器每一保护模式的冲击电流值，当电源线路无屏蔽层时可按式(5-14)计算，当有屏蔽层时可按式(5-15)计算，式中的雷电流应取等于 150kA。 ⑦ 在电子系统的室外线路采用金属线时，其引入的终端箱处应安装 D1 类高能量试验类型的电涌保护器，其短路电流当无屏蔽层时，可按式(5-14)计算，当有屏蔽层时可按式(5-15)计算，式中的雷电流应取等于 150kA；当无法确定时应选用 1.5kA。 ⑧ 在电子系统的室外线路采用光缆时，其引入的终端箱处的电气线路侧，当无金属线路引入本建筑物至其他有自己接地装置的设备时，可安装 B2 类慢上升率试验类型的电涌保护器，其短路电流宜选用 75A。 ⑨ 输送火灾爆炸危险物质和具有阴极保护的埋地金属管道，当其从室外进入户内处设有绝缘段时应符合表 5-2 中特殊情况下防直击雷第 13)、14) 条的规定，当按式(5-14)计算时，式中的雷电流应取等于 150kA。

表 5-5　第二类防雷建筑物环形人工基础接地体的最小规格尺寸

闭合条形基础的周长/m	扁钢/mm×mm	圆钢，根数 ×直径/mm×mm
≥60	4×25	2×ϕ10
40～60	4×50	4×ϕ10 或 3×ϕ12
<40	钢材表面积总和≥4.24m²	

注：1. 当长度相同、截面积相同时，宜选用扁钢。

2. 采用多根圆钢时，其敷设净距不小于直径的两倍。

3. 利用闭合条形基础内的钢筋作为接地体时可按本表校验，除主筋外，可计入箍筋的表面积。

四、第三类防雷建筑物的防雷措施

第三类防雷建筑物的防雷措施见表 5-6。

表 5-6　第三类防雷建筑物的防雷措施

项　　目	技术规定与要求
防直击雷	1) 第三类防雷建筑物外部防雷的措施宜采用装设在建筑物上的接闪网、接闪带或接闪杆，也可采用由接闪网、接闪带或接闪杆混合组成的接闪器。接闪网、接闪带按表 5-18 的规定沿屋角、屋脊、屋檐和檐角等易受雷击的部位敷设，并应在整个屋面组成不大于 20m×20m 或 24m×16m 的网格；当建筑物高度超过 60m 时，首先应沿屋顶周边敷设接闪带，接闪带应设在外墙外表面或屋檐边垂直面上，也可设在外墙外表面或屋檐边垂直面外。接闪器之间应互相连接。 2) 突出屋面的物体的保护措施应符合表 5-4 中防直击雷第 2)条的规定。 3) 专设引下线不应少于两根，并应沿建筑物四周和内庭院四周均匀对称布置，其间距沿周长计算不宜大于 25m。当建筑物的跨度较大，无法在跨距中间设引下线时，应在跨距两端设引下线并减小其他引下线的间距，专设引下线的平均间距不应大于 25m。

（续）

项　　目	技术规定与要求
防直击雷	4）防雷装置的接地应与电气和电子系统等接地共用接地装置，并应与引入的金属管线做等电位联结。外部防雷装置的专设接地装置宜围绕建筑物敷设成环形接地体。 5）建筑物宜利用钢筋混凝土屋面、梁、柱、基础内的钢筋作为引下线和接地装置，当其女儿墙以内的屋顶钢筋网以上的防水和混凝土层允许不保护时，宜利用屋顶钢筋网作为接闪器，以及当建筑物为多层建筑，其女儿墙压顶板内或檐口内有钢筋且周围除保安人员巡逻外通常无人停留时，宜利用女儿墙压顶板内或檐口内的钢筋作为接闪器，并应符合表 5-4 中防直击雷第 5 条第 2）、3）、6）款的规定，同时应符合下列规定： ① 利用基础内钢筋网作为接地体时，在周围地面以下距地面不小于 0.5m 深，每根引下线所连接的钢筋表面积总和应按下式计算： $$S \geqslant 1.89k_c^2 \qquad (5\text{-}22)$$ 式中　S——钢筋表面积总和（m²）； 　　　k_c——分流系数，其值按 GB50057—2010《建筑物防雷设计规范》附录 E 的规定取值。 ② 当在建筑物周边的无钢筋的闭合条形混凝土基础内敷设人工基础接地体时，接地体的规格尺寸应按表 5-7 的规定确定。 6）共用接地装置的接地电阻应按 50Hz 电气装置的接地电阻确定，不应大于按人身安全所确定的接地电阻值。在土壤电阻率小于或等于 3000Ω·m 时，外部防雷装置的接地体当符合下列规定之一以及环形接地体所包围面积的等效圆半径等于或大于所规定的值时可不计及冲击接地电阻；当每根专设引下线的冲击接地电阻不大于 30Ω，但对表 5-1 中第三类防雷建筑物第 2）条所规定的建筑物则不大于 10Ω 时，可不按表 5-1 中第三类防雷建筑物第 1）条敷设接地体： ① 对环形接地体所包围面积的等效圆半径小于 5m 时，每一引下线处应补加水平接地体或垂直接地体。当补加水平接地体时，其最小长度应按式（5-9）计算；当补加垂直接地体时，其最小长度应按式（5-10）计算； ② 在符合本表防直击雷第 5）条规定的条件下，利用槽形、板形或条形基础的钢筋作为接地体或在基础下面混凝土垫层内敷设人工环形基础接地体，当槽形、板形基础钢筋网在水平面的投影面积或成环的条形基础钢筋或人工环形基础接地体所包围的面积大于或等于 79m² 时，可不补加接地体； ③ 在符合本表防直击雷第 5）条规定的条件下，对 6m 柱距或大多数柱距为 6m 的单层工业建筑物，当利用柱子基础的钢筋作为外部防雷装置的接地体并同时符合下列规定时，可不另加接地体： a. 利用全部或绝大多数柱子基础的钢筋作为接地体。 b. 柱子基础的钢筋网通过钢柱，钢屋架，钢筋混凝土柱子、屋架、屋面板、吊车梁等构件的钢筋或防雷装置互相连成整体。 c. 在周围地面以下距地面不小于 0.5m 深，每一柱子基础内所连接的钢筋表面积总和大于或等于 0.37m²。
防高电位反击	防止雷电流流经引下线和接地装置时产生的高电位对附近金属物或电气和电子系统线路的反击，应符合下列规定： 1）应符合表 5-4 中防闪电感应第 2）条第①～⑤款的规定，并应按下式计算： $$S_{a3} \geqslant 0.04k_cl_x \qquad (5\text{-}23)$$ 式中　S_{a3}——空气中的间隔距离（m）； 　　　k_c——分流系数，其值按 GB50057—2010《建筑物防雷设计规范》附录 E 的规定取值。 　　　l_x——引下线计算点到连接点的长度（m），连接点即金属物或电气和电子系统线路与防雷装置之间直接或通过电涌保护器相连之点。 2）低压电源线路引入的总配电箱、配电柜处装设 I 级实验的电涌保护器，以及配电变压器设在本建筑物内或附设于外墙处，并在低压侧配电屏的母线上装设 I 级实验的电涌保护器时，电涌保护器每一保护模式的冲击电流值，当电源线路无屏蔽层时可按式（5-14）计算，当有屏蔽层时可按式（5-15）计算，式中的雷电流应取等于 100kA。

（续）

项　目	技术规定与要求
防高电位反击	3）在电子系统的室外线路采用金属线时，在其引入的终端箱处应安装 D1 类高能量试验类型的电涌保护器，其短路电流当无屏蔽层时，可按式(5-14)计算，当有屏蔽层时可按式(5-15)计算，式中的雷电流应取等于 100kA；当无法确定时应选用 1.0kA。 4）在电子系统的室外线路采用光缆时，其引入的终端箱处的电气线路侧，当无金属线路引出本建筑物至其他有自己接地装置的设备时，可安装 B2 类慢上升率试验类型的电涌保护器，其短路电流宜选用 50A。 5）输送火灾爆炸危险物质和具有阴极保护的埋地金属管道，当其从室外进入户内处设有绝缘段时，应符合表 5-2 中特殊情况下防直击雷第 13）、14）条的规定，当按式(5-14)计算时，雷电流应取等于 100kA。
防侧击雷	高度超过 60m 的建筑物，除屋顶的外部防雷装置应符合本表防直击雷第 1）条的规定外，尚应符合下列规定： 1）对水平突出外墙的物体，当滚球半径为 60m 的球体从屋顶周边接闪带外向地面垂直下降接触到突出外墙的物体时，应采取相应的防雷措施。 2）高于 60m 的建筑物，其上部占高度 20% 并超过 60m 的部位应防侧击，防侧击应符合下列要求： ① 在建筑物上部占高度 20% 并超过 60m 的部位，各表面上的尖物、墙角、边缘、设备以及显著突出的物体，应按屋顶的保护措施考虑。 ② 在建筑物上部占高度 20% 并超过 60m 的部位，布置接闪器应符合对本类防雷建筑物的要求，接闪器应重点布置在墙角、边缘和显著突出的物体上。 ③ 外部金属物，当其最小尺寸符合本章第四节中"接闪器"第 6）条第③款的规定时，可利用其作为接闪器，还可利用布置在建筑物垂直边缘处的外部引下线作为接闪器。 ④ 符合本表防直击雷第 5）条规定的钢筋混凝土内钢筋和符合本章第四节中"引下线"第 5）条规定的建筑物金属框架，当其作为引下线或与引下线连接时均可利用作为接闪器。 3）外墙内、外竖直敷设的金属管道及金属物的顶端和底端，应与防雷装置等电位联结。
烟囱防雷	1）砖烟囱、钢筋混凝土烟囱，宜在烟囱上装设接闪杆或接闪环保护。多支接闪杆应连接在闭合环上。 2）当非金属烟囱无法采用单支或双支接闪杆保护时，应在烟囱口装设环形接闪带，并应对称布置三支高出烟囱口不低于 0.5m 的接闪杆。 3）钢筋混凝土烟囱的钢筋应在其顶部和底部与引下线和贯通连接的金属爬梯相连。当符合本表防直击雷第 5）条的规定时，宜利用钢筋作为引下线和接地装置，可不另设专用引下线。 4）高度不超过 40m 的烟囱，可只设一根引下线，超过 40m 时应设两根引下线。可利用螺栓或焊接连接的一座金属爬梯为两根引下线用。 5）金属烟囱应作为接闪器和引下线。

表 5-7　第三类防雷建筑物环形人工基础接地体的最小规格尺寸

闭合条形基础的周长/m	扁钢/mm×mm	圆钢，根数×直径/mm×mm
≥60	—	1×ϕ10
40～60	4×20	2×ϕ8
<40	钢材表面积总和≥1.89m²	

注：1. 当长度相同、截面积相同时，宜选用扁钢。

　　2. 采用多根圆钢时，其敷设净距不小于直径的两倍。

　　3. 利用闭合条形基础内的钢筋作为接地体时可按本表校验，除主筋外，可计入箍筋的表面积。

五、其他防雷措施

其他防雷措施见表5-8。

表5-8 其他防雷措施

项 目	技术规定与要求
兼有不同类别防雷的建筑物	1）当一座防雷建筑物中兼有第一、二、三类防雷建筑物时，其防雷分类和防雷措施宜符合下列规定： ① 当第一类防雷建筑物部分的面积占建筑物总面积的30％及以上时，该建筑物宜确定为第一类防雷建筑物； ② 当第一类防雷建筑物部分的面积占建筑物总面积的30％以下，且第二类防雷建筑物部分的面积占建筑物总面积的30％及以上时，或当这两部分防雷建筑物的面积均小于建筑物总面积的30％，但其面积之和又大于30％时，该建筑物宜确定为第二类防雷建筑物。但对第一类防雷建筑物部分的防雷电感应和防闪电电涌侵入，应采取第一类防雷建筑物的保护措施； ③ 当第一、二类防雷建筑物部分的面积之和小于建筑物总面积的30％，且不可能遭直击雷击时，该建筑物可确定为第三类防雷建筑物；但对第一、二类防雷建筑物部分的防雷电感应和防闪电电涌侵入，应采取各自类别的保护措施；当可能遭直击雷击时，宜按各自类别采取防雷措施。 2）当一座建筑物中仅有一部分为第一、二、三类防雷建筑物时，其防雷措施宜符合下列规定： ① 当防雷建筑物部分可能遭直击雷击时，宜按各自类别采取防雷措施； ② 当防雷建筑物部分不可能遭直击雷击时，可不采取防直击雷措施，可仅按各自类别采取防闪电感应和防闪电电涌侵入的措施； ③ 当防雷建筑物部分的面积占建筑物总面积的50％以上时，该建筑物宜按本表兼有不同类别防雷的建筑物第1）条的规定采取防雷措施。 3）当采用接闪器保护建筑物、封闭气罐时，其外表面外的2区爆炸危险场所可不在滚球法确定的保护范围内。
其他设施防雷	1）固定在建筑物上的节日彩灯、航空障碍信号灯及其他用电设备和线路应根据建筑物的防雷类别采取相应的防止闪电电涌侵入的措施，并应符合下列规定： ① 无金属外壳或保护网罩的用电设备应处在接闪器的保护范围内。 ② 从配电箱引出的配电线路应穿钢管。钢管的一端应与配电箱和PE线相连；另一端应与用电设备外壳、保护罩相连，并应就近与屋顶防雷装置相连。当钢管因连接设备而中间断开时应设跨接线。 ③ 在配电箱内应在开关的电源侧装设Ⅱ级试验的电涌保护器，其电压保护水平不应大于2.5kV，标称放电电流值应根据具体情况确定。 2）粮、棉及易燃物大量集中的露天堆场，当其年预计雷击次数大于或等于0.05时，应采用独立接闪杆或架空接闪线防直击雷。独立接闪杆和架空接闪线保护范围的滚球半径可取100m。 在计算雷击次数时，建筑物的高度可按可能堆放的高度计算，其长度和宽度可按可能堆放面积的长度和宽度计算。 3）对第二类和第三类防雷建筑物，应符合下列规定： ① 没有得到接闪器保护的屋顶孤立金属物的尺寸不超过以下数值时，可不要求附加保护措施： a. 高出屋顶平面不超过0.3m。 b. 上层表面总面积不超过1.0m²。 c. 上层表面的长度不超过2.0m。 ② 不处在接闪器保护范围内的非导电性屋顶物体，当它没有突出由接闪器形成的平面0.5m以上时，可不要求附加增设接闪器的保护措施。 4）在独立接闪杆、架空接闪线、架空接闪网的支柱上，严禁悬挂电话线、广播线、电视接收天线及低压架空线等。

（续）

项　目	技术规定与要求
防接触电压和跨步电压	在建筑物引下线附近保护人身安全需采取的防接触电压和跨步电压的措施，应符合下列规定： 1）防接触电压应符合下列规定之一： ① 利用建筑物金属构架和建筑物互相连接的钢筋在电气上是贯通且不少于 10 根柱子组成的自然引下线，作为自然引下线的柱子包括位于建筑物四周和建筑物内的。 ② 引下线 3m 范围内地表层的电阻率不小于 50kΩ·m，或敷设 5cm 厚沥青层或 15cm 厚砾石层。 ③ 外露引下线，其距地面 2.7m 以下的导体用耐 $1.2/50\mu s$ 冲击电压 100kV 的绝缘层隔离，或用至少 3mm 厚的交联聚乙烯层隔离。 ④ 用护栏、警告牌使接触引下线的可能性降至最低限度。 2）防跨步电压应符合下列规定之一： ① 利用建筑物金属构架和建筑物互相连接的钢筋在电气上是贯通且不少于 10 根柱子组成的自然引下线，作为自然引下线的柱子包括位于建筑物四周和建筑物内。 ② 引下线 3m 范围内土壤地表层的电阻率不小于 50kΩ·m，或敷设 5cm 厚沥青层或 15cm 厚砾石层。 ③ 用网状接地装置对地面做均衡电位处理。 ④ 用护栏、警告牌使进入距引下线 3m 范围内地面的可能性减小到最低限度。

第四节　防雷装置

一、接闪器

1）专门敷设的接闪器应由下列的一种或多种组成：

① 独立接闪杆。

② 架空接闪线或架空接闪网。

③ 直接装设在建筑物上的接闪杆、接闪带或接闪网。

2）接闪器的材料、结构和最小截面积应符合表 5-9 的规定。

表 5-9　接闪线（带）、接闪杆和引下线的材料、结构与最小截面积

材　料	结　构	最小截面积/mm²	备　注⑩
铜、镀锡铜①	单根扁铜	50	厚度 2mm
	单根圆铜⑦	50	直径 8mm
	铜绞线	50	每股线直径 1.7mm
	单根圆铜③、④	176	直径 15mm
铝	单根扁铝	70	厚度 3mm
	单根圆铝	50	直径 8mm
	铝绞线	50	每股线直径 1.7mm

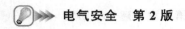

（续）

材　料	结　构	最小截面积/mm²	备　注⑩
铝合金	单根扁形导体	50	厚度 2.5mm
	单根圆形导体	50	直径 8mm
	绞线	50	每股线直径 1.7mm
	单根圆形导体③	176	直径 15mm
	外表面镀铜的单根圆形导体	50	直径 8mm，径向镀铜厚度至少 70μm，铜纯度 99.9%
热浸镀锌钢②	单根扁钢	50	厚度 2.5mm
	单根圆钢⑦	50	直径 8mm
	绞线	50	每股线直径 1.7mm
	单根圆钢③、④	176	直径 15mm
不锈钢⑤	单根扁钢⑥	50⑧	厚度 2mm
	单根圆钢⑥	50⑧	直径 8mm
	绞线	70	每股线直径 1.7mm
	单根圆钢③、④	176	直径 15mm
外表面镀铜的钢	单根圆钢（直径 8mm）	50	镀铜厚度至少 70μm，铜纯度 99.9%
	单根扁钢（厚 2.5mm）		

① 热浸或电镀锡的锡层最小厚度为 1μm。

② 镀锌层宜光滑连贯、无焊剂斑点，镀锌层圆钢至少 22.7g/m²、扁钢至少 32.4g/m²。

③ 仅应用于接闪杆。当应用于机械应力没达到临界值之处，可采用直径 10mm、最长 1m 的接闪杆，并增加固定。

④ 仅应用于入地之处。

⑤ 不锈钢中，铬的含量等于或大于 16%，镍的含量等于或大于 8%，碳的含量等于或小于 0.08%。

⑥ 对埋于混凝土中以及与可燃材料直接接触的不锈钢，其最小尺寸宜增大至直径 10mm 的 78mm²（单根圆钢）和最小厚度 3mm 的 75mm²（单根扁钢）。

⑦ 在机械强度没有重要要求之处，50mm²（直径 8mm）可减为 28mm²（直径 6mm），并应减小固定支架间的间距。

⑧ 当温升和机械受力需要重点考虑时，50mm² 加大至 75mm²。

⑨ 避免在单位能量 10MJ/Ω 下熔化的最小截面积是：铜为 16mm²、铝为 25mm²、钢为 50mm²、不锈钢为 50mm²。

⑩ 截面积允许误差为 -3%。

3）接闪杆宜采用热镀锌圆钢或钢管制成时，其直径应符合表 5-10 的规定。

表 5 - 10　接闪杆的直径

针长、部位 ＼ 材料规格	圆钢直径/mm	钢管直径/mm
1m 以下	≥12	≥20
1～2m	≥16	≥25
烟囱顶上	≥20	≥40

4）接闪杆的接闪端宜做成半球状，其最小弯曲半径为宜为 4.8mm，最大宜为 12.7mm。

5）接闪网和接闪带宜采用圆钢或扁钢，其尺寸应符合表 5-11 的规定。

表 5-11 接闪网、接闪带及烟囱顶上的接闪环规格

类别＼材料规格	圆钢直径/mm	扁钢截面积/mm²	扁管厚度/mm
接闪网、接闪带	≥8	≥49	≥4
烟囱上的接闪环	≥12	≥100	≥4

6）对于利用钢板、铜板、铝板等做屋面的建筑物，当符合下列要求时，宜利用其屋面作为接闪器：

① 金属板之间具有持久的贯通连接，可采用铜锌合金焊、熔焊、卷边压接、缝接、螺钉或螺栓连接。

② 当金属板需要防雷击穿孔时，钢板厚度不应小于 4mm，铜板厚度不应小于 5mm，铝板厚度不应小于 7mm。

③ 当金属板不需要防雷击穿孔和金属板下面无易燃物品时，铅板厚度不应小于 2mm，不锈钢、热镀锌钢、钛和铜板厚度不应小于 0.5mm，铝板厚度不应小于 0.65mm，锌板厚度不应小于 0.7mm。

④ 金属板应无绝缘被覆层。

7）除第一类防雷建筑物和表 5-4 中防直击雷第 2）条第①款的规定外，屋顶上永久性金属物宜作为接闪器，但其各部件之间均应连成电气贯通，并应符合下列规定：

① 旗杆、栏杆、装饰物、女儿墙上的盖板等，其截面积应符合表 5-9 的规定，其壁厚应符合本小节第 6）条的规定。

② 输送和储存物体的钢管和钢罐的壁厚不应小于 2.5mm；当钢管、钢罐一旦被雷击穿，其内的介质对周围环境造成危险时，其壁厚不应小于 4mm。

③ 利用屋顶建筑构件内钢筋作为接闪器，应符合表 5-4 中防直击雷第 5）条和表 5-6 中防直击雷第 5）条的规定。

8）架空接闪线和接闪网宜采用截面积不小于 50mm² 热镀锌钢绞线或铜绞线。

9）明敷接闪导体固定支架的间距不宜大于表 5-12 的规定。固定支架的高度不宜小于 150mm。

表 5-12 明敷接闪导体和引下线固定支架的间距

布 置 方 式	扁形导体和绞线固定支架的间距/mm	单根圆形导体固定支架的间距/mm
安装于水平面上的水平导体	500	1000
安装于垂直面上的水平导体	500	1000
安装于从地面至高 20m 垂直面上的垂直导体	1000	1000
安装在高于 20m 垂直面上的垂直导体	500	1000

10）除利用混凝土构件钢筋或在混凝土内专设钢材作为接闪器外，钢质接闪器应热镀锌。在腐蚀性较强的场所，尚应采取加大其截面积或其他防腐措施。

11）不得利用安装在接收无线电视广播天线杆顶上的接闪器保护建筑物。

12）专门敷设的接闪器，其布置应符合表5-13的规定。布置接闪器时，可单独或任意组合采用接闪杆、接闪带、接闪网。

表 5-13 接闪器布置

建筑物防雷类别	滚球半径/m	接闪网网格尺寸/m×m
第一类防雷建筑物	30	≤5×5 或≤6×4
第二类防雷建筑物	45	≤10×10 或≤12×8
第三类防雷建筑物	60	≤20×20 或≤24×16

二、引下线

1）引下线的材料、结构和最小截面积应按表5-9的规定取值。

2）明敷引下线固定支架的间距不宜大于表5-12的规定。

3）引下线宜采用热镀锌圆钢或扁钢，宜优先采用圆钢。

当独立烟囱上的引下线采用圆钢时，其直径不应小于12mm；采用扁钢时，其截面积不应小于100mm²，厚度不应小于4mm。

利用建筑构件内钢筋作引下线应符合表5-4中防直击雷第5）条和表5-6中防直击雷第5）条的规定。

4）专设引下线应沿建筑物外墙外表面明敷，并经最短路径接地；建筑外观要求较高者可暗敷，但其圆钢直径不应小于10mm，扁钢截面积不应小于80mm²。

5）建筑物的钢梁、钢柱、消防梯等金属构件以及幕墙的金属立柱宜作为引下线，但其各部件之间均应连成电气贯通，可采用铜锌合金焊、熔焊、卷边压接、缝接、螺钉或螺栓连接；其截面积应按表5-9的规定取值；各金属构件可被覆有绝缘材料。

6）采用多根专设引下线时，应在各引下线上于距地面0.3m至1.8m之间装设断接卡。

当利用混凝土内钢筋、钢柱作为自然引下线并同时采用基础接地体时，可不设断接卡，但利用钢筋作引下线时应在室内外的适当地点设若干连接板。当仅利用钢筋作引下线并采用埋于土壤中的人工接地体时，应在每根引下线上于距地面不低于0.3m处设接地体连接板。采用埋于土壤中的人工接地体时应设断接卡，其上端应与连接板或钢柱焊接。连接板处宜有明显标志。

7）在易受机械损伤之处，地面上1.7m至地面下0.3m的一段接地线应采用暗敷或采用镀锌角钢、改性塑料管或橡胶管等加以保护。

8）第二类防雷建筑物或第三类防雷建筑物为钢结构或钢筋混凝土建筑物时，在其钢构件或钢筋之间的连接满足GB50057—2010《建筑物防雷设计规范》规定并利用其作为引下线的条件下，当其垂直支柱均起到引下线的作用时，可不要求满足专设引下线之间的间距。

三、接地装置

1）接地体的材料、结构和最小截面积应符合表5-14的规定。

表 5-14 接地体的材料、结构和最小尺寸

材 料	结 构	最小尺寸			备 注
		垂直接地体 直径/mm	水平接地体 /mm²	接地板 /mm×mm	
铜、镀锡铜	铜绞线	—	50		每股直径 1.7mm
	单根圆铜	15	50		—
	单根扁铜	—	50		厚度 2mm
	铜管	20	—		壁厚 2mm
	整块铜板	—	—	500×500	厚度 2mm
	网格铜板	—	—	600×600	各网格边截面 25mm×2mm，网格网边 总长度不少于 4.8m
热镀锌钢	圆钢	14	78		—
	钢管	20	—		壁厚 2mm
	扁钢	—	90		厚度 3mm
	钢板	—	—	500×500	厚度 3mm
	网格钢板	—	—	600×600	各网格边截面 30mm×3mm，网格网边 总长度不少于 4.8m
	型钢	注 3	—	—	—
裸钢	钢绞线	—	70		每股直径 1.7mm
	圆钢	—	78		—
	扁钢	—	75		厚度 3mm
外表面镀铜 的钢	圆钢	14	50		镀铜厚度至少 250μm，铜纯度 99.9%
	扁钢	—	90(厚 3mm)		
不锈钢	圆形导体	15	78		—
	扁形导体	—	100		厚度 2mm

注：1. 热镀锌层应光滑连贯、无焊剂斑点，镀锌层圆钢至少 22.7g/m²、扁钢至少 32.4g/m²。

2. 热镀锌之前螺纹应先加工好。

3. 不同截面的型钢，其截面积不小于 290mm²，最小厚度 3mm，可采用 50mm×50mm×3mm 角钢。

4. 当完全埋在混凝土中时才可采用裸钢。

5. 外表面镀铜的钢，铜应与钢结合良好。

6. 不锈钢中，铬的含量等于或大于 16%，镍的含量等于或大于 5%，钼的含量等于或大于 2%，碳的含量等于或小于 0.08%。

7. 截面积允许误差为 −3%。

利用建筑构件内钢筋作接地装置应符合表 5-4 中防直击雷第 5）条和表 5-6 中防直击雷第 5）条的规定。

2）在符合表 5-15 规定的条件下，埋于土壤中的人工垂直接地体宜采用热镀锌角钢、钢管或圆钢；埋于土壤中的人工水平接地体宜采用热镀锌扁钢或圆钢。接地线应与水平接地体的截面相同。

3）人工钢质垂直接地体的长度宜为 2.5m。其间距以及人工水平接地体的间距均宜为 5m，当受地方限制时可适当减小。

4）人工接地体在土壤中的埋设深度不应小于 0.5m，并宜敷设在当地冻土层以下，其距墙或基础不宜小于 1m。接地体宜远离由于烧窑、烟道等高温影响使土壤电阻率升高的地方。

5）在敷设于土壤中的接地体连接到混凝土基础内起基础接地体作用的钢筋或钢材的情况下，土壤中的接地体宜采用铜质、镀铜或不锈钢导体。

6）在高土壤电阻率的场地，降低防直击雷冲击接地电阻宜采用下列方法：

① 采用多支线外引接地装置，外引长度不应大于有效长度，有效长度应符合 GB50057—2010《建筑物防雷设计规范》附录 C 的规定。

② 接地体埋于较深的低电阻率土壤中。

③ 换土。

④ 采用降阻剂。

7）防直击雷的专设引下线距出入口或人行道边沿不宜小于 3m。

8）接地装置埋在土壤中的部分，其连接宜采用放热焊接；当采用通常的焊接方法时，应在焊接处做防腐处理。

四、防雷装置使用的材料

1）防雷装置使用的材料及其应用条件宜符合表 5-15 的规定。

表 5-15 防雷装置的材料及使用条件

材 料	使用于大气中	使用于地中	使用于混凝土中	耐腐蚀情况		
				在下列环境中能耐腐蚀	在下列环境中增加腐蚀	与下列材料接触形成直流电耦合，可能受到严重腐蚀
铜	单根导体、绞线	单根导体、有镀层的绞线、铜管	单根导体、有镀层的绞线	在许多环境中良好	硫化物有机材料	—
热镀锌钢	单根导体、绞线	单根导体、绞线、钢管	单根导体、绞线	敷设于大气、混凝土和无腐蚀性的一般土壤中受到的腐蚀是可接受的	高氯化物含量	铜
电镀铜钢	单根导体	单根导体	单根导体	在许多环境中良好	硫化物	—
不锈钢	单根导体、绞线	单根导体、绞线	单根导体、绞线	在许多环境中良好	高氯化物含量	—
铝	单根导体、绞线	不适合	不适合	在含有低浓度硫和氯化物的大气中良好	碱性溶液	铜
铅	有镀铅层的单根导体	禁止	不适合	在含有高浓度硫酸化合物的大气中良好	—	铜不锈钢

注：1. 敷设于黏土或潮湿土壤中的镀锌钢可能受到腐蚀。

2. 在沿海地区，敷设于混凝土中的镀锌钢不宜延伸进入土壤中。

3. 不得在地中采用铅。

2）做防雷等电位联结各连接部件的最小截面积应符合表 5-16 的规定。连接单台或多台Ⅰ级分类试验或 D1 类电涌保护器的单根导体的最小截面积尚应按下式计算：

$$S_{min} \geqslant \frac{I_{imp}}{8} \tag{5-24}$$

式中　S_{min}——单根导体的最小截面积（mm²）；

　　　I_{imp}——流入该导体的雷电流（kA）。

表 5-16　防雷装置各连接部件的最小截面积

等电位联结部件		材　　料	截面积/mm²
等电位联结带（铜、外表面镀铜的钢或热镀锌钢）		Cu（铜）、Fe（铁）	50
从等电位联结带至接地装置或各等电位联结带之间的连接导体		Cu（铜）	16
		Al（铝）	25
		Fe（铁）	50
从屋内金属装置至等电位联结带的连接导体		Cu（铜）	6
		Al（铝）	10
		Fe（铁）	16
连接电涌保护器的导体	电气系统 Ⅰ级试验的电涌保护器	Cu（铜）	6
	Ⅱ级试验的电涌保护器		2.5
	Ⅲ级试验的电涌保护器		1.5
	电子系统 D1 类电涌保护器		1.2
	其他类的电涌保护器（连接导体的截面可小于 1.2mm²）		根据具体情况确定

第五节　建筑物防雷计算

一、建筑物年预计雷击次数的计算

建筑物年预计雷击次数是指一年内，某建筑物单位面积内遭受雷电袭击的次数，具体数值与建筑物等效面积、当地雷暴日及建筑物地况有关。年预计雷击次数是建筑防雷必要性分析的一个指标，计算见表 5-17。

表 5-17　建筑物年预计雷击次数的计算

类　　别	计　算　式
年预计雷击次数	建筑物年预计雷击次数应按下式计算： $$N = k \times N_g \times A_e \tag{5-25}$$ 式中　N——建筑物年预计雷击次数（次/a）； 　　　k——校正系数，在一般情况下取 1；位于河边、湖边、山坡下或山地中土壤电阻率较小处、地下水露头处、土山顶部、山谷风口等处的建筑物，以及特别潮湿的建筑物取 1.5；金属屋面没有接地的砖木结构建筑物取 1.7；位于山顶上或旷野的孤立建筑物取 2； 　　　N_g——建筑物所处地区雷击大地的年平均密度（次/km²/a）； 　　　A_e——与建筑物截收相同雷击次数的等效面积（km²）。

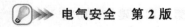

(续)

类　　别	计　算　式
雷击年平均密度	雷击大地的年平均密度，首先应按当地气象台、站资料确定；若无此资料，可按下式计算： $$N_g = 0.1 \times T_d \qquad (5\text{-}26)$$ 式中　T_d——年平均雷暴日，根据当地气象台、站资料确定（d/a）。
建筑物的等效面积	与建筑物截收相同雷击次数的等效面积应为其实际平面积向外扩大后的面积。其计算方法应符合下列规定： 　1）当建筑物的高度小于 100m 时，其每边的扩大宽度和等效面积应按下式计算（图 5-2）： $$D = \sqrt{H(200-H)} \qquad (5\text{-}27)$$ $$A_e = [LW + 2(L+W)D + \pi D^2] \times 10^{-6} \qquad (5\text{-}28)$$ 式中　D——建筑物每边的扩大宽度（m）； 　L、W、H——分别为建筑物的长、宽、高（m）。 　2）当建筑物的高度小于 100m，同时其周边在 $2D$ 范围内有等高或比它低的其他建筑物，这些建筑物不在所考虑建筑物以 $h_r = 100m$ 为滚球半径的保护范围内时，按式（5-28）算出的 A_e 减去 $(D/2) \times$（这些建筑物与所考虑建筑物边长平行以米计的长度总和）$\times 10^{-6}$（km²）。 　当四周在 $2D$ 范围内都有等高或比它低的其他建筑物时，其等效面积可按下式计算： $$A_e = [LW + (L+W)D + 0.25\pi D^2] \times 10^{-6} \qquad (5\text{-}29)$$ 　3）当建筑物的高度小于 100m，同时其周边在 $2D$ 范围内有比它高的其他建筑物时，按式（5-28）算出的等效面积减去 $D \times$（这些建筑物与所考虑建筑物边长平行以米计的长度总和）$\times 10^{-6}$（km²）。 　当四周在 $2D$ 范围内都有比它高的其他建筑物时，其等效面积可按下式计算： $$A_e = LW \times 10^{-6} \qquad (5\text{-}30)$$ 　4）当建筑物的高度等于或大于 100m 时，其每边的扩大宽度应按等于建筑物的高计算；建筑物的等效面积应按下式计算： $$A_e = [LW + 2H(L+W) + \pi H^2] \times 10^{-6} \qquad (5\text{-}31)$$ 　5）当建筑物的高等于或大于 100m，同时其周边在 $2H$ 范围内有等高或比它低的其他建筑物，且不在所确定建筑物以滚球半径等于建筑物高（m）的保护范围内时，按式（5-31）算出的等效面积减去 $(H/2) \times$（这些建筑物与所确定建筑物边长平行以米计的长度总和）$\times 10^{-6}$（km²）。 　当四周在 $2H$ 范围内都有等高或比它低的其他建筑物时，其等效面积可按下式计算： $$A_e = [LW + H(L+W) + 0.25\pi H^2] \times 10^{-6} \qquad (5\text{-}32)$$ 　6）当建筑物的高等于或大于 100m，同时其周边在 $2H$ 范围内有比它高的其他建筑物时，按式（5-31）算出的等效面积减去 $H \times$（这些建筑物与所确定建筑物边长平行以米计的长度总和）$\times 10^{-6}$（km²）。 　当四周在 $2H$ 范围内都有比它高的其他建筑物时，其等效面积可按式（5-30）计算。 　7）当建筑物各部位的高不同时，应沿建筑物周边逐点算出最大扩大宽度，其等效面积应按每点最大扩大宽度外端的连接线所包围的面积计算

注：建筑物平面面积扩大后的等效面积如图 5-2 中周边虚线所包围的面积。

二、建筑物易受雷击的部位

建筑物易受雷击的部位见表 5-18。

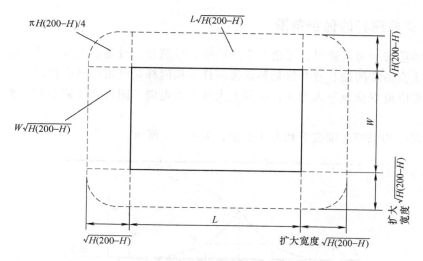

图 5-2 建筑物的等效面积

表 5 - 18 建筑物易受雷击的部位

序 号	建筑物屋面的坡度	易受雷击部位	示 意 图
1	平屋面或坡度不大于 1/10 的屋面	檐角、女儿墙、屋檐	平屋顶 坡度 $\frac{a}{b} < \frac{1}{10}$
2	坡度大于 1/10、小于 1/2 的屋面	屋角，屋脊、檐角、屋檐	坡度 $\frac{1}{10} < \frac{a}{b} < \frac{1}{2}$
3	坡度等于或大于 1/2 的屋面	屋角，屋脊、檐角	坡度 $\frac{a}{b} \geqslant \frac{1}{2}$

三、单支接闪杆的保护范围

从雷电的危害中可以看出，无论对生产厂房、建筑物、设备或工作人员，危害最大的是直击雷。防止直击雷的最有效办法是装设接闪杆。接闪杆是将雷电吸引到自己身上来，把天空中积云的雷电流安全地导入大地，从而大大减少雷电向其附件物体放电的可能，以达到保护的作用。

单支接闪杆的保护范围按下列方法确定，如图5-3所示。

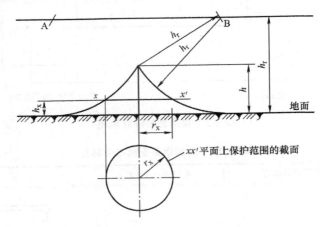

图 5-3　单支接闪杆的保护范围

图5-3中，h为接闪杆高度（m）；h_x为被保护物的高度（m）；h_r为滚球半径（m）；r_x为接闪杆在h_x水平面上的保护半径（m）。

接闪杆在地面上的保护半径可按下式计算：

$$r_0 = \sqrt{h(2h_r - h)} \tag{5-33}$$

接闪杆在h_x水平面上的保护半径可按下式计算：

$$r_x = \sqrt{h(2h_r - h)} - \sqrt{h_x(2h_r - h_x)} \tag{5-34}$$

当单支接闪杆不足以保护建筑物时，可装设两支、三支或四支接闪杆对被保护物构成联合保护。联合保护的保护范围及计算可参看GB50057—2010《建筑物防雷设计规范》附录D。

第六节　防雷击电磁脉冲

随着各类技术的迅猛发展，建筑物内部安装了大量电子设备。电子设备中的集成电路器件对雷电暂态过电压的耐受能力有限，对雷电电磁干扰极为敏感。电子设备在遭受到电磁效应的侵害后，易发生工作失效或永久性损坏，从而严重威胁到信息系统的安全可靠。因此，切实做好建筑物雷击电磁脉冲的防护，具有重要的现实意义。

从实际雷电事故情况看，雷直接击中建筑内部电气、电子设备的概率很小，危害电气设备安全的主要原因是雷击电磁效应。当雷电击中建筑物、地面、电流输配电路及空中雷云之间放电时，所产生的暂态高电位和电磁脉冲能够以传导、电磁耦合和辐射等方式沿多种途径侵入建筑物内部，损害电气、电子设备的正常运行。为了维护电气、电子设备的正常可靠运行，必须采取切实可靠的雷击电磁脉冲防护。

一、防雷区域

根据雷击电磁环境的特性，将需要保护和控制雷击电磁脉冲环境的建筑物，从外部到内部划分为不同的雷电防护区（LPZ），并按规定编写序号，如图5-4、图5-5所示。在各个防雷区域的交界处，电磁环境有明显的改变。通常，防雷区域的序号越大，脉冲电磁场强度越小。

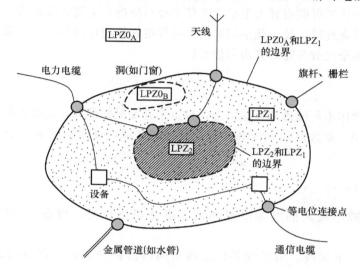

图 5-4　防雷区划分的示意图

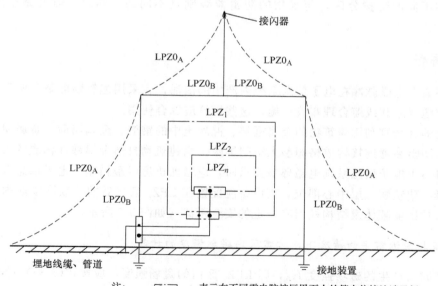

注：　　▪·▪ ：表示在不同雷电防护区界面上的等电位接地端子板
　　　　[ ] ：表示起屏蔽作用的建筑物外墙、房间或其他屏蔽体
　　　虚线　：表示按滚球法计算LPS的保护范围

图 5-5　建筑物内防雷区的划分

防雷区划分如下：

1. LPZ0$_A$ 区

本区内的各物体都可能遭到直接雷击并导走全部雷电流，以及本区内的雷击电磁场强度没有衰减，对于雷电的感应最强。本区属于完全暴露的不设防区。

2. LPZ0$_B$ 区

本区内的各物体不可能遭到大于所选滚球半径对应的雷电流直接雷击，以及本区内的雷击电磁场强度仍没有衰减，处于此空间的所有可导电物体均可感应较强的雷电流，应划分为 LPZ0$_B$ 区。本区属于充分暴露的直击雷防护区。

3. LPZ$_1$ 区

本区内的各物体不可能遭到直接雷击，且由于界面处的分流，流经各导体的电涌电流比 LPZ0$_B$ 区内的更小，本区内的雷击电磁场强度可能衰减，衰减程度取决于屏蔽措施时，应划分为 LPZ$_1$ 区。

4. LPZ$_n$ 区（$n=2$、3、4、…）

需要进一步减小流入的电涌电流和雷击电磁场强度时，增设的后续防雷区应划分为 LPZ$_n$。

当金属导线（电源线、信号线等）穿越不同的防护分区时，因电磁感应的作用，会产生较高的过电压，影响室内设备的安全。所以需安装相应的过电压保护器，对设备进行保护。在不同的防护分区，所采用的防雷器级别是不同的。同时，需要做相应的等电位处理。

二、屏蔽

为减小雷电电磁脉冲在电子信息系统内产生的浪涌，宜采用建筑物屏蔽、机房屏蔽、设备屏蔽、线缆屏蔽和线缆合理布设措施，这些措施应综合使用。

建筑物的屏蔽宜利用建筑物的金属框架、混凝土中的钢筋、金属墙面、金属屋顶等自然金属部件与防雷装置连接构成格栅型大空间屏蔽。当建筑物自然金属部件构成的大空间屏蔽不能满足机房内电子信息系统电磁环境要求时，应增加机房屏蔽措施。电子信息系统设备主机房宜选择在建筑物低层中心部位，其设备应配置在 LPZ$_1$ 区之后的后续防雷区内，并与相应的雷电防护区屏蔽体及结构柱留有一定的安全距离（如图 5-6 所示）。

1. 建筑物附近雷击的情况下，防雷区内磁场强度的计算

无屏蔽时所产生的磁场强度 H_0，即 LPZ$_0$ 区内的磁场强度，应按式(5-35)计算：

$$H_0=i_0/(2\pi s_a) \tag{5-35}$$

式中 i_0——雷电流（A）；

s_a——从雷击点到屏蔽空间中心的距离（m），如图 5-7 所示。

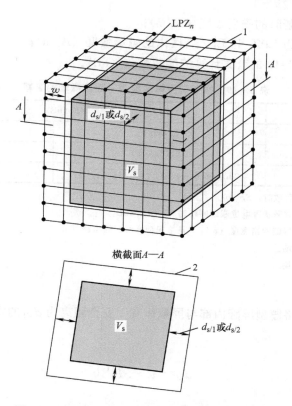

图 5-6 LPZ$_n$ 区内用于安装电子信息系统的空间

1—屏蔽网格 2—屏蔽体 V_s—安装电子信息系统的空间

$d_{s/1}$、$d_{s/2}$—空间 V_s 与 LPZ$_n$ 的屏蔽体间应保持的安全距离 w—空间屏蔽网格宽度

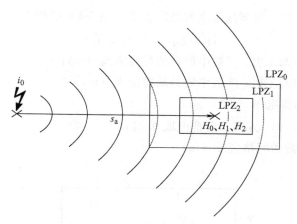

图 5-7 邻近雷击时磁场值的估算

当建筑物邻近雷击时，格栅型空间屏蔽内部任意点的磁场强度应按以下公式计算：

LPZ$_1$ 内

$$H_1 = H_0 / 10^{SF/20} \tag{5-36}$$

LPZ$_2$ 或更高级别防护区内

$$H_{n+1} = H_n / 10^{SF/20} \tag{5-37}$$

式中　　H_0——无屏蔽时的磁场强度（A/m）；

　H_n、H_{n+1}——分别为 LPZ_n 和 LPZ_{n+1} 区内的磁场强度（A/m）；

　　　SF——按表 5-19 的公式计算的屏蔽系数（dB）。

表 5-19　格栅型空间屏蔽对平面波磁场的衰减

材　　质	SF（dB）	
	$25kHz$[①]	$1MHz$[②]
铜材或铝材	$20\lg(8.5/w)$	$20\lg(8.5/w)$
钢材[③]	$20\lg[(8.5/w)/\sqrt{1+18\cdot10^{-6}/r^2}]$	$20\lg(8.5/w)$

注：1. 公式计算结果为负数时，$SF=0$。

　　2. 如果建筑物安装有网状等电位联结网络时 SF 增加 6dB。

　　3. w 是格栅型空间屏蔽网格宽度（m），r 是格栅型屏蔽杆的半径（m）。

① 适用于首次雷击的磁场。

② 适用于后续雷击的磁场。

③ 磁导率 $\mu_r\approx200$。

　　这些磁场值仅在格栅型屏蔽内部与屏蔽体有一安全距离为 $d_{s/1}$ 的安全空间 V_s 内有效，可按以下公式计算：

当 $SF\geqslant10$ 时

$$d_{s/1}=w\cdot SF/10 \tag{5-38}$$

当 $SF<10$ 时

$$d_{s/1}=w \tag{5-39}$$

2. 当建筑物顶防直击雷装置接闪时防雷区内磁场强度的计算

格栅型空间屏蔽 LPZ_1 内部任意点的磁场强度（图5-8）应按以下公式计算：

$$H_1=k_Hi_0w/(d_w\sqrt{d_r}) \tag{5-40}$$

式中　　d_r——待计算点与 LPZ_1 屏蔽中屋顶的最短距离（m）；

　　　　d_w——待计算点与 LPZ_1 屏蔽中墙的最短距离（m）；

　　　　i_0——$LPZ0_A$ 的雷电流（A）；

　　　　k_H——结构系数（$1/\sqrt{m}$），典型值取 0.01；

　　　　w——LPZ_1 屏蔽的网格宽度（m）。

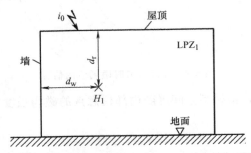

图 5-8　雷电直接击于屋顶接闪器时 LPZ_1 区内的磁场强度

按式(5-40)计算的磁场值仅在格栅型屏蔽内部与屏蔽有一安全距离 $d_{s/1}$ 的安全空间内有效，安全距离的计算式为

$$d_{s/2} = w \tag{5-41}$$

在 LPZ$_2$ 或更高级别防护区内部任意点的磁场强度（图 5-9）仍按式(5-37)计算，这些磁场值仅在格栅型屏蔽内部与屏蔽有一安全距离 $d_{s/1}$ 的安全空间内有效。

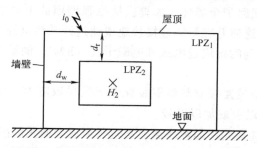

图 5-9 LPZ$_2$ 或更高级别防护区内部任意点的磁场强度的估算

3. 建筑物屏蔽措施

建筑物屏蔽一般利用钢筋混凝土构件内钢筋、金属框架、金属支撑物以及金属屋面板、外墙板及其安装龙骨支架等建筑物金属体形成的笼式格栅形屏蔽体或板式大空间屏蔽体。

为改善电磁环境，所有与建筑物组合在一起的大尺寸金属物，如屋顶金属表面、立面金属表面、混凝土内钢筋、门窗金属框架等都应相互等电位联结在一起并与防雷装置相连，但第一类防雷建筑物的独立避雷针及其接地装置除外。

电子设备一般不宜布置在建筑物的顶层，并宜尽量布置于建筑物中心部位等电磁环境相对较好的位置。

为了进一步满足室内 LPZ$_2$ 区及以上局部区域的电磁环境要求，如装有特殊电子设备的房间的屏蔽效能要求时，还应在该房间墙体内埋入网格状金属材料进行屏蔽，并在门窗孔及通风管孔等孔洞处设置金属屏蔽网；甚至采用由专门工厂制造的金属板装配式屏蔽室以满足特殊电子设备的电磁兼容性（EMC）要求。

屏蔽材料的选择应满足屏蔽效能所要求的电磁特性（相对电导率和相对磁导率）及屏蔽厚度的要求，还应考虑电磁脉冲干扰源频率的影响。

4. 线路屏蔽、合理布线

线路屏蔽及合理布线能有效地减小雷电感应效应。

在需要保护的空间内敷设及引入、引出的电力线路及信号线路，当采用非屏蔽电线电缆时应采用金属管道敷线方式，如敷设在金属管、金属封闭线槽及格栅或格栅形钢筋混凝土管道内。这些金属管道或混凝土管道内的钢筋应是连续导电贯通的，即在接头处应采用焊接、搭接、可靠绑扎或螺栓连接等措施，并在防雷区交界处（包括入户处）等电位联结到主接地端子或接地母线上。

当信息线路等需要限制干扰的影响时，宜采用屏蔽电缆或带铠装金属外套的电缆，其屏蔽层或铠装层应至少在两端并宜在防雷区交界处做等电位联结并接地；当系统要求只在一端

做等电位联结时，应采用双层屏蔽或穿金属管。

当屏蔽线路从室外的 LPZ0$_A$ 或 LPZ0$_B$ 区进入 LPZ$_1$ 区时，线路屏蔽层的截面积 S_c 还应符合相关规定。

当在不同的区域都设有独立的等电位联结系统的情况下，不同区域之间的信号传输可采用光耦合隔离器、非金属的纤维光缆或其他的非导电传输系统（例如微波、激光连接器或信号隔离变压器）。当光缆线路带金属件（如提供抗拉强度用的金属芯线、金属挡潮层及接头金属部件等）时，应通长连通并在两端直接接地或通过开关型电涌保护器接地。

此外，为降低线路受到的感应过电压和电磁干扰（EMI）的影响还应注意下述合理布线措施：

1）电力和信号电缆敷设路径应与防雷装置引下线采取隔离（间距或屏蔽）措施，离防雷引下线的距离宜为 2m 以上或加以屏蔽。

2）对各类系统线路选择共用的敷线通道，避免形成大面积的感应环路。

3）信号电缆采用屏蔽或芯线绞扭在一起的电缆。当采用屏蔽的信号电缆或数据电缆时，应注意避免故障电流流经其接地的屏蔽层或芯线，此时可能需要一旁路等电位联结线以分流故障电流。

4）强电电力电缆与弱电信号线缆之间也应采取适当隔离（间距或屏蔽），特别应避免电子设备的电源线和信号线与大电流感性负荷设备的电源线贴近敷设，但又要满足上述第 2）条要求，并在交叉点采取直角交叉跨越。电子系统线缆与电力电缆及其他管线的净距可参考表 5-20 及表 5-21。

表 5-20　电子系统线缆与电力电缆的净距

380V 电力电缆容量/kV·A	不同接近状况时的最小净距/mm		
	与电子系统线缆平行敷设	有一方在接地的金属线槽或钢管中	双方都在接地的金属线槽或钢管中
<2	130	70	10
2~5	300	150	80
>5	600	300	150

注：1. 电话用户存在振铃电流时，不能与计算机网络在同一根对绞电缆中一起运用。

2. 双方都在接地的线槽中，指在两个不同的线槽，也可在用金属板隔开的同一线槽中。

表 5-21　电子系统线缆与其他管线的净距

其他管线名称	电子系统线缆（电缆、光缆或管线/mm）		其他管线名称	电子系统线缆（电缆、光缆或管线/mm）	
	最小平行净距	最小交叉净距		最小平行净距	最小交叉净距
避雷引下线	1000	300	热力管（不包隔热层）	500	500
保护地线	50	20	热力管（包隔热层）	300	300
给水管	150	20	煤气管	300	20
压缩空气管	150	20			

注：如墙壁电缆敷设高度超过 6000mm 时，与防雷引下线的交叉净距应按下式计算

$$S \geqslant 0.05L$$

式中　S——交叉净距（mm）；

　　　L——交叉处防雷引下线距地面的高度（mm）。

当不能满足上述间距要求时，综合布线线路应穿金属管屏蔽。对干扰敏感的线路应尽量靠近地面敷设。

5）电子系统线缆距配电箱的最小净距宜不小于 1.0m，离变电室、电梯机房、空调机房的距离宜不小于 2.0m。

6）当接地导线（PE）为单独的导线时，应与电缆靠近并平行敷设。

7）对电磁干扰（EMI）敏感的设备应尽量远离潜在的干扰源。

三、电涌保护器

电涌保护器（SPD）是一种用于带电系统中限制瞬态过电压和导引泄放电涌电流的非线性防护器件。用以保护电气或电子系统免遭雷电或操作过电压及涌流的损害。

1. 分类

（1）按其使用的非线性元件的特性分类

① 电压开关型 SPD：当无电涌时，SPD 呈高阻状态；而当电涌电压达到一定值时，SPD 突然变为低阻抗。因此，这类 SPD 被称"短路开关型"，常用的非线性元件有放电间隙、气体放电管、双向晶闸管开关管等。它具有通流容量大的特点，特别适用于 $LPZ0_A$ 区或 $LPZ0_B$ 区与 LPZ_1 区界面处的雷电浪涌保护，且一般宜用于"3＋1"保护模式中低压 N 线与 PE 线间的电涌保护。

② 限压型 SPD：当无电涌时，SPD 呈高阻抗，但随着电涌电压和电流的升高，其阻抗持续下降而呈低阻导通状态。这类非线性元件有压敏电阻、瞬态抑制二极管（如齐纳二极管或雪崩二极管）等，这类 SPD 又称"箝压型 SPD"，因其箝位电压水平比开关型 SPD 要低，故常用于 $LPZ0_B$ 区和 LPZ_1 区及以上雷电防护区域内的雷电过电压或操作过电压保护。

③ 混合型 SPD：这是将电压开关型元件和限压型元件组合在一起的一种 SPD，随其所承受的冲击电压特性的不同而分别呈现电压开关型 SPD、限压型 SPD 或同时呈现开关型及限压型两种特性。

④ 用于通信和信号网络中的 SPD 除有上述特性要求外，还按其内部是否串接限流元件的要求，分为有、无限流元件的 SPD。

（2）SPD 按在不同系统中的不同使用要求分类　按用途分为电源系统 SPD、信号系统 SPD 和天馈系统 SPD；按端口形式和连接方式分为与保护电路并联连接的单端口 SPD 及与保护电路串联连接的双端口（输入、输出端口）SPD，以及适用于电子系统的多端口 SPD 等；按使用环境分为户内型和户外型等。

2. SPD 主要参数及其定义

1）最大持续工作电压 U_c：允许持续施加于 SPD 端子间的最大电压有效值（交流方均根电压或直流电压），其值等于 SPD 的额定电压。U_c 不应低于线路中可能出现的最大连续运行电压。

2）标称放电电流 I_n（额定放电电流）：流过 SPD 的 8/20μs 波形的放电电流峰值（kA）。

3）冲击电流 I_{imp}（脉冲电流）：由电流峰值 I_p 和总电荷 Q 所规定的脉冲电流，其波形为 10/350μs。

4）最大放电电流 I_{max}：通过 SPD 的 $8/20\mu s$ 电流波形的峰值电流，$I_{max} > I_n$。

5）额定负载电流 I_L：能对双端口 SPD 保护的输出端所连接负载提供的最大持续额定交流电流有效值或直流电流。

6）电压保护水平 U_p：是表征 SPD 限制接线端子间电压的性能参数，对电压开关型 SPD 指规定陡度下最大放电电压，对电压限制型 SPD 指规定电流波形下的最大残压，其值可从优先值列表中选择，该值应大于实测限制电压（实测限制电压指对 SPD 施加规定波形和幅值的冲击电压时，在其接线端子间测得的最大电压峰值）的最高值，并应与设备的耐压相配合。

7）残压 U_{res}：冲击放电电流通过电压限制型 SPD 时，在其端子上所呈现的最大电压峰值，其值与冲击电流的波形和峰值电流有关。U_{res} 是确定 SPD 的过电压保护水平的重要参数。

8）残流 I_{res}：对 SPD 不带负载，施加最大持续工作电压 U 时，流过 PE 接线端子的电流，其值越小则待机功耗越小。

9）参考电压 $U_{ref(1mA)}$：指限压型 SPD（如电力系统无间隙避雷器）通过 1mA 直流参考电流时，其端子上的电压。

10）泄漏电流 I_1：在 $0.75 U_{ref(1mA)}$ 直流电压作用下流过限压型 SPD 的漏电流，通常为微安级，其值越小则 SPD 的热稳定性越好。为防止 SPD 的热崩溃及自燃起火，SPD 应通过规定的热稳定试验。

11）额定断开续电流 I_f：SPD 本身能断开的预期短路电流，不应小于安装处的预期短路电流值。续电流 I_f 是冲击放电电流以后，由电源系统流入 SPD 的电流。续流与持续工作电流 I_c 有明显区别。

12）响应时间：从暂态过电压开始作用于 SPD 的时间到 SPD 实际导通放电时刻之间的延迟时间，称为 SPD 的响应时间，其值越小越好。通常限压型 SPD（如氧化锌压敏电阻）的响应时间短于开关型 SPD（如气体放电管）。

13）冲击通流容量：SPD 不发生实质性破坏而能通过规定次数、规定波形的最大冲击电流的峰值。

14）用于信号系统（包括天馈线系统）的 SPD，另有插入损耗、驻波系数、传输速率、频率、带宽等特殊匹配参数的要求。

3. SPD 的性能选择及配合性要求

（1）SPD 的性能选择

① SPD 的电压保护水平 U_p 的选择。在建筑物进线处或其他防雷区界面处的最大电涌电压，即 SPD 的最大箝压加上其两端引线的感应电压，应与所属系统及设备的绝缘水平相配合。因此，SPD 的电压保护水平 U_p 加上其两端引线（至所保护对象前）的感应电压之和，应小于所在系统和设备的绝缘耐冲击电压值，并不宜大于被保护设备耐压水平的 80%。

当电气装置由架空线或含有架空线的线路供电，且当地雷电活动符合外界环境影响条件 AQ2（间接雷击，雷暴日数 > 25d/a）或通过雷击风险评估认为应装设防止大气过电压（感应雷或远处雷击）的保护装置（SPD）时，以及用于防护建筑物或其附近遭受直击雷击引起的过电压时，装于建筑物进户处电气装置内或低压架空进线入户处，或架空进线与地下电缆的转接点处之过电压保护装置（SPD）的保护水平（当 SPD 为装于相线与中性线之间和中性线与 PE 线之间时，应为相线与 PE 线间总的电压保护水平），不应高于对应的过电压水平。例如 230/480V 电气装置的过电压保护水平不应超过 2.5kV。当装设一级电涌保护器（SPD）达不到上述保护水平时，应采用多级配合协调的 SPD，以确保达到上述要求的过电压保护水平。

② SPD 必须能承受预期通过它们的电涌电流，并有能力熄灭在雷电流通过后产生的工频续流。

SPD 承受预期雷电涌流的能力由 SPD 的标称放电电流或通流容量来表征。

SPD 的选用应根据其安装处的雷电防护区及预期雷电涌流（峰值 I_p）的大小而区别选择安装。SPD 的标称放电电流或冲击通流容量应大于相应的预期雷电涌流值。分析评估低压配电系统内雷电涌流的分布时，应考虑下述影响雷电流分配的因素，包括供电电缆的长度、被雷击建筑物接地系统的阻抗、装设于建筑物外的供电变压器的接地阻扰、用电设备的接地阻抗以及与之做了等电位联结的通信线路和水管等金属管道的并联接地阻抗、配电系统其他并联使用点的接地阻抗等。要对上述情况下的雷电流分布进行较精确的计算是很复杂的；然而考虑到 SPD 的能量承受能力主要与雷电流的持续时间，即波尾长度有关，而雷电脉冲波尾部分在被保护系统内电流变化速度已大为降低，因此工程估算可以忽略系统感应电抗的影响，此外还可以忽略供电缆线阻抗及已装设了 SPD 的变压器绕组阻抗对电涌电流分布的影响，而只考虑建筑物接地、水管接地、供电系统及通信系统的接地装置的接地电阻对雷电流分配的影响（如偏于安全考虑还可以忽略水管及电话线路等的分流影响），从而可以对流经 SPD 的雷电流分配进行简化计算。

为抑制从配电线路引入的大气过电压（感应雷及远处直击雷）和内部操作过电压而在建筑物电气装置电源进线处装设的过电压保护装置，在正常情况下是装设 II 级分类试验的 SPD，在必要时可装设 III 级分类试验的 SPD。对每一保护模式 SPD 的标称放电电流 I_n 不应小于 5kA（8/20μs）。而当保护模式为 SPD 接于每一相线与中性线之间及接于中性线与保护线（PE 线）之间时，接于中性线和 PE 线之间的 SPD，对于三相系统 I_n 按接于相线与 PE 线之间的每个 SPD 的 4 倍选取，即不应小于 20kA（8/20μs），对于单相系统 I_n 按接于相线与 PE 线之间的每个 SPD 的两倍选取，即不应小于 10kA（8/20μs）。

当考虑建筑物防雷装置或其附近遭直击雷击时，通过进户处 SPD 的雷电冲击电涌电流应按雷电涌流的分流值计算确定。如果电流值无法确定，则对 SPD 的每一保护模式，通过的雷电冲击电流 I_{imp} 值不应小于 12.5kA；对 "3+1" 保护模式中接于中性线和 PE 线间的 SPD，对于三相系统 I_{imp} 不应小于 50kA，对于单相系统 I_{imp} 不应小于 25kA。

对各类工业与民用建筑物，其电气/电子系统雷击电涌的防护，应按照建筑物的防雷类别、雷电环境条件、被保护系统特性及其重要性等因素进行雷击危险度评估以确定不同的雷击电涌保护级别。SPD 的标称放电电流或冲击通流容量，应按照建筑物的防雷类别及其雷电流参数确定；SPD 的级位配置应按照保护水平（U_p）及多级间通过能量协调配合的要求确定，同时应满足最小值的规定。

SPD 熄灭工频续电流的能力由其额定阻断续电流值来表征。制造厂所规定的 SPD（开关型）的额定阻断续电流值不应小于安装处的预期短路电流。在 TN 系统或 TT 系统中，接于中性线和 PE 线之间的开关型 SPD 额定阻断续电流值应不小于 100A；而在 IT 系统中，接于中性线和 PE 线之间的 SPD 额定阻断续电流值与接于相线和中性线间的 SPD 相同。

③ SPD 的最大持续工作电压 U_c 的确定。SPD 的最大持续工作电压 U_c 应不低于系统中可能出现的最大持续运行电压，此时应考虑系统最大电压偏差值及短时过电压。在供电系统电压偏差超过 10% 以及因谐波作用使正常运行电压幅值升高的场所，还应根据具体情况适当提高 SPD 规定的 U_c 值，同时应兼顾过电压保护水平 (U_p) 与被保护设备的配合。在直流系统中，SPD 的最大持续工作电压 U_c 约为被保护系统额定电压的 1.5 倍（经验值）。安装于通信信号线路中的 SPD，其最高工作电压应大于通信线额定工作电压的 1.2 倍。

④ 安装于各防雷区界面处的 SPD 还应与其相应的能量承受能力相一致，此时应考虑持续时间较长的暂时过电压的能量。SPD 应能承受由于低压系统故障引起的暂时过电压 (TOV)，并能在高压系统发生接地故障时，引起的暂时过电压下正常工作或安全性失效。

⑤ 用于信号系统及天馈系统的 SPD 除上述选用要求外，其插入损耗、传输速度、工作频率、驻波系数、特性阻抗以及长期允许功率等参数应满足系统要求，且其接头形式应与系统回路相一致。

⑥ 串接于被保护回路中的双端口 SPD 应校验其额定负载电流 (I_L) 不应小于 SPD 输出端负载的最大额定交流电流有效值或直流电流，且其标称电压降百分比应符合标准要求，其短路承受能力应大于安装处系统最大预期短路电流值。

⑦ 应考虑 SPD 的性能退化或寿命终止后可能产生的短路故障对系统运行的影响。过电流保护器既要满足工频短路时与主电路过电流保护装置的级间配合及分断能力要求，又不应在规定的雷电冲击放电电流下断开，应参照 SPD 制造商的建议配置。当采用断路器时应采用具有 C 型脱扣曲线的延时型脱扣器，其额定电流根据 SPD 的最大放电电流来选择，一般第一级不小于 50A（可选 63A），以后各级不小于 20A（可选 32A）。当采用熔断器时，其配置原则与断路器相同，同时应与上一级熔断器实现选择性配合（配合比为 1/1.6）。当上一级过电流保护器的额定值不大于 SPD 引线回路里的过电流保护器的最大额定值时，可省去该过电流保护器。但当 SPD 故障时，主回路过电流保护器动作将导致供电中断。因此，重点保证供电的连续性还是保证 SPD 保护的连续性，其取决于断开 SPD 的过电流保护器的安装位置。

⑧ 为了监视 SPD 的老化和运行状态，采用金属氧化物电阻元件的限压型 SPD 宜带有老化显示及过载热分断装置和失效指示功能。根据系统运行的需要，还可装设工作状态监视报警模块或装设带有远程监控辅助触点的 SPD。间隙型 SPD 还可选用具有运行状态指示器或雷击计数器的产品。在特殊危险环境如爆炸危险环境中的 SPD，还应具备动作时无电弧和火花外泄的密封及防爆功能。

⑨ 通过 SPD 的正常泄漏电流要小，且不应影响系统的正常运行。当 SPD 装于剩余电流保护装置 (RCD) 的负荷侧时，为了防止电涌电流通过时，RCD 误动作，可采用带延时的 S 型剩余电流保护器，其额定动作值还应与下一级 RCD 实现选择性。对特别重要的负荷设备可采用对大气过电压不敏感的 SI 型剩余电流保护器，且应具有不小于 3kA（8/20μs）的电涌电流抗干扰能力。

(2) SPD 的级间配合要求　在需要保护的系统中装设 SPD 的数量，取决于防雷区的划分和被保护对象的抗损坏性要求。在各防雷区界面处及被保护设备处安装的 SPD，其允许的电压保护水平和剩余威胁必须符合各级电力装置绝缘配合的要求，并低于被保护设备的抗损坏性。特别是保护低压电力系统及敏感的电子系统时，可能需要装设多级 SPD 以逐级削减雷电瞬态过电压和系统内暂态过电压及能量，直到满足被保护设备的安全性和抗扰度要求。因此，各级 SPD 之间应注意动作电压及允许通过的电涌能量的配合。

1) SPD 的级间配合原则。当系统中安装多级 SPD 时，各级 SPD 之间应按以下原则之一进行能量和动作性能的配合。

基于稳态伏安特性的配合。此时两级 SPD 之间除线路外不附加任何去耦元件，其能量的配合可用它们的稳态电流、电压特性在有关的电流范围内实现。本原则一般应用于限压型 SPD 之间的配合。此法对电涌电流的波形可不予考虑。

采用去耦元件的配合。去耦元件一般采用有足够耐电涌能力的电感或电阻元件，电感常用于电力系统，电阻常用于电子信息系统。去耦元件可采用单独的器件或利用两级 SPD 之间线缆的自然电阻或电感；后者在一般情况下，当在线路上多处安装 SPD 且无准确数据以实现配合时，电压开关型 SPD 与限压型 SPD 之间的线路长度不宜小于 10m，限压型 SPD 之间的线路长度不宜小于 5m。随着 SPD 的不断开发，市场已出现了一种新型的既不需去耦元件又不限线缆配合长度的间隙型 SPD。

当采用电感作为去耦元件时，应考虑电涌电流波形的影响，di/dt 越大，则去耦所要求的电感就越小；对半值时间较长的波形（如 $10/350\mu s$）电感对限压型的去耦是很无效的，此时宜用电阻去耦元件（或线缆的自然电阻）来实现配合。当采用电阻作为去耦元件时，电涌电流的峰值是确定电阻值的决定性因素。

2) 各类 SPD 的配合形式。按照 SPD 的特性类别，常用以下三种配合形式：

① 限压型 SPD 之间的配合。此时要考虑通过两级 SPD 各自的电涌电流波的能量，电流波的持续时间与冲击电流相比不能过短。

② 电压开关型 SPD 与限压型 SPD 之间的配合。此时，前一级 SPD_1 放电间隙的触发电压 U_{SG} 取决于后一级 SPD_2（如压敏电阻 MOV）的残压 U_{res} 与去耦元件的动态压降 U_{DE} 之和。

当 U_{SG} 超过放电间隙的动态放电电压时，实现配合，因此，配合决定于 MOV 的特性、电涌电流的幅值和陡度以及去耦元件的特性（如电感或电阻）及大小。此时需要考虑"保护盲点"问题，即当前一级 SPD_1 在幅值和陡度较低的电涌电流通过时，SPD_1 的放电间隙无火花闪络（"盲点"），这时，整个电涌电流流经 SPD_2（MOV）可能导致 MOV 的损坏，为此 MOV 必须按能通过此电涌电流的能量选取。此外，当前一级 SPD_1 的放电间隙闪络放电后将改变电涌的波形，这种改变了的电涌波形将加于下一级 MOV 上，当采用低残压（电弧电压）的间隙时，选择下一级 MOV 的最大工作电压 U_c 对放电间隙的配合并不重要。在确定去耦元件的必需值时，下一级 $MOV(SPD_2)$ 的最低残压可按不低于系统额定供电电压的峰值（$\sqrt{2}U_0$）来确定，由此确定去耦元件的参数值，如去耦元件采用电感，则其动态压降 $U_{DE} = L di/dt$，再推导出电感 L 的值。但是应当注意的是，除了考虑 $10/350\mu s$ 的雷电流 I_{max}（由 MOV 的最大能量确定），还应考虑 $0.1kA/\mu s$ 的最小雷电流陡度时实现配合所需的去耦元件电感值。

③ 电压开关型 SPD 之间的配合。对放电间隙之间的配合，必须采用动态工作特性。当第二级 SPD 如放电间隙 SG_2 发生火花闪络之后，配合将由去耦元件完成；为确定去耦元件的必需值，放电间隙 SG_2 因其放电电压（电弧电压即残压）较低，可用短路代替。为触发放电间隙 SG_1，去耦元件的动态压降必须大于放电间隙 SG_1 的工作电压。当采用电阻作为

去耦元件时，在选择 SPD 的脉冲额定参量时则应考虑电涌电流峰值引起的电阻压降。在放电间隙 SG_1 触发之后，全部能量将按稳态电流、电压特性分配于各元件之间。

（3）多级 SPD 保护系统的基本配合方案

1）配合方案 I：所有的 SPD 均采用相同的残压 U_{res}，并都具有连续的电流、电压特性（如压敏电阻或抑制二极管）。各级 SPD 和被保护设备的配合正常时由它们的线路阻抗完成。

2）配合方案 II：各级 SPD 的残压是台阶式的，从第一级 SPD 向随后的 SPD 逐级升高，最后一级安装在被保护设备内的 SPD 的残压要高于前一级 SPD。各级 SPD 都有连续的电流、电压特性（如压敏电阻，二极管）。此配合方案适用于配电系统。

3）配合方案 III：第一级 SPD 具有突变的电流、电压特性（开关型 SPD，如放电间隙、气体放电管），其后的 SPD 为连续的电流、电压特性的元件（限压型 SPD，如压敏电阻）。本方案的特点是第一级 SPD 的"开关特性"将初始脉冲电流 $10/350\mu s$ 的"半值时间"减短，从而相当大地减轻了随后各级 SPD 的负担。

4）配合方案 IV：两级 SPD 组合在一个装置内形成一个四端 SPD。在装置内部两级 SPD 之间用串接阻抗或滤波器进行成功配合，使输出到下一级 SPD 或设备的剩余威胁最小。这适用于按方案 I～III 与系统中其他 SPD 或与被保护设备必须完全配合的场合。

上述四种配合方案中，方案 I～III 是基于两端 SPD 的多级保护方案，方案 IV 是组合有去耦元件的四端（即双口）SPD。采用上述基本配合方案时，需考虑已设置在设备输入口处的 SPD。

4. SPD 的安装和选用

1）SPD 的安装位置原则上应安装在各防雷区界面处，并宜靠近建筑入口及被保护设备。当 SPD 安装于界面附近的被保护设备处时，至该设备的线路应能承受所发生的电涌电压及电流，且线路的金属保护层或屏蔽层宜首先在界面处做一次等电位联结。

2）在 $LPZ0_A$ 区或 $LPZ0_B$ 区与 LPZ_1 区交界处，从室外引来的线路上安装的 SPD 应选用符合 I 级分类试验（$10/350\mu s$ 波形）的产品，安装于 LPZ_1 与 LPZ_2 区及后续防雷区界面处的 SPD 应选用符合 II 级分类试验（$8/20\mu s$ 波形）或 III 级分类试验（混合波）的产品。

3）从室外引来的线路，SPD 宜靠近屏蔽线路末端安装；通过每个 SPD 的雷电流应评估其预期通过的雷电涌流，并将其作为 I_{peak}（幅值电流）来选用 SPD。当按上述要求选用配电线路上的 SPD 时，其标称放电电流不宜小于 15kA。

4）当在 LPZ_0 区与 LPZ_1 区界面处安装的第一级 SPD 的电压保护水平加上其两端引线的感应电压保护不了室内配电盘（箱、屏）内的设备时，应在该配电盘内安装第三级 SPD，其标称放电电流不宜小于 $8/20\mu s$、5kA。

5）当按上述要求安装的 SPD 离被保护设备较远，SPD 的电压保护水平加上其两端引线的感应电压，并计及反射波效应（当被保护设备为高电阻型、电容型或设备开路时，反射波效应最大可将侵入的电涌电压加倍）不足以保护较远处的设备时，还应在被保护设备处装设 SPD，其标称放电电流 I_n 不宜小于 $8/20\mu s$、3kA。当上述被保护设备沿线路距 SPD 的距离不大于 10m 时，若该 SPD 的电压保护水平加上其两端引线的感应电压，小于被保护设备的耐压水平的 80% 时，则一般情况下在被保护设备处可不装 SPD。

6）在考虑系统内各级设备之间的电压保护水平时，若线路无屏蔽还应计及线路的感应电压。此感应电压应进行相关计算，计算所取的雷电流参量应按首次以后雷击的雷电流参量选取。

7) 为使 SPD 安装处呈现的最大电涌电压足够低，SPD 两端的引线应做到最短（两端引线总长度不宜大于 0.5m）并且要避免形成过大环路，以获得最佳保护效果。

8) SPD 的连接线和接地线导体截面。SPD 的连接线和接地线一般采用多股铜线，其接地线截面积应大于连接线（上引线）的截面积，并按与 SPD 连接的等电位联结排主接地线截面积的 50％确定。安装在电气装置电源进线端或靠近进线处的 SPD 接地线，其最小截面积应为不小于 4mm² 的多股铜线（对 Ⅱ 级试验的 SPD）。对装设于具有防直击雷保护系统中的 Ⅰ 级分类试验的电涌保护器，其接地线的最小截面积宜为不小于 16mm² 的多股铜线。信号线或数据线用 SPD 的接地线应为截面积不小于 2.5mm² 的多股铜线。

9) 根据配电系统的接地形式及剩余动作电流保护器安装位置的不同，SPD 的安装位置及个数也不相同。

第六章　电气环境安全

本章主要介绍电气火灾的预防、静电的产生与消除、电磁污染与电磁兼容。通过本章学习，了解电气火灾的产生原因及特点，静电的产生与危害，常见干扰源及特性；掌握电气火灾的预防措施、静电的消除以及电磁干扰的防护措施，为建立良好的电气环境学习必要的基础知识。

第一节　电气火灾的预防

电是能源形式之一，它是现代文明的基础，是衡量一个国家现代化程度的标志，也是决定其发展速度的重要因素。随着我国经济建设的发展，电作为一种潜在点火源，也悄悄地进入了生产和生活的各个方面，走进了千家万户。

电气火灾作为一种新的灾害，在城乡经济日益繁荣的形势下，给人民的生命财产造成的损失也与日俱增。根据我国消防部门统计，我国自20世纪80年代以来，电气火灾在全国总火灾中占的比例呈现上升的趋势，从国外统计来看，电气火灾次数在总火灾中也占有相当的比例。

电气火灾事故除可能造成人身伤亡和设备损坏外，还可能造成系统大面积停电或长时间停电，给国民经济造成重大损失和产生重大政治影响，为此，了解电气火灾发生机理和制定预防电气火灾的措施是非常重要的。

一、电气火灾

（一）电气火灾与电气安全

由于电气方面的原因，例如电气设备过载、短路、漏电、电火花或电弧等产生的火源而引起的火灾称为电气火灾。

为了抑制电气火源的产生而采取的各种技术措施和安全管理措施，称为电气防火。电气防火是研究电气火灾形成机理及电气安全防火设施，防止电气火灾事故发生的一门科学。电气防火与电气安全既密切相关又有所区别。电气安全包括电气防火，电气防火是电气安全的重要内容。电气防火是以防火为基本出发点，研究如何防止火灾发生，以保证人的生命和财产安全，以及如何使火灾损失减小到最低限度。而电气安全则是以安全生产及人身安全为基本出发点，研究如何用电气技术手段保障电气设备在生产过程中的安全运转，为人们创造安全劳动条件，从而提高劳动生产率。不管是电气火灾事故，还是电气安全事故，就其事故发生的规律来讲，对于不同的工业部门也不尽相同，它们都具有一定的统计特性，这是学习时要注意的问题。

（二）电气火灾的火源

1. 电气明火

电气火灾事故当中由于电气明火所引起的事故概率最高。电气明火最容易点燃可燃物质，电气明火大多数是电弧和电火花。电火花是电极之间放电的结果。电弧是由大量密集电火花所构成的，它的温度可达 3000℃ 以上。电火花和电弧是电气火灾事故中最常见的。它们可能是工作中需要的（例如电焊），也可能是故障造成的（例如短路故障引起火花，大负载导线联接松动引起火花及静电产生的火花等），这些电气明火如果碰到了可燃物，就可能着火而蔓延成火灾。

2. 高温自燃

白炽灯特别是高压汞灯、卤钨灯、舞厅灯等，其工作时表面温度很高，若长期离可燃物太近，很容易达到其自燃温度而起燃，电缆电线或电气设备的表面绝缘材料不同，所能承受的温度也不同，如果超负载运行，或延长时间过载运行，温度过高会引起表面绝缘材料的燃烧。

3. 爆炸引起的火源着火

一些带有油浸的电气设备，如油断路器、油浸式电容器、油浸式电力变压器等，如发生故障时形成过热或绝缘破坏后引起的电弧作用下，都会使故障点附近的绝缘物发生分解而产生易燃气体，引起高压力而爆炸起火，有些易爆的多粉尘场合，小小的静电火花也可能引起爆炸起火。

二、电气火灾的原因及特点

（一）电气火灾的原因

电气火灾的直接原因是多种多样的，例如过负荷、短路、接触不良、电弧火花、漏电、雷电或静电等都能引起火灾。此外，还有人为原因，思想麻痹，疏忽大意，不遵守有关防火规范，违犯操作规程等。从电气防火角度看，电气线路和电气设备的选用不当、电气设备质量差、使用不合理、保养不良、雷击和静电是造成电气火灾的几个重要原因。

1. 电气设备安装使用不当

（1）过负荷　所谓过负荷，是指电气设备或导线的功率和电流超过了其额定值。造成过负荷的原因主要有以下几个方面：

1）设计、安装时选型不正确，使电气设备的额定容量小于实际负荷容量。

2）设计、安装线路时，电线、电缆截面选择不当，实际负荷超过了电线、电缆的安全载流量。

3）设备或导线随意装接，增加负荷，造成超载运行。

4）检修、维护不及时，使设备或导线长期处于带病运行状态。

电气设备或导线的绝缘材料，大都是可燃材料。属于有机绝缘材料的有油、纸、麻、丝和棉的纺织品、树脂、沥青、漆、塑料、橡胶等。只有少数属于无机材料，例如陶瓷、石棉和云母等。过负荷使导体中的电能转变成热能，当导体和绝缘局部过热，达到一定温度时，就会引起火灾。

（2）短路 短路是电气设备最严重的一种故障状态，产生短路的主要原因有：

1）电气设备和导线的选用和安装与使用环境不一致，致使其设备和导线绝缘在高温、潮湿、有腐蚀环境中使用而受到破坏。

2）电气设备和导线使用年限过长，超过使用寿命，使绝缘老化发脆。

3）过电压使电气设备和导线绝缘击穿。

4）安装、修理人员错误操作或把电源投向故障线路。

短路时，在短路点或导线连接松弛的电气接点处产生很高的温度和热量，大大地超过了电气设备和导线正常工作时的发热量，可能使绝缘层燃烧，金属熔化，引起附近的可燃物燃烧，造成火灾。

（3）电火花和电弧 电火花是两电极间放电产生的结果。电弧是大量密集电火花构成的。产生电火花、电弧的原因是：

1）导线绝缘损坏或导线断裂，形成短路或接地时，在短路点和接地处将有强烈电弧产生。

2）过负荷导线连接处会接触不良和氧化松动，在松动处会产生电火花和电弧。

3）架空的裸导线、混线相碰或在风雨中短路，各种电气开关在接通或切断电路，熔断器的熔丝熔断，以及在带电情况下检修或操作电气设备时，都会有电火花或电弧产生。

电弧温度很高，一般可达 6000℃ 以上，不但可以引燃它本身的绝缘材料，还可将它附近的可燃材料、蒸气和粉尘引燃。电弧还可能是由于接地装置不良或电气设备与接地装置间距过小，过电压时使空气击穿引起的。

（4）接触不良 接触不良主要发生在导线、电缆连接处，如：

1）安装质量差，造成导线与导线、导线与电气设备的连接点连接不牢。

2）电气接头长期运行，产生导电不良的氧化膜，未及时清除。

3）电气接头表面污损、腐蚀、接触电阻增加。

4）电气接头由于热作用或长期振动，使接头松动。

5）铜铝连接处，因有约 1.69V 电位差的存在，潮湿时会发生电解作用，使铝腐蚀，造成接触不良。

接触不良，造成接触电阻过大，接触电阻过大会使接触点处过热，引起金属变色、熔化，甚至导致电气线路的绝缘层燃烧、附近的可燃物质以及积落的可燃粉尘、纤维着火。

（5）烘烤 电热器具，如电炉、电加热器、电熨斗等，照明灯泡，在正常通电的状态下，就相当于一个火源或高温热源。当其安装不当或长期通电无人监护管理时，就可能使附近的可燃物受高温而起火。

（6）摩擦 发电机和电动机等旋转型电气设备，轴承出现润滑不良，会干磨发热，或虽润滑正常，但出现高速旋转，都会引起火灾。

2. 雷电

雷电是在大气中产生的，雷云是大气电荷的载体，当雷云与地面建筑物或构筑物接近到一定距离时，雷云高电位就会把空气击穿放电，产生闪电、雷鸣现象。雷云电位可达 1 万～10

万 kV，雷电流可达 50kA，若以 1/100000s 的时间放电，其放电能量约为 10^7J（10^7W·s），这个能量约为人致死或易燃易爆物质点火能量的 100 万倍，足可使人死亡或引起火灾。

雷电的危害类型除直击雷外，还有感应雷（含静电感应和电磁感应）、雷电反击、雷电波侵入和球雷等。这些雷电的危害形式的共同特点就是放电时总要伴随机械力、高温和强烈的火花产生，使建筑物、输电线或电气设备损坏，油罐爆炸，场堆着火。黄岛油库因球雷起火，就是一例。

3. 静电

所谓静电，就是物体中正负电荷处于平衡状态或静止状态下的电。当物体中平衡状态遭到破坏时，物体才显电性，静电是由摩擦或感应产生的。静电起电有两种方式，第一种方式是不同物体相互摩擦、接触、分离起电。比如使用传动带将动力传送给生产机械，当传动带在金属滑轮上滑动时，传动带和金属滑轮之间发生摩擦，当它们分离时，传动带上就会形成电荷，呈现出带电现象。电荷不断积聚形成高电位，在一定条件下，就会对金属放电，产生有足够能量的强烈火花。此火花能使飞花麻絮、粉尘、可燃蒸气及易燃液体燃烧。第二种方式是静电带电体使附近非带电体感应起电。比如处于石油贮罐上方的带电雷云，会使油罐起电。当雷云迅速消失或对地发生瞬间放电后，油罐上的不平衡电荷，就会发生移动，形成电流，产生火花，点燃可燃或易燃液体。在工业生产中，人体带电也有类似的情况，如带静电的甲走近乙，使乙感应产生异性电荷，当甲离开乙时，乙身上的异性电荷就会流动，对金属放电，使乙产生电击，甚至产生静电火花，点燃四周的爆炸混合物，发生静电火灾事故。

近几十年来，随着石油化工、塑料、橡胶、化纤、造纸、金属磨粉等工业的发展，静电火灾愈来愈受到人们的高度重视。

（二）电气火灾的特点

从调查发生的大量电气火灾的情况来看，电气火灾的发生有着明显的时间性和季节性特点；电气火灾最容易在自然灾害时发生；而麻痹大意、对电气设备维护管理不善，则更是发生电气火灾的重要特点。

1. 电气火灾的时间性特点

电气火灾往往发生在节日、假日或夜间。这是因为个别从事电气操作的人员，责任心差，漫不经心，疏忽大意，节、假日或临下班之前，对于电气设备、热源和火源不进行妥善处置，便仓促离去，留下了火灾的隐患。有的是临下班时，电气设备停了电，操作人员一看，电动机不再转动，电热设备不再发热，也不拉断电气开关、拔掉插销、切断电源，便离开现场，待以后突然来电，或者因为电气设备起动电流过大就有可能发生火灾，也有可能是由于电热工具处理不当而发生火灾。而一旦在失火之后又往往是因为节、假日或夜间现场无人，难以及时发现，极易蔓延扩大成灾。

2. 电气火灾的季节性特点

电气火灾易发生在夏、冬季节。夏季风雨天多、气候变化大，雷电活动也比较剧烈。在风雨天里，某些强度不够的架空线路的电杆、横担和导线，经不起风雨的侵袭，会发生倒杆、混线、断线和短路起火等事故。有的架空线距树枝较近，风雨时，树枝碰线放电，也会造成火灾。电缆线路也会受潮气影响发生短路击穿现象。露天安装的电气设备，如混凝土搅拌机淋雨进水，使绝缘受损，在运行中就有可能短路起火。

夏季气温较高，有些电气设备在运行中发热量较大，如变压器、电容器等，还有某些电线的接头接触不良也会发热。周围环境温度较高时，对电气设备的发热程度有很大影响，如维护管理不善，积蓄的热量过多，就会破坏设备的绝缘，影响电气设备工作的可靠性和寿命；雷电活动频繁，导致避雷系统故障，引起雷击火灾。

冬季多风，而且受北方冷空气影响风力较大，某些安装松弛、弧垂较大的架空线，在大风影响下容易产生舞动，使导线间摩擦相蹭放电起火。冬季天寒，有的用电炉或灯泡取暖，有的使用热风幕，如果处置不当，电热元件靠近了易燃品，就会发生火灾。冬季昼短夜长，动力和照明时间延长，相对地说，动力和照明用电量就增大了，因此局部地方超过用电安全过负荷的情况就时常出现，再加上值班人员容易失职减少检查次数和检修次数，使局部线路长期过负荷运行，形成过负荷火灾。由于冬季气候干燥，人们穿戴的化纤织物、毛织品或皮大衣最容易产生人体静电，易引起静电火灾。

3. 自然灾害引起的电气火灾

飓风、龙卷风、暴风骤雨、山洪、地震和滑坡等自然灾害具有极大的破坏力，可能使电气线路发生倒塌、倾斜、淹没等，造成短路和断线，从而酿成电气火灾。

三、电气火灾的预防措施

(一) 电气线路的防火措施

1. 架空线路的防火措施

架空线路是在空中输送电能的，电杆和电线是线路中的主要部件。电杆倒折，电线断落或弧垂过大，易发生线路短路，出现电火花、电弧。如果故障点周围或下面有可燃物，都可能引起火灾事故。因此，对架空线有如下要求：

1) 架空线路不得跨越易燃易爆物品仓库、有爆炸危险的场所、可燃助燃气体贮罐和易燃材料堆场等。

2) 当架空配电线路与这些有爆炸燃烧危险的设施较近时，必须保持不小于电杆高的1.5倍间距，35kV以上的电力架空线与储量超过200m³的液化石油气单罐的水平距离不应小于40m以防止发生倒杆断线事故时，导线松弛、风吹摇摆相碰而产生的电弧融熔物落到可燃易燃物上，引起燃烧和火灾。

2. 室内布线的防火措施

1) 室内布线所使用导线的耐压等级应高于线路的工作电压；其绝缘应符合线路安装方式和敷设环境条件，截面的安全电流应大于用电负荷电流并满足机械强度要求。

2) 根据使用环境选择导线的类型。一般场所可采用一般绝缘导线，特殊场所应采用特殊绝缘导线。如干燥无尘的场所可采用一般绝缘导线；潮湿场所应采用有保护层的绝缘导线，或在钢管内或塑料管内敷设普通绝缘线；在可燃粉尘和可燃纤维较多的场所，应采用有保护层的绝缘导线；有腐蚀性气体的场所，可采用铅包线、管子线（钢管涂耐酸漆）、硬塑料管线；高温场所应采用以石棉、瓷管、云母等作为绝缘的阻燃线；经常移动的电气设备应采用软线或软电缆。

3）由于三、四级耐火等级建筑物的闷顶内可燃建筑构件较多，有的还有易燃的保温材料，发生火灾时会迅速蔓延扩大，平时对闷顶内的线路进行维护管理也不方便，所以在闷顶内布线时要用金属管保护。

4）应尽量避免沿温度较高的管道或设备的表面敷设绝缘导线。在这些物体的表面敷设导线时，宜采用耐热线。在用可燃材料装修的场所的电气线路，应穿金属管或阻燃塑料管，安装有困难时，可采用有金属保护层的绝缘导线。

（二）电缆火灾的原因及防火措施

1. 电缆火灾的原因

常见的电缆火灾一是由于本身故障引起；二是由于外界原因引起，即火源或火种来自外部。据有关资料统计表明，外因引起的电缆火灾较多，只有少数是电缆本身故障引起的。其原因如下：

（1）电缆绝缘损坏 例如运输、施工过程中造成机械损伤，长期过负荷运行、接触不良加速绝缘老化进程，或绝缘达到使用寿命，以及短路故障，都将使绝缘遭到损坏，甚至发生过电压等。

（2）电缆头故障使绝缘自燃 例如施工质量差，电缆头不清洁降低了线间绝缘程度。

（3）堆积在电缆上的粉尘自燃起火 例如电厂锅炉操作盘下面的电缆架上，长期积粉无人清扫，在热风管道的高温烘烤下，引起自燃。另外，电缆过负荷时，电缆表面的高温也能使煤粉自燃起火。

（4）电焊火花引燃易燃品 该事故与对电缆沟管理不严格有关，当盖板不严密时，使沟内混入了油泥、木板等易燃物品。在地面上进行电焊或气焊时，焊渣和火星落入沟内引起火灾。

（5）电缆遇高温起火并蔓延

1）发电厂汽轮机油系统，因漏油遇到高温管道而引起火灾。

2）锅炉防爆门爆破，或锅炉焦块引燃电缆。

2. 电缆防火措施

电缆起火延燃的同时，往往伴生出大量有毒烟雾，因此使扑救困难，导致事故扩大，损失严重。防止电缆火灾发生的措施如下：

（1）远离热源和火源 使电缆通道尽可能远离蒸汽及油管道，其最小允许距离见表6-1。当现场实际距离小于表中数值时，应在接近或交叉段前后1m处采取保护措施。可燃气体或可燃液体管沟内不应敷设电缆。若敷设在热力管沟中，应有隔热措施。在具有爆炸和火灾危险的场所（如制氢站、油泵房等）也不应架空明敷电缆。

表 6-1 电缆与管道最小允许距离 (单位：mm)

名　　称	电力电缆		控制电缆	
	平　　行	交　　叉	平　　行	交　　叉
热力管道	1000	500	500	250
其他管道	150		100	

（2）隔离易燃易爆物　在容易受到外界起火影响的电缆地段，如汽轮机机头附近，锅炉零米层以上的架空电缆应采用防火槽盒，涂刷阻燃材料等，以防止火灾蔓延。对处于充油电气设备（如高压电流、电压互感器）附近的电缆沟，应密封好，或埋地、穿管敷设。

（3）封堵电缆孔洞　对通向控制室电缆夹层的孔洞、沟道、竖井的所有墙孔，楼板处电缆穿孔，以及控制柜、箱、表盘下部的电缆孔洞等，都必须用耐火材料严密封堵。决不能用木板等易燃物品承托或封堵，以防止电缆火灾向非火灾区蔓延。

封堵孔洞常用材料有防火堵料（有机或无机）、防火包和防火网三种。防火包和防火网主要应用在既要求防火又要求通风的地方。即正常时可保持良好通风条件，当发生火灾时利用其膨胀作用将孔洞堵死，防止火灾蔓延。

（4）防火分离　应设置防火墙、阻火夹层及阻火段，将火灾控制在一定电缆区段，以缩小火灾范围。在电缆隧道、沟及托架的下列部位应予以设置带门的防火墙；不同厂房或车间交界处，进入室内处，不同电压配电装置交界处，不同机组及主变压器的缆道连接处，隧道与主控、集控、网控室连接处，长距离缆道每隔100m处等，均应设置防火墙。电缆竖井可用阻火夹层分隔，电缆中间接头处可设阻火段达到防火目的。

电缆隧道内应按机、炉分片设置阻火墙或防火门。对同一隧道内的电缆应视其过负荷等级的重要程度，采取不同防火材料（如涂料、槽盒、包带等）予以分开。

（5）防止电缆因故障而自燃　对电缆构筑物要防止积灰、积水；确保电缆头的工艺质量，对集中的电缆头要用耐火板隔开，并对电缆头附近电缆刷防火涂料；高温处选用耐热电缆，对消防用电缆做耐火处理；加强通风，控制隧道温度，明敷电缆不得带麻被层。

（6）设置自动报警与灭火装置　可在电缆夹层、电缆隧道的适当位置设置自动报警与灭火装置。

（三）照明装置的火灾危险性及防火措施

电气照明是把电能转化为光能而发光的一种光源。照明灯具在工作过程中，往往要产生大量的热，致使其玻璃灯泡、灯管、灯座等表面温度较高。若灯具选用不当或发生故障时，会产生电火花、电弧；接触不良导致局部过热；导线和灯具的过负荷和过电压，会引起导线过热，以及灯具的爆碎；凡此种种，都会造成可燃气体、易燃蒸气和粉尘爆炸，或引起可燃物起火燃烧。另外，电气照明广泛应用于生产和生活的各个领域，人们司空见惯，往往容易忽视其防火安全，所以更增大了发生火灾的可能性。由于照明装置引起火灾的实例很多，损失惨重。所以关于照明装置防火应引起人们的足够重视。

1. 常用照明灯具的火灾危险性

（1）白炽灯　白炽灯的表面温度较高，在散热良好的条件下工作时，白炽灯的表面温度往往与其功率大小直接相关，参见表 6-2。在散热不良时，白炽灯表面温度则要高得多，并且功率越大，升温的速度也越快。

表 6-2 白炽灯在散热良好时表面温度

白炽灯功率/W	白炽灯表面温度/℃	白炽灯功率/W	白炽灯表面温度/℃
40	56～63	100	170～216
60	137～180	150	148～228
75	136～194	200	154～296

白炽灯距可燃物愈近，引起燃烧的时间就越短。由实验可知，白炽灯烤燃可燃物的时间和温度的关系见表 6-3。另外，白炽灯耐振性较差，易破碎。破碎后，高温玻璃碎片和高温灯丝溅落于可燃物上，也会引起火灾。

表 6-3 白炽灯烤燃可燃物的时间与温度

白炽灯功率/W	可 燃 物	烤燃时间/min	起火时温度/℃	放 置 形 式
100	稻草	2	360	卧式埋入
100	纸张（乱纸）	8	333～360	卧式埋入
100	棉絮	13	360～367	垂直紧贴
200	稻草	1	360	卧式埋入
200	纸张	12	360	垂直紧贴
200	棉絮	5	367	垂直紧贴
200	松木箱	57	398	垂直紧贴

（2）荧光灯 荧光灯的火灾危险性主要是镇流器发热烤燃可燃物。正常工作时，由于铜损和铁损使其有一定的温度，如果制造粗劣、散热不良或与灯管选配不合理，以及其他附件发生故障时，都会使其温度进一步升高，超过允许值。这样会破坏线圈的绝缘，甚至形成匝间短路，产生高温、电弧或火花，将会使周围可燃物发生燃烧，形成火灾。

（3）高压汞灯 正常工作时，同样功率的高压汞灯，其灯泡表面温度比白炽灯低。但通常情况下高压汞灯功率都比较大，因此发出的热量较大，温升速度快，表面温度高，如 400W 的高压汞灯，其表面温度为 180～250℃。另外，高压汞灯镇流器的火灾危险性与荧光灯镇流器的基本相似。

（4）卤钨灯 卤钨灯一般功率较大，温度较高。1000W 卤钨灯的石英玻璃管外表面温度可达 500～800℃，而其内壁温度则更高，约为 1600℃。因此卤钨灯不仅能在短时间内烤燃接触灯管外壁的可燃物，而且在长时间高温热辐射下，还能将距灯管一定距离的可燃物烤燃。卤钨灯的火灾危险性比其他照明灯具更大，事实上，它在公共场所和建筑工地引起的火灾较多，必须予以足够的重视。

2. 照明灯具的防火措施

1）严格按照环境场所的火灾危险性选用照明灯具，而且照明装置应与可燃物、可燃结构之间保持一定距离，严禁用纸、布或其他可燃物遮挡灯具。

2）在正对灯泡的下面，应尽可能不存放可燃物品。灯泡距地面高度一般不应低于 2m。

如必须低于此高度时，应采取必要的防护措施。

3）卤钨灯管附近的导线应采用耐热绝缘护套（如玻璃丝、石棉、瓷珠等护套导线），而不应采用具有延燃性绝缘导线，以免灯管高温破坏绝缘引起短路。

4）镇流器与灯管的电压和容量相匹配。镇流器安装时应注意通风散热，不准将镇流器直接固定在可燃物上，否则应用不燃的隔热材料进行隔离。

5）可燃吊顶内暗装的灯具功率不宜过大，并应以白炽灯或荧光灯为主，而且灯具上方应保持一定的空间，以利散热。另外，暗装灯具及其发热附件周围应用不燃材料（石棉板或石棉布）做好防火隔热处理，或在可燃材料上刷防火涂料。

6）在室外必须选用防水型灯具；应有防溅设施，防止水滴溅到高温的灯泡表面，使灯泡炸裂。灯泡破碎后，应及时更换。

7）各类照明供电的附件必须符合电流、电压等级要求。

除此之外，照明装置其他部分也存在一定的火灾危险性，故要做好照明线路、灯座、开关、挂线盒等设备的防火。

（四）电热设备的火灾原因及防火措施

电热设备是将电能转换成热能的一种用电设备，常用的电热设备有电炉、电烘箱、电烙铁、电熨斗、电热风幕等。这些设备大多数功率较大、工作温度较高，稍有不慎就会引起火灾。

1. 电热设备的火灾原因

（1）绝缘损坏　电热设备的温度很高，大型电炉如果绝热损坏，会在炉口、炉壁处出现高温，有可能引燃附近的可燃物。

（2）电热设备安置不当　如在易燃易爆场所使用开启式电热设备，电炉周围有可燃物，电炉位置安装不当，电熨斗、电烙铁等电热设备不慎放在可燃物上，都有可能引起火灾。

（3）加热温度过高　加热时间过长，操作人员没有遵守工艺要求和有关的安全操作规定。

（4）导线过载荷　电流量超过安全载流量，会使导线温度过高，有可能引燃绝缘，甚至短路而引起火灾。

2. 电热设备的防火措施

1）电热设备附近不得堆放可燃物，使用时要有专人管理，使用后、下班时或停电后必须切断电源。

2）通电后的电熨斗，当暂时不用时要搁放在砖块、石棉板等绝热材料上，切不可放在木板上；电熨斗切断电源后，尚有相当高的余热，也不能立即放在可燃物上。

3）使用电烘烤箱时，如物件沾有油漆及其他可燃液体，应待这些可燃液体不会滴落后再放入烘箱内，如烘烤的为可燃物件，应固定在非燃烧材料的支架上。

4）工厂企业、机关、学校等单位应严格控制非生产、非工作需要而使用生活电炉，禁止个人违反制度私用电炉。

5）在有可燃气体、蒸气和粉尘的房屋，不宜装设电热设备。

（五）变压器的火灾原因及防火措施

油浸式电力变压器内部的绝缘衬垫和骨架，大多用纸板、棉纱、布、木材等有机可燃物质制成，油箱内充有大量的绝缘油。如 1000kV·A 的变压器中，大约有木材 0.012m³，纸料 40kg，绝缘油 1t。

变压器油是饱和的碳氢化合物，其闪点为 135℃。绝缘油和固体有机可燃物，在变压器长期过负荷而使绝缘老化发生短路，或由于内部故障，都能引起电弧，轻则喷油冒火，重则由于电弧的高温，迅速使油汽化分解，使变压器内部的压力急剧增加，造成外壳爆裂大量喷油。油流的扩展又会扩大火灾的危害，所以运行中的变压器存在着燃烧和爆裂的危险。

1. 导致变压器的火灾原因

油浸式电力变压器内部充有大量绝缘油，同时还有一定数量的可燃物，如遇到高温、火花和电弧，容易引起火灾和爆炸事故。变压器发生火灾大致有以下原因：

1）由于变压器质量不良、检修失当、长期过负荷运行等，使内部线圈绝缘老化，发生短路，从而使变压器线圈和变压器油过热。

2）安装检修变压器时注意不够，碰坏绝缘或对油质不良、漏油渗油、套管破裂进水受潮等问题没及时妥善处理。

3）变压器的绝缘维修保养不够，也会出现匝间短路、相间短路、层间短路，以及线圈靠近油箱部分的绝缘击穿，发生火灾事故。

4）变压器铁心的硅钢片之间，由于某种原因，而使绝缘破坏形成涡流，造成铁心过热，引起燃烧。

5）变压器油质劣化、雷击或操作过电压使油中产生电弧闪络；油箱漏油，也会影响油的热循环，从而使散热能力下降，导致过热。

6）用电设备过负荷、故障短路和外力使瓷绝缘子损坏。此种情况发生时，如果变压器保护装置不当时，引起变压器过热。

2. 变压器的防火措施

1）设计选型时，要选用优质产品，在安装前要进行严格的检查试验。特别是油箱强度、各部位强度要相同，这对承受较大内压、对切除故障后及时灭弧是十分有效的。按照规定"变压器应能承受二次线端的突发短路作用而无损坏"。另外，防爆管的直径和形状也要与容量相适应，尽可能避免急剧弯曲或截面的变化。

2）安装变压器时，应根据有关防火规范予以安装，并应检查绝缘和使用条件，使之符合制造厂的规定。

3）大容量变压器应放置于单独变压器室内，与配电室或其他房间用耐火实体墙分隔。如配电室的门，应采用防火门。变压器的通风门应向外开启。

4）要保持变压器良好的通风环境，夏季的排风温度不宜大于 45℃，进风和排风温度差不宜大于 15℃。

5）应经常检查和测量变压器的负荷变化情况，防止过负荷运行。

6）应对变压器的电气性能进行定期检查试验，对变压器也要取样检验，监督是否老化和受潮。

7）设置完善的变压器保护装置，按照设计规范，对不同容量等级和使用环境的变压器选用熔断器、过电流继电器的保护装置以及气体继电器保护、信号温度计的保护等。从而使变压器故障时，能及时发现并切除电源。

8）注意运行和维护工作。搞好巡视检查及时发现异常声音、异常温度等，变压器不宜过负荷运行，过负荷不得超过有关规定值。

（六）油断路器的火灾危险性及防火措施

油断路器在运行中，必须时刻注意油箱内油量，符合油标规定的要求，若油量过多，空气减小，切断大电流时，使油箱所受压力增高，这就可能造成油箱爆炸；若油量过少，会使油气、氢气从油中析出时，路径过短，使其在油中没有得到足够冷却，就与油面上部空间的油气混合物接触，有可能将其引燃，发生爆炸、火灾危险。

油断路器潜在的火灾危险性除油面过高，或过低外，还可能是：

1）断路器的断流能力不够，切不断电弧，并且可能造成相间短路和产生强烈电弧，引起燃烧和爆炸。

2）操动机构调整不当（脱扣弹簧老化或螺杆松动），会使操作时动作缓慢或合闸后接触不良。当电弧不能及时被切断和熄灭时，便可能引起爆炸和燃烧。

3）油质不洁含有杂质，长期运行老化受潮，分闸时能引起油断路器内部闪络。

4）当油断路器进出线通过的绝缘套管和油箱盖密封不好，油箱内进水受潮或绝缘套管和油箱顶盖上油污过多，以及有小动物跨接时，都可能造成对地绝缘的击穿，从而引起油断路器着火爆炸。

油断路器的防火措施是：

1）油断路器的断流容量必须大于电力系统在其装设处的短路容量。

2）安装前要严格检查，应符合制造厂的技术要求。

3）经常检修和进行操作试验，保证机件灵活好用；定期试验绝缘性能，及时发现、消除缺陷。

4）保证油箱内油面适当，油量不足时，应按油标添到标准线，并应防止油箱和充油套管渗油和漏油。对绝缘油要经常监督油质的变化。

5）发现油温过高应采取措施，取出油样进行化验，如油色发黑、闪点降低、有可燃气体逸出，应换新油，这些现象也同时说明触头存在故障，应及时进行检修。

6）应注意绝缘套管有无裂纹，并保持绝缘套管的清洁。

7）油断路器切断较严重的故障电流后，应检查触头是否有烧损现象。

8）油断路器与电气回路的连接要紧密，以防接头发热。对电气回路连接处接头的运行温度可采用试温蜡片进行观察。

（七）电焊的防火措施

1）进行焊接作业，应严格执行用火审批制度，须经本单位安全部门及有关人员同意后，方可在规定的时间和地点进行焊接。

2）焊接操作必须由经过培训并有上岗证的人员进行，并对其加强思想和消防专业知识的培训教育，提高警惕，重视安全。

3）焊接操作应选择在安全地点进行，要与易爆易燃仓库、油罐、气柜、堆垛等保持一定的安全距离，尽量远离正在生产易燃易爆产品的设备、装置、容器和管道。存在火灾、爆炸危险的场所内一般不进行电焊作业，需要检修的设备应拆卸至安全地点修理；必须在火灾、危险场所内进行电焊作业时，应严格执行防火制度。

4）对盛装过汽油、煤油、苯及其他易燃液体的桶和罐，在对其焊接之前，要认真进行处理。对积存可燃气体和蒸气的管沟、深坑、下水道内及其周围，没有消除危险之前，不能进行焊接作业；在空心间壁墙、临时简易建筑、简易仓库、有可燃建筑构件的顶栅内和可燃易燃物质堆垛附近，不宜进行焊割作业。

5）焊接工具必须完全良好。电焊机和电源线的绝缘要可靠，导线要有足够的截面，并安装符合要求的熔件。电焊绝缘破损时，应及时处理更换，以防发生事故。

6）电焊与气焊如在同一地点操作时，电焊的导线与气焊的管线不可敷设在一起，应保持 10m 以上的距离，以免互相影响发生危险。

7）不能利用与易燃易爆生产设备有联系的金属构件作为电焊地线，如输油和输气管线等，以防止在电气通路不良的地方产生高温或电火花，引起着火或爆炸。

8）当需要检修输送和贮存易燃液体及可燃气体的管道设备，与其他不停止运转的设备互相连通时，应将相连的管道拆除或加死堵隔绝，以防止易燃液体和可燃气体窜入检修的设备和管道内，在点火时发生爆炸或燃烧。进行作业时应备有干粉灭火器或其他简易灭火工具。最好将检修的管道拆卸到安全地点进行焊接修理。

9）焊接和切割后要特别注意对安全设施的检查，及时检查焊接质量是否达到了技术要求等。同时要清除现场上一些火种，关闭电源，对焊工所穿的衣服要进行检查，看是否有隐燃等。

（八）异步电动机火灾危险性及防火措施

异步电动机的火灾危险性是由其内部和外部的诸如制造工艺和操作运行等种种原因所造成的发热而引起的。主要有：电源电压波动过大和频率过低；电动机运行中发生过负荷和堵转（卡住）、碰壳（定子与转子相碰）；电动机绝缘破坏，产生漏电，甚至发生相间和匝间短路；电刷火花和接触电阻过大及轴承过热也能引起绝缘燃烧及其周围可燃物起火。

可见，异步电动机事故形成乃至起火既有电气方面的原因，也有机械方面的原因。主要有以下几点：

（1）过负荷 过负荷即是由电动机所带机械负荷大于电动机额定输出机械功率，电压过低或被带动的机械卡住等因素造成的。引起绕组过热，甚至烧毁电动机，或引燃周围可燃物而酿成火灾。

（2）电动机绕组短路 由于保养不善，线圈受潮，绝缘能力下降；检修时垫圈、小石子等硬物不慎落入机体内，损坏了绝缘，这些都会形成匝间短路，迅速引起发热。

（3）三相电动机两相运行 三相线路中有一相熔断，或绕组断路，由于未断路的两相电流增大，会使两相绕组烧焦，电动机迅速发热。

（4）转动不灵 由于轴承磨损，缺少润滑油，使电动机轴转动不灵，甚至被卡住，也会使电动机发热起火。

（5）选用不当 在有火灾爆炸危险性的场所，应选用防爆型或防爆通风型电动机，结果选用了防护式电动机，当电动机发生故障时，产生的高温、火花、电弧会引燃可燃物或爆炸性混合物造成火灾和爆炸事故。在潮湿场所，如选用防护式电动机，往往因绕组受潮而破坏绝缘，烧毁电动机。

（6）摩擦生热 电动机在旋转过程中，如果轴承磨损或轴承球体被碾碎，或轴承上缠有杂物、电动机轴承被卡住等就会造成过热高温，烧毁电动机或引燃可燃物。

此外开启式电动机吸入的纤维粉尘过多而堵风道等原因，使电动机的转子与定子在起动或运行中，发生摩擦、碰撞打出火花及绕线转子电动机的电刷火花，都可能引起周围易燃易爆物质的燃烧爆炸。

电动机的火灾预防措施有：

1）合理地选择电动机的功率。若功率选得太小，会造成"小马拉大车"现象，使之长时间过负荷运行，会加速电动机绝缘老化损坏，甚至烧毁电动机。功率选得太大，使出力得不到充分利用而浪费，使电动机功率因数和效率降低，加大电网的无功功率，这不仅增加了设备费用，同时运行也不经济。

2）根据电动机使用环境的特征，同时考虑防爆、防潮、防腐蚀、防尘等情况，选择不同的电动机。

3）电动机应安装在非燃烧材料的基座上，如安装在可燃的基座上时，应在基座上铺设金属板。与可燃建筑物结构或可燃物质之间应有适当距离，一般要求在 1m 以上。电动机与墙壁之间，或成列装设的电动机，当一侧已有通道时，则另一侧的净距应不小于 0.3m。电动机与低压配电设配的裸露部分的距离不得小于 1m。

4）正确合理选择起动方式。电动机上必须装置独立的操作开关，安装适当的短路、过负荷、失电压和过热等保护装置。目前电动机上的保护装置主要有短路电流保护、长期过负荷的热保护、短时过负荷最大电流保护、失电压保护、过热保护、零序保护等。

5）电动机所配用电源线靠近电动机的一段，必须用金属软管线、塑料套或塑料管保护。软管与电源管连接处必须用乳头夹牢、固定；另一端与电动机进线盒连接处，也应作固定支点。

6）电动机起动次数不能太多，一般不超过 3～15 次，热状态下连续起动次数不能超过 1～2 次，以免电动机过热烧毁而引起火灾。

7）加强对电动机的管理监视。电动机的运行状态，可从线电流的大小、温度的高低、声音的差异等特征察觉出来，发现异常现象，应及时查明原因并排除不安全因素。

第二节 静电的产生与消除

电子技术和高分子化学技术是高科技发展历程中的两个重要方面。

微电子产品设计的小型化和高度集成化，与之相适应的加工技术日趋微、细、精、薄，使得人们对静电危害不可忽视。随着电子技术和产品向国民经济各部门的广泛渗透，静电的影响面越加普遍。

正是由于高分子化学技术的发展，促成了高分子材料在工业、国防和人民生活各个方面的广泛应用。普通高分子材料的特点之一就是它具有很高的电阻率，使其特别易于产生静电。

静电造成的故障与危害，通称静电障害。从传统的观点来看，它是化工、石油、粉碎加工等行业引起火灾、爆炸等事故的主要诱发因素之一，也是亚麻、化纤等纺织行业加工过程中的质量及安全事故隐患之一，还是造成人体电击危害的重要原因之一。因此，静电防护是各行业最为关注的安全问题之一。

随着高科技的发展，静电障害所造成的后果已突破了安全问题的界限。静电放电造成的频谱干扰危害，是在电子、通信、航空、航天以及一切应用现代电子设备、仪器的场合导致设备运转故障、信号丢失、误码的直接原因之一。例如，电子计算机和程控交换机是两种有代表性的现代电子设备，如安装和使用环境不当，它们的工作都会受到静电的困扰。此外，静电造成敏感电子元器件的潜在失效，是降低电子产品工作可靠性的重要因素。

降低静电障害的最有效手段是实施防护。因为，静电作为一种自然现象，不让它产生几乎是不可能的，但把它的存在控制在危险水平以下，使其造成的障害尽可能小，则是可能的。有效地进行静电防护与控制，依赖于对静电现象的认识和对其发生、存在、清除的控制，依赖于掌握和了解静电与环境条件的关联性和静电发生的规律。

一、静电的产生与危害

（一）静电的产生

与电流相比，静电是相对静止电荷。它广泛地存在于生产、生活和自然界中，如雷云带电、摩擦带电，以及人们用于静电喷漆、静电除尘、静电选矿、静电植绒、静电复印、驻极体应用等的高压静电都属于这类电荷。

摩擦起电是早已被人类发现的现象，但是对摩擦起电的物理描述则是近几十年随着量子力学的发展才得以说明的。现在已经从理论上阐明了只要两个物体之间存在着运动或摩擦，任何时候都会产生静电。特别是当两个物体各不相同，或存在静电感应时，尤为如此。当两个物体接触时，电子就会从一个物体转移至另一个物体。若两个物体或其中一个是非导体时，两者分离之后，不可能马上恢复电中性。结果，一个物体积蓄了负电荷，另一个物体上积蓄等量而异性的正电荷。如果物体表面每100000个原子获得或失掉一个电子，即可视为带电程度很高了。

积蓄的电荷若能迅速泄掉，则问题就不复存在了。但是若积蓄电荷因受限不能很快泄掉，且在某些点上，电荷积蓄得足够多时，就会跳向附近电位低的物体而形成火花。

在实际的工业生产和生活中，大多数的静电都是由于不同物质的接触和分离或相互摩擦而产生的。例如，生产工艺中的挤压、切割、搅拌、喷溅、流动和过滤及日常生活中的行走、起立、穿脱衣服都会产生静电。因为不同物质中的电子脱离该物质所需要的能量数值和条件不同，结果就使一种物质带正电，另一种物质带负电，如图6-1所示。

静电数值大小与物质的性质、运动的速度、接触的压力以及环境条件都有关系。

（二）静电的危害

静电的危害包括四个方面：①呈现静电力学作用或高压击穿作用，主要是使产品质量下降或造成生产故障；②呈现高压静电对人体生理机能的作用，即所谓的"人体电击"；③静电放电过程，将电场能转换成声、光、热能的形式，热能可作为火源使易燃气体、可燃液体

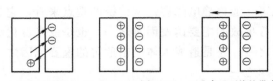

a) 电荷转移　　b) 介面上形成偶电层　c) 分离后两物体带电

图 6-1　物体因接触和分离产生静电的原理示意图

或爆炸性粉尘发生火灾或爆炸事故；④静电放电过程所产生的电磁场是射频辐射源，对无线电通信是干扰源，对电子计算机会产生误动作，影响设备正常工作。

1. 静电放电的危害

（1）引发火灾和爆炸事故　爆炸和火灾是静电最大的危害。静电放电形成点火源并引发燃烧和爆炸事故，需要同时具备下述三个条件：

1）发生静电放电时产生放电火花。

2）在静电放电火花间隙中有可燃气体或可燃粉尘与空气所形成的混合物，并在爆炸浓度极限范围之内。

3）静电放电量大于或等于爆炸性混合物的最小点火能量。

只要上述三个条件同时具备，就存在引发燃烧和爆炸的可能性，至于是否一定引发事故只是个几率问题。因而从安全防护的角度是不允许这样的条件满足的。

静电放电引发爆炸事故的几率取决于放电能量。在火花放电、刷形放电、表面放电和电晕放电四种静电放电形式中，以火花放电最危险。

在可燃液体、气体的输送和贮存，面粉、锯末、煤粉、纺织等作业的场所都有静电产生，而这些场所空气中常有气体、蒸汽爆炸混合物或有粉尘、纤维爆炸混合物，火花放电最有可能导致火灾甚至爆炸。

（2）造成人体电击　虽然在通常的生产工艺过程中产生的静电量很小，静电所引起的电击一般尚不至于置人于死命，但却可能发生指尖负伤或手指麻木等机能性损伤或引起恐怖情绪等，更重要的是可能会因此而引起坠落、摔倒等二次事故；电击还可能使工作人员精神紧张引起操作事故。

（3）造成产品损害　静电放电对产品造成的危害包括工艺加工过程中的危害（降低成品率）和产品性能危害（降低性能或工作可靠性）。

静电放电造成产品损害主要表现于对易于遭受静电放电损害的敏感电子产品，特别是半导体集成电路和半导体分立器件的损害。其他行业的产品，例如照相胶片，也会因静电放电而引起斑痕损伤。

（4）造成对电子设备正常运行的工作干扰　静电放电时可产生频带从几百千赫兹到几十兆赫兹、幅值高达几十毫伏的宽带电磁脉冲干扰，这种干扰可以通过多种途径耦合到电子计算机及其他电子设备的低电平数字电路中，导致电路电平发生翻转效应，出现误动作。静电放电造成的杂波干扰，无论是以电容性或电感性耦合，或通过有关信号通道直接进入设备或仪器的接收回路，除了使电路发生误动作外，还可能造成间歇式或干扰式失效、信息丢失或功能暂时遭到破坏，但可能对硬件无明显损伤。一旦静电放电结束和干扰停止，仪器设备的工作有可能恢复正常，重新输入新的工作信号仍能重新起动并继续工作。但是，在电子设备和仪器发生干扰失效后，由于有潜在损伤，以后的工作过程中可能会因静电放电或其他原因使电子元器件过载并最终引起致命失效。而且，这种失效无规律可循。

2. 静电库仑力作用危害

积聚于物体上的静电荷，将在其周围空间产生电场。电场中的物体将会受到静电库仑力的作用。一般情况下，物体所产生的静电，其静电力在每平方米几牛顿的水平上，这虽然只是磁铁作用力的万分之一，但它对于轻细的毛发、纸屑、尘埃、纤维等足以产生明显的吸附作用。正是这种库仑力的吸附，对不同行业、不同生产环境与条件以及不同产品，构成了各种各样的危害。

1）纺织行业中的化纤及棉纱，在梳棉、纺纱、整理和漂染等工艺过程中，因摩擦产生静电，其库仑力的作用可造成根丝飘动、纱线松散、缠花断头、招灰等，既影响织品质量，又可能造成纱线纠结、缠辊、布品收卷不齐等，影响生产的正常进行。

2）造纸行业中，由于纸张传递速度高，与金属辊筒摩擦产生静电，往往造成收卷困难，并吸污量增大而降低质量。纸张与油墨、机器接触摩擦而带静电，造成纸张"黏结"或数张不齐、套印不准，影响印刷质量。

3）橡胶工业中的合成橡胶从苯槽中出来时，静电电位可高达 250kV，压延机压出产品静电位高达 80kV，涂胶机静电位达 30kV，由于静电库仑力作用可造成吸污，使制品质量下降。

4）水泥加工中，水泥块利用钢球研磨机将物料研细，由于干燥的水泥粉和钢球带有异性电荷，粉末吸附于钢球表面，降低了生产效率并使水泥成品粉粒粗细不均，影响质量。

5）电子工业中制造半导体器件过程中，广泛使用石英及高分子物质制作的器具和材料，由于它们具有高绝缘性，在生产过程中可集聚大量电荷而产生强的静电。如此高的静电，其力学作用会使车间空气中的浮游尘埃吸附于半导体芯片上。由于芯片上元器件密度极高和线宽极细，故即使尺寸很小的尘埃粒子或纤维束也会造成产品极间短路而使成品率下降。同时，吸附尘埃的存在和它们的可游动性，还是导致潜在失效的一种不稳定因素。

3. 静电感应危害

在静电带电体周围，在其电力线作用所及的范围内，将使处在此区域中的孤立（即与地绝缘）导体与半导体表面上产生感应电荷，其中与带电体接近的表面带上与带电体符号相反的电荷，另一端则带上与带电体符号相同的电荷。由于整个物体与地绝缘，电荷不泄漏，故其所带正负电荷由于带电体电场的作用而维持平衡状态，但总电量为零。但是，物体表面正负电荷完全分离的这种存在状态，使其充分具有静电带电本性。显然，其电位的幅值取决于原带电体所形成的电场强度。

静电感应是使物体带电的一种方巧。因此，感应带电体既可产生库仑力吸附，又可与其他相邻近的物体发生静电放电，并造成这两类模式的各种危害。例如，电子元器件在加工制造过程中，因各种原因产生的静电还可能在器件引线、加工工具、包装容器上感应出较高的静电电压，并由此引起半成品和成品的静电损害。

二、静电参数

静电学属于一门边缘学科，它在电学基础上衍生，并继承和借鉴了电学、电子学、物理学、化学、材料学和管理工程学等多种学科的理论而发展起来的。因此，上述学科中的许多概念、公式及参数在静电学中仍然适用。

为了解生产过程中静电起电情况，判别生产过程中静电的影响程度，检验静电防护用品、设施、工器具和材料静电性能，需要对静电性能参数进行测量，了解和掌握静电性能参数，对于静电性能参数的测量将起到积极的作用，也是静电防护工作中不可缺少的重要一环。

应当指出，有些静电参数在理论上虽然可以计算，但由于实际条件往往比较复杂，单靠理论计算难以获得工程需要的满意结果，必须依赖于测量。

静电性能参数测量中包括以下主要静电参数。

1. 静电电压（电位）

静电电压是带电体表面某点的静电位和某一指定参考点（通常是"地"）电位之间的差值。由于通常将地电位取为零，故带电体表面的静电位值即代表了该处的静电压水平。

由于电位是与电荷成正比的物理量，电位的高低相对地反映出物体带电的程度，即可用电压（电位）的测量来了解带电量的大小。

2. 电阻与电阻率

电阻是物体阻碍电流通过的能力的一种表征。一个物体的电阻越大，则在一定电压作用下，通过物体的电流越小。电阻的大小与物体的形状、尺寸相关，物体的线性尺寸越长，或径向尺寸越小，它对电流提供的阻力就越大，即该物体的电阻越大。因而，说某一个物体电阻的大小，并不能完全表示出该物体本身的导电性质。为此，常常使用电阻率这个物理量来作为物体自身导电性能的表征。因为它不受物体形状与尺寸的制约，而只由物质本身的种类和内部结构特性决定。当然，表面电阻率主要反映物质的表面状况，例如掺杂或污染的程度。

物质的电阻系数在数值上等于用该种物质做的长 1m、截面积为 $1mm^2$ 的导线在温度为 20℃时的电阻值。

在静电防护领域，涉及的物体电阻包括体积电阻和表面电阻，它们都是与静电泄漏密切相关的物体特性参数。体积电阻定义为施加于被测样品的两个相对表面上的电极之间的直流电压和流经该两电极的稳态电流的比值；表面电阻定义为施加于被测样品表面上的两个电极之间的直流电压和流经该两电极之间的电流比值。

同样，电阻率也分为体积电阻率和表面电阻率。体积电阻率是表示物体内电荷移动和电流流动难易程度的物理量，它定义为材料内直流电场强度和稳态电流密度的比值。体积电阻率和体积电阻之间存在下列关系式，即

$$R_v = \rho_v \frac{b}{S} \quad \text{或} \quad \rho_v = R_v \frac{S}{b} \tag{6-1}$$

式中　R_v——体积电阻（Ω）；

ρ_V——体积电阻率（$\Omega \cdot cm$）；

b——材料厚度（cm）；

S——电极相对面积（cm^2）。

表面电阻率定义为在材料表层内直流电场强度和线电流密度的比值。实际上，它等于在两个相对电极内每平方尺寸面积上的表面电阻值。在国际单位制中，表面电阻率的单位是欧姆（Ω）。根据定义，可以导出表面电阻率 ρ_s 和表面电阻之间存在下列关系，即

$$\rho_s = R_s \frac{l}{d} \tag{6-2}$$

式中　R_s——表面电阻（Ω）；

l——电极长度（mm）；

d——两电极之间的距离（mm）。

物体因摩擦和接触、分离都可在其表面上产生静电荷。对于高电阻率的物体，其上的静电荷中和或泄漏的时间很长，因而使物体长时间带电；对于低电阻率的物体，其上静电荷会很快地泄漏中和，使物体不易带电。因此，研究静电防护时，测量物质的电阻率对于静电的控制意义非常现实。

3. 接地电阻

接地在静电防护工程上具有特别重要的作用，它是实现静电防护的最重要措施之一。因此，对接地电阻参数的测定，是定量评价、考核监控接地系统运行状态的唯一手段。

4. 静电半衰期

静电半衰期指试样上的电荷衰减至其起终值的 0.5 倍时所需的时间。对于像塑料、橡胶、化纤织物等高分子材料来说，其泄漏电荷的能力通常用静电半衰期表征。静电半衰期 $t_{1/2}$ 与材料自身物理特性的关系为

$$t_{1/2} = 0.69\tau = 0.69\varepsilon\rho = 0.69RC$$

式中　R——为试样的对地泄漏电阻（Ω）；

C——试样的对地分布电容（F）；

ε——材料的介电常数（F/m）；

ρ——材料的电阻率（$\Omega \cdot m$）。

显然，各种材料由于其物理特性之不同，$t_{1/2}$ 值差异很大，导静电好的材料该值可能只有几秒甚至几毫秒，而绝缘材料则可能长达数小时甚至数天。

5. 静电电量

静电电量是反映物体带电情况最本质的物理量之一。若带电体为一个导体，则所带电荷全部集中于物体表面上，而且表面上各点的电位相等，故对于导体带电时电量的测量，可通过接触式静电电压表先测出其静电电压，然后按照基本关系式 $Q = CU$ 计算出带电量 Q。

6. 静电荷消除能力

对于绝缘物质带电，或被绝缘了的导体带电，由于不可能依靠向大地泄漏电荷的方法消

除静电，故利用离子风静电消除器发出的正的和负的离子去中和带电体上的电荷，便成为消除这些带电体上的静电荷的主要手段。于是，电荷中和能力属于评价电离器的主要参数。

7. 表面电荷密度

表面电荷密度 σ 是表征纺织品材料表面静电起电性能的主要参数。对静电防护领域而言，真正感兴趣的是制作工作服和坐垫椅套等布料。因为，它们被用于人体的静电防护，随时受到人体动作的牵动而发生摩擦、接触分离等物理作用而产生静电。σ 值的大小决定了这类物质在受到动作后的静电发生水平。所以，需对 σ 值予以检测，从而对其进行控制。

8. 液体介质电导率

液体静电的发生和液-固交界面处形成的偶电层厚度关系很大，并有关系式 $\delta = \sqrt{Dm\tau}$，即偶电层厚度 δ 与液体的弛豫时间常数 τ 的 1/2 次方成正比。由于 $\tau = \varepsilon/\sigma$，所以时间常数的长短主要由电导率 σ 决定，因为对大多数液体介质来说，介电常数 ε 的差别不很大。

于是，有这样的关联性存在，即当电导率增大时，时间常数和偶电层厚度将减小，静电的发生将减少。所以，液体介质的电导率 σ 不但是标志液体绝缘程度好坏的一个物理参数，而且是直接反映液体存在静电危险程度的重要参数。

9. 粉体静电性能参数

粉体是固体物质的一种特殊形态，其带电性能与固体物质有显著的不同。这种不同来源于粉体存在状态的不均匀性、弥散性及粒子之间的无章排列，造成电性能的不均匀性、不稳定性和各奇异性。

另外，一般粉体物质都具有较大的吸湿性，故电性能测量受湿度的影响较大。粉体电性能的测量对温度和气压的影响有时也相当敏感，所有这些造成了粉体静电性能测量的复现性较差。

粉体物质在气流加工和管路输送过程中，由于频繁地发生物料与管壁、容器壁之间以及粉体物料粒子彼此之间的接触和再分离，呈现明显的带电过程。而且，一些粉体物料（例如硝铵炸药和 TNT 炸药等），其体积比电阻多在 $10^{11} \sim 10^{15}\Omega \cdot cm$，属于易于积累静电的危险范围。为此，更增加了人们对粉体静电防护的关注。所以，尽管粉体静电参数测量方法复现性差，但它对于粉体物质静电性能能够提供一些定量的描述和可供相对比较的数据，所以研究粉体静电性能测量仍具有很现实的意义。

10. 人体静电参数

在静电场中的操作者或其他相关工作者的人体是一种危险的静电源，并且因人体的活动性而使危险加大。从静电的角度看，在通常情况下，人体相当于具有一定电阻值的导体（据国外资料介绍的实测统计结果，人体电阻值在 $1000 \sim 5000\Omega$ 范围内。人体电阻的变化主要受皮肤表面上的水分、盐分和油的残留物、皮肤与电极的接触面积和接触压力等因素的影响，但大多数人体电阻分布在 1500Ω 左右），所以，人体不会积蓄电荷。但是，如果人体被衣履绝缘于大地而形成孤立导体，则可积累静电荷，并引起高电位。这种人体带电既可能成为诱发静电火灾、爆炸等安全事故的原因，又可能导致静电敏感产品功能失效。因此，控制人体带电始终是静电防护工作中不可忽视的内容之一，而有关人体静电参数的测量，则属于人体静电控制工作的重要组成部分。

人体静电参数包括：

（1）人体对地电容　人体既然表现为一个导体，那么由于衣履的隔绝作用，必然对地产生一定的电容。这相当于以人体作为电容器的一个极板，以衣履作为电介质，使人体与大地之间构成一个电容器。显然，这个电容器容量的大小除衣履特性（介电常数和尺寸等）外，还受人体器质特征、身材、体姿、动作等影响。鉴于电容 C、电量 Q 和电压 U 三者之间的基本关系式 $U=Q/C$ 的存在，人体对地电容的变化不定，将导致人体对地电压的变化不定。

（2）人体静电位　由于通常认为大地电位为零，故人体静电位即为人体对地电压。在上述（1）中已经谈到，人体对地电压 U 由人体起电电荷 Q 和人体对地电容 C 来决定。由于人体对地电容 C 值通常很小，故造成人体电位有时会高达几十千伏的数量级。由于人体电位属于造成静电危害的直观参数，故常被作为控制指标来对待。例如，确定防静电腕带串接电阻上限值时，是以保持人体皮肤上的静电位小于 $100V$ 为条件的。

（3）人体对地电阻　就静电防护而言，研究人体自身电阻意义不是很大，但讨论人体对地电阻的意义非常现实。人体对地电阻指人体在正常穿戴静电防护衣履和腕带情况下的对地泄漏电阻值。该值下限的确定与静电防护无关紧要，主要受人体安全因素制约，即在偶然的非正常情况下，当人体触及 $200\sim380V$ 工频电压时，应确保流过人体的电流小于 $5mA$（经计算，对地电阻需大于 $1\times10^5\Omega$）。确定人体对地泄漏电阻的上限时，则以考虑泄漏电荷的能力为依据。例如，从确保电子敏感产品免受静电损伤考虑，要求人体电位应在 $100V$ 以下，而且要求从静电起电初始电压下降至 $100V$ 的时间不超过 $0.1s$。否则，难保证敏感产品不受损坏。如果假定人体的初始电压 $U_0=5000V$，人体对地电容 $C=200pF$，安全电压上限 $U=100V$，过渡时间 $t=0.1s$，则按照公式 $U(t)=U_0e^{-\frac{t}{RC}}$，可计算求得人体泄漏电阻为 $1.28\times10^8\Omega$。此值即为人体接地电阻的上限。工程上兼顾人体安全和静电泄漏的需要，将人体对地电阻控制在 $1M\Omega$ 左右。

不难看出，控制人体对地电阻是控制人体带电的重要手段。

三、静电的消除

通过前面的介绍，已经知道任何两个物体的接触和分离都会产生静电，即使是同一类物体，由于表面状态（如表面污染、腐蚀和粗糙度）不同，在发生接触分离时也会因表面逸出功的差异而产生静电。此外，通过静电感应或静电极化作用，可以使原来不带电的物体成为带电体。这种物体静电带电现象，可以表现于固体，也可以表现于液体、气体和粉体。因此，静电的产生是一种很普遍的自然现象。

当静电的存在（可以以场强、电位或存储能量的形式体现）超过一定的限度，且在其客观环境适宜时，便会以其特有的不同模式对生产环境、产品和人身产生危害。

静电的产生几乎是难以避免的，但可以通过各种行之有效的措施加以防护，以使其降低到可以接受的程度，并尽可能地减少危害。工程中实用的静电防护措施很多，其基本思路总是紧密围绕下列几点：

1）尽量减少静电荷的产生。

2）对已产生的静电荷尽快予以消除，包括加速其泄漏、中和及降低它的强度。

3）最大限度地减少静电危害。

4）严格静电防护管理，以保证各项措施的有效执行。

（一）控制静电场合的危险程度

在静电放电时，它的周围必须有可燃物存在才是酿成静电火灾和爆炸事故的最基本条件。因此控制或排除放电场合的可燃物，就成为防静电灾害的重要措施。

1. 用非可燃物取代易燃介质

在石油化工许多行业的生产工艺过程中，都要大量的使用有机溶剂和易燃液体（比如煤油、汽油和甲苯等），这样就给静电放电带来了很大危险性。因为这些闪点很低的液体很容易在常温常压条件下，形成爆炸混合物，易于形成火灾或爆炸事故。如果在清洗机器设备的零件时和在精密加工去油过程中，用非燃烧性洗涤剂取代煤油或汽油时就会大大减少静电危害的可能性。这种非可燃洗涤剂有苛性钾、磷酸三钠、碳酸钠、水玻璃和水溶液等。

2. 降低爆炸性混合物在空气中的浓度

当可燃液体的蒸气与空气混合，达到爆炸极限浓度范围时，如遇到引火源就会发生火灾和爆炸事故。同时我们发现爆炸温度也存在上限和下限温度之分。也就是当温度在此上、下限范围内时，恰好可燃物产生和蒸气与空气混合的浓度也在爆炸极限的范围内。这样我们就可利用控制爆炸温度来限定可燃物的爆炸浓度。例如，汽油爆炸温度极限是在 $-39\sim-8℃$ 范围；灯用煤油是 $40\sim86℃$；酒精是 $11\sim40℃$；乙醚是 $-45\sim13℃$ 等。

3. 减少氧含量或采取强制通风措施

限制或减少空气中的氧含量，显然使可燃物达不到爆炸极限浓度。减少空气中的氧含量可使用惰性气体，一般说来，含氧量不超过 8% 时就不会使可燃物引起燃烧和爆炸。一旦可燃物接近爆炸浓度时采用强制通风的办法，使可燃物被抽走，新空气得到补充，则不会引起事故。

比较常见的是充填氮气或二氧化碳降低混合物中的氧含量。国外 10 万 t 级以上的油轮和 5 万 t 以上的混合货轮都要求安装填充氮气等不活泼气体系统。对于镁、铝等金属粉尘与空气形成的爆炸性混合物，填充氮或二氧化碳是无效的，必须充填氖、氦等惰性气体，防止火灾和爆炸事故。

（二）减少静电荷的产生

静电荷大量产生并能积累起事故电量，这是静电事故的基础条件。如果能控制和减少静电荷的产生，就可以认为不存在点火源，就根本谈不上静电事故了。

1. 正确地选择材料

（1）选择不容易起电的材料　根据固体材料之间摩擦，当其物体的电阻率达到 $10^{10}\Omega\cdot m$ 以上时，物体经过很简单摩擦就会带上几千伏以上的静电高压，因此在工艺和生产过程中，可选择固体材料电阻率在 $10^{9}\Omega\cdot m$ 以下的物体材料，以减少摩擦带电。煤矿中传煤带的托辊是塑料制品，则应换成金属或导电塑料以避免静电荷的产生和积累。

（2）按带电序列选用不同材料 大家知道不同物体之间相互摩擦，物体上所带电荷的极性与它在带电序列中的位置有关，一般在带电序列前面的相互摩擦后是带正电，而后面的则带负电。于是可根据这个特性，使工艺过程选择两种不同材料，与前者摩擦带正电荷，而与后者摩擦带负电，最后使物料上所形成的静电荷互相抵消，从而达到消除静电的效果。根据静电序列适当地选用不同的材料而消除静电的方法称为正、负相消法。

（3）选用吸湿性材料 根据生产工艺要求必须选用绝缘材料时，可以选用吸湿性塑料，或将塑料上的静电荷沿面泄漏掉，这也是一项安全措施。

2. 工艺的改进

（1）改进工艺中的操作方法，可减少静电的产生 在橡胶制品工艺中，橡胶用汽油作为有机溶剂。由于橡胶是绝缘材料，在摩擦过程中容易产生静电，汽油在常温下又容易挥发，使操作部位形成有爆炸危险的混合物，这样就增大了双重危害性。例如在制造雨衣时，上胶以后要用刮刀进行刮胶，刮胶工序是刮刀（金属）与橡胶瞬间快速分离，不仅产生上万伏的静电，同时还易于产生静电火花。因此这个工序经常发生静电火灾事故。为了减少静电事故，现将刮胶改用两个金属滚碾胶，这样就大大减少了工艺中的静电现象，也消除了刮胶过程的静电火灾。

（2）改变工艺操作程序，可降低静电的危险性 在搅拌过程中，如适当安排加料顺序，则可降低静电的危险性。例如，某一工艺过程中，如最后加入汽油，液浆表面的静电电位高达 11～13kV。改进工艺是先加入部分汽油与氧化锌和氧化铁进行搅拌，最后再加入石棉填料和不足的汽油，就会使这种浆液的表面电位降至 400V 以下。

3. 降低摩擦速度和流速

（1）降低摩擦速度 测量结果显示，增加物体之间的摩擦速度，可使物体所产生的静电量成几倍几十倍的增大。反之，减少或降低摩擦速度，可使静电大大减少。例如，在制造电影胶片时，底片快速缠绕在转轴上，底片的静电带电可高达 100kV，并与空间放电在胶片上留下"静电斑痕"。印刷机滚筒的转速达 40m/min 时，纸张可带电 65kV，它足以将油墨引燃。因此降低摩擦速度对减少静电的产生是大有益处的。

（2）降低流速 在油品营运过程中，包括装车、装罐和管道运输等，由于油品的静电起电与液流流速的 1.75～2 次幂成正比，故一旦增大流速就会形成静电火灾和爆炸事故，这是在油品事故中较为普遍的一种火灾原因。为此必须限制燃油在管道内的流动速度。

在用管道运输油品时，不同管径下的推荐流速常按下式计算：

$$v^2 D \leqslant 0.64 \tag{6-3}$$

式中 v——允许流速（m/s）;

D——油管内径（m）。

为了限制在管道中静电荷的产生，必须降低流速，按表 6-4 中的推荐值执行。但当油罐或管道中存在可燃气体时，起始流速应控制在 1m/s 的范围内，当油管被油品淹没时，才能使流速逐渐达到推荐流速。

允许流速是限定液体带电允许达到的最大带电量，因此，此限定值与它的起电能力大小有关。例如，当电阻率不超过 $10^5 \Omega \cdot m$ 时，允许流速不超过 10m/s；当电阻率在 $10^5 \sim 10^9 \Omega \cdot m$

时，允许流速不超过 5m/s；当电阻率超过 $10^9\Omega\cdot m$ 时，允许流速取决于液体的性质、管道的直径，管道内光滑程度等条件，不能一概而论，但 1.2m/s 的流速是允许的。

粉体在管道内的输送，带电情况大约与气流流速的 1.8 次方成正比，按理照样可用液体降低流速的办法来解决静电问题。但粉体的静电起电非常复杂，很难用一个允许参数值来表达，一般都按经验得出允许的工艺参数和气流允许流速。

4. 减少特殊操作中的静电

（1）控制注油和调油方式　采用控制注油和调油方式，是很重要的措施。研究结果表明，在顶部注油时，由于油品在空气中喷射和飞溅将在空气中形成电荷云，经过喷射后的液滴将带有大量的气泡、杂质和水分注入油中，发生搅拌、沉浮和流动带电，这样在油品中会产生大量的静电并累积成引火源。例如，在进行顶部装油时，如果空气呈小泡混入油品，开始流动的一瞬与油品在管内流动相比，起电效应约增大 100 倍。所以，调和方式以采用泵循环、机械搅拌和管道调和为好。注油方式以底部进油为宜。

表 6-4　不同流量、管径和油品的流速

流速/(m/s) 油品 装卸量/(t/h) 管径/mm 密度	汽油 0.71 (g/cm³)	苯 0.88 (g/cm³)	灯油 0.8 (g/cm³)	柴油 0.88 (g/cm³)	内燃机 燃料油 0.9 (g/cm³)
0.25 — 75	2.2	1.7	1.92	1.8	1.7
0.25 — 100	1.25	1.0	1.1	1.1	1.0
50 — 75	4.4	3.4	3.84	3.6	3.4
50 — 100	2.5	2.0	2.2	2.1	2.0
50 — 150	1.1	0.86	0.96	0.92	0.84
100 — 75	8.8	6.8	7.68	7.2	6.8
100 — 100	5.0	4.0	4.4	4.2	4.0
100 — 150	2.2	1.7	1.92	1.8	1.7
150 — 100	7.5	6.0	6.6	6.4	6.0
150 — 150	3.3	2.75	2.9	2.76	2.5
150 — 200	1.9	1.5	1.55	1.6	1.5
200 — 100	10.0	8.0	8.8	8.4	8.0
200 — 150	4.4	3.4	3.84	3.6	3.4
200 — 200	2.5	2.0	2.2	2.2	2.0
250 — 100	12.5	10.0	17.0	10.5	10.0
250 — 150	5.5	4.3	4.8	4.6	4.2
250 — 200	3.1	2.5	2.7	2.6	2.5
300 — 150	6.6	5.2	5.8	5.5	5.0
300 — 200	3.8	3.0	3.3	3.2	3.0
350 — 150	7.7	6.0	6.7	6.4	5.9
350 — 200	4.4	3.5	3.9	3.8	3.5

（2）采用密封装车　从上面讨论中已经清楚，一是顶部飞溅式装车，由于液滴分离，油滴中易含大量气泡以及油流落差大，油面产生的静电多；二是大量的油气外逸，易于产生爆炸性混合物而不安全。

密封装车是将金属鹤管伸到车底，用金属鹤管保持良好的导电性。选择较好的分装配头，使油流平稳上升，从而减少摩擦和油流在罐内翻腾。同时密封装车避免了油品的蒸发和损耗。试验证明：飞溅式装车油品电位可高达 10～30kV；密封装车油品电位约在 7kV 以内，保证了油品安全。一般密封装车时，车体内保持 2N/cm³ 的正压，外部空气无法进入罐车内，从而使罐体内的蒸气不能与空气形成爆炸性混合物，从根本上保证了安全装车。

（三）减少静电荷的积累

1. 静电接地

接地技术是任何电气和电子设备与设施在工程设计及施工中的一项重要技术，也是产品、设施（特别处于有燃烧、爆炸可能性的危险环境中时）静电防护的一项重要技术。接地是静电防护中最有效和最基本的技术措施之一。良好的接地是保证发生的静电电荷迅速泄放，从而避免静电危害发生的有效手段。

（1）接地类型　静电接地类型包括下述三种：

1）直接接地，即将金属导体与大地进行导电性连接，从而使金属导体的电位接近于大地电位的一种接地类型。

2）间接接地，即为了使金属导体外部的静电导体和静电亚导体进行静电接地，将其表面的全部或局部与接地的金属导体紧密相接，将此金属导体作为接地极的一种接地类型。

3）跨接接地，即通过机械和化学方法把金属物体间进行结构固定，从而使两个或两个以上互相绝缘的金属导体进行导电性连接，以建立一个供电流流动的低阻抗通路，然后再接地的一种接地类型。

（2）接地对象　接地对象有下列几种：

1）凡用来加工、贮存、运输各种易燃液体、可燃气体和可燃粉尘的设备和管道，如油罐、贮气罐、油品运输管道装置、过滤器、吸附器等均须接地。

2）注油漏斗、工作台、磅秤、金属检尺等辅助设备应予接地，并与工作管路互相跨接起来。

3）在可能产生静电和累积静电的固体和粉体作业中，所有金属设备或装置的金属部分如上光、托辊、磨、筛、混合、风力输送等均应接地。

4）采用绝缘管输送物料时，为防止静电产生，管道外部采用屏蔽接地，管道内衬有金属螺旋软管并接地。

5）人体是良好的静电导体，在危险的操作场合，为防止人体带电，对人体必须采取良好的接地。

6）在爆炸危险区域和火灾危险场所内，凡有可能产生静电和带电的金属导体，不论其大小如何，必须进行静电接地。

7）对非导电材料可以采用涂导电涂料接地。

（3）接地要求　一般说来，如果带电体对地绝缘电阻约在 $10^6\Omega$ 以下时，电荷泄放很快，单是为了消除静电的自的，接地电阻值在 $10^6\Omega$ 以下就足够了，可是为了防止电气设备漏电或雷击的危险，接地电阻必须至少在 10Ω 或数欧姆以下，同时，消除静电接地也可同电力设备装置或避雷保护装置的接地共用。

1）防静电的接地装置与电气设备接地共用接地网时，其接地电阻值应符合电气设备接地的规定；防静电采用单独专用接地网时，每一处接地体的接地电阻值，不应大于 100Ω。

2）设备、机组、贮罐、管道等的防静电接地线，应单独与接地体或接地干线相连，不能相互串联接地。

3）容量大于 $50m^3$ 的贮罐，其接地点不应少于两处，且接地点的间距不应大于 $30m$，并应在罐体底部周围对称的与接地体连接，接地体应连接成环形的接地网。

4）室外贮罐如无防雷接地，需单独进行静电接地，其静电接地电阻不得大于 100Ω。且有两个接地点，其间隙仍然不得大于 $30m$。

5）易燃或可燃液体的浮动式贮罐，其罐顶与罐体之间，应用截面积不小于 $25mm^2$ 的钢软绞线或铜软线跨接，且其浮动式电气装置的电缆，应在引入贮罐处将钢铠、金属包皮可靠地与罐体相连接。

6）露天敷设的输送可燃气体、易燃或可燃液体的金属管道，当作防静电接地时，管道每隔 $20\sim25m$ 有一处接地，每处的接地电阻值不应大于 10Ω。

2. 增加空气的相对湿度

对于吸湿性材料，如果增大空气中的相对湿度，绝缘材料表面就会形成一薄层水膜，水膜厚度约 $10^{-9}cm$，由于水雾中含杂质或金属离子，所以使物体表面形成良好的导电层，将所积累的静电荷从表面泄放掉。例如，可以使用各种适宜的加湿器、喷雾装置；还可采用湿拖布擦地面或通过洒水等方法以提高带电体附近或环境的湿度；在允许的情况下尽量选用吸湿性材料。

3. 采用抗静电添加剂

抗静电添加剂是一种表面活性剂。在绝缘材料中掺杂少量的抗静电添加剂会增大该种材料的导电性和亲水性，使导电性增强，绝缘性能受到破坏，体表电阻率下降，促进绝缘材料上的静电荷被导走。

1）在非导体材料、器具的表面通过喷、涂、镀、敷、印、贴等方式附加上一层物质以增加表面电导率，加速电荷的泄放与释放。

2）在塑料、橡胶、防腐涂料等非导电材料中掺加金属粉末、导电纤维、炭黑粉等物质，以增加其导电性。

3）在布匹、地毯等织物中，混入导电性合成纤维或金属丝，以改善织物的抗静电性能。

4）在易于产生静电的液体（如汽油、航空煤油等）中加入化学药品作为抗静电添加剂，以改善液体材料的电导率。

4. 采用静电消除器消除静电

静电消除器又称为静电消电器和静电中和器。它是利用极性相反的电荷中和的方法，达到消除静电的目的。故静电荷中和需借助于空气电离或电晕放电使带电体上的静电荷被中和。

静电消除器按工作原理不同，可分为感应式静电消除器、附加高压静电消除器、脉冲直流静电消除器和同位素静电消除器。

（1）感应式静电消除器　它是利用带电体的电荷与被感应放电针之间发生电晕放电使空气被电离的方法来中和静电。

（2）附加高压静电消除器　为达到快速消除静电的效果，可在放电针上加交、直流高压，使放电针与接地体之间形成强电场，这样就加强了电晕放电，增强了空气电离，达到中和静电的效果。

（3）脉冲直流静电消除器　脉冲直流静电消除器是一种新型、高效的静电中和装置，特别适合洁净厂房。由于正、负离子的多少和比例可调节，更适合无静电机房的需求。该消除器的特点是，有正负两套可控的直流高压电源，它们以 4～6s 的周期轮流交替地接通、关断，从而交替地产生正负离子。

（4）同位素静电消除器　它主要是利用同位素射线使周围空气电离成正、负离子、中和积累在生产物料上的静电荷。同位素射线材料中尤其是 α 射线放射比度高，对空气电离效果极佳，因此消除静电的效果也很好。

各种静电消除器的特性和使用范围列入表 6-5，请参照选择使用。

表 6-5　静电消除器的种类、特征及消电对象

类　　型		特　　征	消 电 对 象
附加高压静电消除器	标准型	消电能力强，机种丰富	薄膜、纸、布
	送风型	鼓风机型、喷嘴型等	配管内、局部场所
	防爆型	不会成为引火源，但机种受限制	可燃性液体
	直流型	消电能力强，但有时产生反带电	单极性薄膜
感应式静电消除器	导电纤维、导电橡胶、导电布	使用简单，不易成为引火源，但初级电位低，消电能力弱。在 2～3kV 以下不能消电	薄膜、纸、布、橡胶、粉体等
脉冲直流静电消除器	正负直流脉冲电压	消电能力很强，防火性好，可控制正、负离子比例	洁净厂房
同位素静电消除器	线源	不会成为引火源，但要进行放射线管理，消电能力最弱	密闭空间内

5. 人体静电防护措施

从静电学的角度看，人是一个特殊的导体。人的特殊性主要表现为人的活动性。因此，人与各种物体之间发生的接触、分离和人体自身活动，都会导致静电的发生，并蕴藏着大量的不定因素，例如接触面积、压力、表面状况、着装和鞋子状况等。人体的导体性质表现为人体对于通过的电流具有一定的阻值范围。因此，人既可发生接触带电，也可发生感应带电。另一方面人可以因与地面接触情况的差异，表现为不同的人体对地电容值。如果穿上绝缘鞋，就构成一个贮能电容器，其电容值大约在 150～300pF；人穿上胶鞋在铺有橡胶的地面上走路时，鞋子与地面摩擦，可带上 5000～15000V 的静电高压。人体带电如超过 10000V 高压时，人体放电能量可达 5mJ 以上，足以使可燃液体、可燃气体与空气的爆炸性混合物发生燃烧和爆炸。

(1) 人体静电的产生

1) 摩擦起电。①人体的动作和肢体活动，由于所穿衣服、鞋子与其他物体、地面发生摩擦，从而使衣服和鞋子带电，再通过传导和感应，最终使人体各部分体位呈带电状态。②人在操作中，将使所穿的衣服、帽子、手套等相互之间发生摩擦而产生静电。③人在脱衣服、鞋袜、手套等时，由于这些物品与人体之间或物品与物品的快速剥离而带电，虽然起电时间很短，但起电速率很快，而累积电位较高，具体结果已列入表6-6之中。

2) 感应起电。当不带电的人体与带电的物体靠近而进入带电体的静电场时，由于静电感应原理使人体感应起电。此时，如果人体与地之间绝缘，则成为静电场中的孤立带电导体。

3) 传导起电。

人体直接接触带电物体时，或者与带电物体接近发生静电放电时，都可使带电体上的电荷发生转移而达于人体，并使人体和所穿衣物带电。

表6-6 所穿鞋、袜与人体带电的关系

鞋	袜			
	赤脚	尼龙	薄尼龙袜	导电袜
	人体电位/kV			
橡胶底运动鞋	20.0	19.0	21.0	21.0
皮鞋（新）	5.0	8.5	7.0	4.0
静电鞋 $10^7\Omega$	4.0	5.5	5.0	6.0
静电鞋 $10^6\Omega$	2.0	4	3.5	3.0

人在带有静电的微粒粉体和雾状液粒空间活动和工作时，带电的粉尘、雾、灰尘或离子等吸附于人体之上，也可使人体及所穿衣服产生吸附带电。

(2) 人体静电的消除方法 人体静电消除的主要目的包括：①防止人体电击事故及由此产生的二次事故的发生。②防止带电的人体放电成为气体、粉体、液体的点火源并由此引发燃爆事故的出现。③防止带电的人体放电造成静电敏感电子元器件的击穿损坏。

人体静电的防护要求，例如人体最高允许电位、人体对地电阻和对地电容、人体服装允许最大摩擦起电量等，因防护目的和人体所处静电环境的不同而差异很大。

1) 人体直接接地。在爆炸和火灾危险场合的操作人员，可使用导电性地面或导电性地毯、地垫，采用防静电腕带和脚腕带与接地金属棒或接地电极直接连接起来，消除人体静电。

2) 人体间接接地。采用导电工作鞋与导电地面与大地间连接起来，可防止人体在地面上进行作业时产生静电荷的积累。

3) 服装防护。人应穿戴防静电工作服装、帽子、手套、指套等，其作用包括减少静电的发生、增强静电的泄漏和防止静电荷的局部堆积等。即使工作服里面穿的衣服，也应是纯棉制品或经过防静电处理过的，不能穿化纤衣服或普通毛料、丝绸衣物。

4) 环境保护。在可能条件下维持足够高，例如65%以上的房间内湿度；使用洁净技术，包括洁净厂房、洗空气浴、吹离子风等，以减少空气中和衣物上的含尘浓度，是防止人体附着带电的有效措施。

6. 抑制静电放电和控制放电量

（1）抑制静电放电　静电火灾和爆炸危害是由于静电放电造成的。因此，只有产生静电放电，而放电能量等于或大于可燃物的最小点火能量时，才能引发出静电火灾。如果没有放电现象，即使环境存在的静电电位再高，能量再大也照样不会形成静电灾害。

而产生静电放电的条件是，带电物体与接地导体或其他不接地体之间的电场强度达到或超过空间的击穿场强时，就会发生放电。对空气而言其被击穿的均匀场强是 33kV/cm。非均匀场强可降至均匀电场的 1/3。于是我们可使用静电场强计或静电电位计，监视周围空间静电荷累积情况，以预防静电事故发生。

（2）控制放电量　综合上面所述，如果发生静电火灾或爆炸事故，其一是存在放电，其二是放电能量必须大于或等于可燃物的最小点火能量。于是我们可根据第二条引发静电事故的条件，采用控制放电量的方法，来避免产生静电事故。

国外有一项技术称为"安全火花"防爆技术，这种技术就是基于在线路或周围环境中可以存在放电现象。但这种放电必须是小能量火花即安全火花。

第三节　电磁污染与电磁兼容

随着电子技术的高速发展，社会的物质财富及精神财富日益丰富多彩，人们的生活更加便利，但另一方面，科技进步和物质财富的丰富却导致了社会的均衡遭到破坏，产生了许多负面效应。也可以说，文明越发达，反而人类必须承受更多的不幸。如今，在有限的时间和空间频率资源条件下，由于各种电子、电气设备的种类和数量与日俱增，频谐使用的密集度越来越大，加之电子新产品大量上市，致使电能消耗量加大，由此产生的电磁污染往往使电子、电气设备或系统不能正常工作，引起性能降低，甚至受到损坏；微波及超高压输电线日益扩展，将对人类及动植物产生严重影响；此外，高层或超高层建筑和铁塔等设备将产生不必要的反射，从而出现重影问题，而家庭汽车大量增加，将使城市杂波加大等。

尽管环境包括了种种因素（温度、湿度、日照、气压、空气成分、水质、人口密度、城市构造、地形、经济等），电磁能量还是不能不考虑的环境因素之一，把它称为电磁环境。国内某些文献指出，环境因素应包括温度、湿度、大气压力、太阳辐射、雨、风、水质冰雪、灰尘与砂岩、烟雾、大气污秽、腐蚀性气体、爆炸混合物、核辐射、霉菌、昆虫及其他有害动物、振动、冲击、地震、噪声、电磁干扰、雷电、臭氧等 20 多个因素。

当前，已进入信息化社会，人类的生存环境已具有浓厚的电磁环境内涵，早在 1975 年专家学者就曾预言，随着城市人口的迅速增加，汽车、电子、通信、计算机与电气设备大量进入家庭，空间人为电磁能每年增长 7%～14%，也就是说 25 年后环境电磁能量密度最高可增加 26 倍，50 年可增加 700 倍，21 世纪电磁环境恶化已成定局。就电磁环境与人类的关系而论，除电磁环境会对人类生存产生直接影响外，电力和电子技术的进步以及社会活动的逐步发展还会对人类乃至人类社会活动产生影响，因而探讨电磁环境与电工电子学的关系是极为重要的，基于这种原因，各国都投入了较多的人力物力，一些发达国家从 20 世纪 30 年代就开始对电磁干扰的理论和技术进行研究，同时相应制定了一些具有不同程度约束性的规范、条例和法令，有些国家还进一步履行了立法手续。在我国，有些部门在 20 世纪 70 年代或更早些时间也已开始研究电磁兼容这个课题；近年来，越来越多的部门都不同程度地开展这方面工作，制定了不少规范，进行了大量实验研究工作，取得了成绩；但与工业先进的国家相比，不论是在理论上，实践上，还是测试设备的研制上，进展比较缓慢。

一、概述

1. 电磁环境与电磁兼容

近十几年来，有一门新兴的边缘学科正在迅速发展，它与电磁环境和频谱资源都有密切的关系，这就是受到人们越来越密切关注的所谓"电磁兼容"。

关于电磁兼容这一专门术语，国际电工委员会（IEC）对其有明确定义，即"设备或系统在其电磁环境中能正常工作且不对该环境中任何事物构成不能承受的电磁骚扰的能力"。

由此可见，电磁兼容性科学研究的主要内容是如何使处于同一电磁环境下的各种电气、电子设备或系统能够正常工作而又不至互相干扰，达到"兼容"状态。现在电磁兼容科技工作者又进一步探讨电磁环境对人类及生物的危害影响，EMC 学科领域范围日益扩大，现已不只限于电子设备本身，还涉及电磁污染、电磁饥饿等一系列生态效应问题及其他多方面的问题，"电磁兼容"一词似已不能包含 EMC 学科的全部内容。正是由于本学科涉及范围很宽，学科的范围已不限定于设备与设备间的问题，而进一步涉及人类本身，且电磁兼容技术理论也有一定的特殊性，因此一些国内外学者也把电磁兼容学科称为"环境电磁学"。

电磁兼容学科包含的内容十分广泛，实用性很强，不仅仅限于电气、电子设备，还涉及自然干扰源、电磁辐射对人体和动植物的生态效应、信息处理设备电磁泄漏产生的失密，地震前电磁辐射检测预报等问题，几乎所有现代工业包括电力、通信、交通、航天、军工、计算机、医疗、卫生等，都必须解决电磁兼容性问题。

电磁兼容学科涉及的理论基础包括数学、电磁场理论、无线与电波转换、电路理论、信号分析、通信理论、材料科学、生物医学、经济学、社会学等多方面的基础科学理论。电磁兼容性研究的主要内容包括：电磁干扰源、电磁干扰耦合、电磁兼容控制技术、电磁兼容测量、电磁兼容分析预测和设计、电磁兼容的标准、规范等。

2. 电磁干扰和电磁兼容术语

（1）干扰源（Interference Source） 任何产生电磁干扰的元件、器件、设备、分系统或自然现象。

（2）工业干扰（Industrial Interference） 由输电线、电网以及各种电气和电子设备工作时引起的电磁干扰。

（3）宇宙干扰（Cosmic Interference） 由银河系（包括太阳）的电磁辐射引起的电磁干扰。

（4）无线电干扰（Atmospheric Interference） 由大气中发生的各种自然现象所产生的无线电噪声引起的电磁干扰。

（5）雷电冲击（Lightning Surge） 由雷电在电气或电子电路中引起的瞬态电扰动。

（6）辐射干扰（Radiated Interference） 由任何部件、天线、电缆或连接线辐射的电磁干扰。

（7）传导干扰（Conducted Interference） 沿着导体传输的电磁干扰。

（8）电磁骚扰（Electromagnetic Disturbance） 任何可能引起装置、设备或系统性能降低或者对有生命或无生命物质产生损害作用的电磁现象。

（9）电磁干扰（Electromagnetic Interference，EMI）　电磁骚扰引起的设备、传输通道或系统性能的下降。

（10）系统间干扰（Inter-system Interference）　由其他系统产生的电磁骚扰对一个系统造成的电磁干扰。

（11）系统内干扰（Intra-system Interference）　系统中出现的由本系统内部电磁骚扰引起的电磁干扰。

（12）干扰信号（Interfering Signal）　损害有用信号的其他信号。

（13）人为噪声（Man-made Noise）　来源于人工装置的无用信号。

（14）电磁噪声（Electromagnetic Noise）　由电磁波产生的干扰信号。

（15）无用信号（Unwanted Signal，Undesired Signal）　可能损害有用信号接收的信号。

（16）自然噪声（Natural Noise）　来源于自然现象而非人工装置产生的电磁噪声。

（17）脉冲噪声（Impulsive Noise）　在特定设备上出现的、表现为一连串清晰脉冲或瞬态的噪声。

（18）喀呖声（Click）　用规定的方法测量时，其连续时间不超过某一规定电平的喀呖声数。

（19）随机噪声（Radom Noise）　给定瞬间值不可预测的噪声。

（20）无线电（频率）噪声〔Radio（Frequency）Noise〕　具有无线电频率分量的电磁噪声。

（21）电磁脉冲（Electro Magnetic Pulse，EMP）　指围绕整个系统（它犹如一个天线），具有宽带大功率效应的脉冲。例如在核爆炸时就会对系统产生这种影响。

（22）电磁环境（Electro Magnetic Environment）　存在于给定场所的所有电磁现象的总和。

（23）（性能）降低〔Degradation（of Performance）〕　装置、设备或系统的工作性能与正常性能的非期望偏离。

（24）干扰抑制（Interference SUppression）　削弱或消除电磁干扰的措施。

（25）（对骚扰的）抗扰性〔Immunity（to a Disturbance）〕　装置设备或系统面临电磁骚扰不降低运行性能的能力。

（26）抗扰性电平（Immunity Level）　将某给定电磁骚扰施加于某一装置、设备或系统而仍能正常工作并保持所需性能等级时的最大骚扰电平。

（27）抗干扰限值（Immunity Limit）　规定的最小抗扰性电平。

（28）抗扰性裕量（Immunity Margin）　装置、设备或系统的抗扰性限值与电磁兼容电平之间的差值。

（29）电磁兼容性〔Electromagnetic Compatibility（EMC）〕　设备或系统在其电磁环境中能正常工作且不对该环境中任何事物构成不能承受的电磁骚扰的能力。

（30）系统间的电磁兼容性（Inter-system Electromagnetic compatibility）　给定系统与它运行所处的电磁环境或与其他系统之间的电磁兼容性，影响系统间电磁兼容性的主要因素是信号及功率传输系统与天线之间的耦合。

（31）系统内的电磁兼容性（Inter-system Electromagnetic Compatibility）　在给定系统内部的分系统设备及部件相互之间的电磁兼容性。

（32）（电磁）兼容电平［（Electromagnetic）Compatibility Level］ 预期加在工作于指定条件的装置、设备或系统上的规定的最大电磁骚扰电平。

（33）（电磁）兼容裕量［（Electromagnetic）Compatibility Margin］ 装置、设备或系统的抗扰性电平与骚扰源的发射限值之间的差值。

（34）电磁兼容性故障 由于电磁干扰或敏感性原因，使系统中有关的分系统及设备失灵，从而导致使用寿命缩短、运输工具受损、飞机失事或系统效能发生不允许的永久性下降。

（35）电磁干扰控制 对辐射和传导能量进行控制，使设备、分系统或系统运行时尽量减小或降低不必要的发射。所有的辐射和传导的电磁发射不论它们如何起源于设备、分系统或系统，都要进行控制。在控制敏感性同时还要成功地控制电磁干扰，从而实现电磁兼容。

（36）屏蔽体 为了阻止或减小电磁能传输而对装置进行封闭或遮蔽的一种阻挡层。它可以是导电的、导磁的、介质的或带有非金属吸收填料的。

（37）屏蔽（Screen） 用来减少场向指定区域穿透的措施。

（38）电磁屏蔽（Electromagnetic Screen） 用导电材料减少交变电磁场向指定区域穿透的屏蔽。

（39）屏蔽效能（Shielding Effectiveness） 对给定干扰源进行屏蔽时，在某一点上屏蔽前后的电场强度或磁场强度之比，通常以 dB 表示。

3. 电磁兼容举例

日常生活中，经常遇到在同一环境中同时存在一台电脑和一台电视机的情况。当电脑工作时，由于时钟信号及其他高次谐波的存在，电脑本身向空间发散出电磁波，这种现象称为电磁骚扰。另外，电脑采用开关变频电源，亦会产生强烈的谐波骚扰，从电源线向外扩散。同一时刻，相邻存在着正接收信号的电视机，因电视机本身振荡会产生强烈的电磁骚扰，直接向四周空间发射，还可通过电源导线将电磁骚扰传入电网，影响与电网相连的设备。此时电脑和电视机两者既散发电磁骚扰，彼此又受到对方的电磁骚扰。由此可知，电脑和电视机两者既是电磁骚扰源，彼此又遭到外部电磁骚扰的影响。

如果两个系统设计合理，安置恰当，则彼此可互不骚扰，这时称电视机与电脑两者在同一空间内达成电磁兼容，如图 6-2 所示。

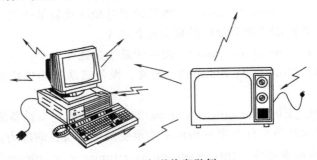

图 6-2 电磁兼容举例

二、常见的干扰源及特性

构成无线电电磁干扰的条件，首先要有干扰源。电磁干扰可以从不同角度加以分类：有来源于自然界的干扰，也有人为的干扰；有有用信号的干扰，也有无用信号的干扰；有瞬态脉冲的宽带干扰，也有大功率单频的窄带干扰；有来自公用电源等通过输电线而构成的传导干扰，也有通过空间传播的辐射干扰。下面列举一些有代表性的电磁干扰源。

1. 广播、通信、雷达、导航发射设备

这一类是人为干扰源。它们发射的功率很大，其基波可以产生对有用信号的干扰；其谐波与乱真发射可以构成无用信号的干扰。可以进一步分为下列五类：

（1）广播发射设备　主要包括调幅或调频发射机、VHF 或 UHF 波段的电视发射机，它们的频段覆盖如下：

调幅广播：535～1605kHz；VHF 调频广播：88～108MHz。

VHF 电视广播：低段，54～88MHz；高段，174～216MHz；UHF 电视广播：470～890MHz。

（2）通信发射设备　这是数量最大，品种最多的发射设备。它包括高频电话电报、移动通信、无线传真、遥控遥测以及各种专用通信和业余通信等。这些设备占用频谱分布在20kHz～1GHz 的频带内。高于 1GHz 时，点对点的通信常使用接力的形式。

（3）无线电接力通信发射机　包括微波接力、卫星通信、电离层或对流层散射通信等。它们覆盖的波段如下：

微波接力：分散在 2.1～11.7GHz 频段内。

卫星接力：分散在 23～16GHz 频段内。

电离层散射：400～500MHz。

对流层散射：分散在 1.8～5.6GHz 频段内。

（4）导航通信发射机　包括飞机导航、信标发射机、仪表着陆系统、罗兰与奥米加导航系统等。它们覆盖的频段如下：

VOR（甚高频全向信标）：108～118MHz。

TACAN（塔康无线电信标台）：74.6～75.4MHz。

仪表着陆系统无线电信标：108～118MHz。

滑道：328.6～355.4MHz。

高度表：4.2～4.4GHz。

测向仪：405～415kHz。

罗兰 C：90～110kHz；

　　　A：1.8～2.0MHz。

航海：285～325kHz；2.9～3.1GHz；5.47～5.65GHz。

陆地：1638～1708kHz。

（5）雷达　包括空中交通管制、空中测绘、空中搜索、地面搜索、跟踪与火控雷达、气象雷达等。由于它们的发射功率很大（峰值为 MW 量级），短脉冲占用的频带很宽，谐波辐射严重，因而雷达是一种比较严重的干扰源。

2. 工业、科学、医疗用射频设备（ISM 设备）

ISM 设备是把 50Hz 交流信号通过射频振荡变为射频的变频装置，用于工业感应和电介质加热、医疗电热法和外科手术工具以及超声波发生器、微波炉等。虽然 ISM 设备本身有屏蔽，但在有缝隙孔洞、管线进出和接地不良等情况下，仍将有电磁场泄漏并形成干扰。

据统计，世界范围内的 ISM 设备的数量目前已达一亿二千万台，并以 5% 的速度逐年递增。这些设备的输出功率多为 kW 和 MW 量级。

值得注意的是：并不是所有的 ISM 设备都工作在指定的频段上，仍有相当数量的 ISM 设备工作在国际电信联盟（ITU）指配的频段以外；除此之外，统计数字表明：ISM 设备符合指配频率和满足 CISPR 极限值的百分比是很低的。参见表 6-7。

表 6-7 ISM 设备的实际工作情况

国　别	ISM 设备工作在指配频率上的百分比（%）	ISM 设备满足 CISPR 限值的百分比（%）	备　注
荷兰	大多数		
瑞典	50	100	医用 ISM 满足，工业 ISM 很少满足
丹麦	30	10	
英国	18	3	
日本	99.5	99 60	场强极限值 端子电压极限值
全世界	30	32	

国际电热联合会（UIE）根据 10 个不同国家的 30 个 ISM 设备制造厂商提供的资料，汇总的 ISM 设备辐射场强见表 6-8。表 6-9 是英国对工业区中 ISM 设备的辐射场进行测量的结果。

表 6-8 ISM 设备的辐射场强

设　　备	频　　段	场强/[dB(μV/m)]	距离/m	备　　注
感应加热设备	9～150kHz	55～80	100	
	150～285kHz	42～54	100	
	350～475kHz	50～65 48	100	基波 谐波
	0.7～5MHz	100	100	使用此频道者甚多
介质加热设备	3～10MHz	100	100	基波
	27.12MHz	50	30	塑料薄膜焊接设备的谐波电平
	912MHz			
	2450MHz			
医疗设备	27.12MHz	48	30	谐波
	2450MHz	＜10mW/cm²		
射频电弧焊		40～50	30	在 2～800MHz 上测得

表 6-9 英国工业区 ISM 设备的辐射场强

设 备 类 别	额定基频 /MHz	距 ISM 设备 d 处的中值场强/[dB(μV/m)]	
		$d=30$m	$d=100$m
感应加热	0.150	96	66
	0.35	98	70
	0.640	90	60
塑料焊条	27	58	25
		53	22
		45	26
		50	26
		50	20
粮食干燥	27	73	45
		84	52
		79	50
		86	58
		73	49
胶合板干燥	27	53	33
		56	33
		72	49
		78	65
		57	34

国际无线电干扰专门委员会（CISPR）在 CISPR11 号出版物中对 ISM 设备所规定的辐射干扰极限值（自由辐射频率例外）见表 6-10。从表 6-8～表 6-10 可以看出，当前，ISM 设备满足 CISPR 极限值的百分比是很低的。

表 6-10 CISPR 对 ISM 设备规定的辐射干扰值

频段/MHz	到受试 ISM 设备的距离	
	30m	100m
0.15～0.285		50(34)
0.285～0.49		250(48)
0.49～1.605		50(34)
1.605～3.95		250(48)
3.95～30		50(34)
30～470	30(30) 在电视频带内 500(54) 在电视频带以外	
470～1000	100(40) 在电视频带内 500(54) 在电视频带以外	

注：表中数值的单位为 μV/m，括号中数值的单位为 dB(μV/m)。

分析表明，ISM 设备所造成的干扰有如下几个原因：

1) ISM 设备功率太大，屏蔽也不够好，功率泄漏大。例如，1000W 的设备如有 0.3% 的功率泄漏，则辐射功率便为 3W，而一个功率为 3W 的各向同性辐射源，在自由空间中 30m 和 100m 处的场强分别为 110dB(μV/m) 和 100dB(μV/m)（假定符合远场条件）。

2) ISM 设备的高次谐波，例如 9 次谐波仍然很强，因此，工作频率为 2450MHz 的微波烘箱的 5 次谐波可能对 12GHz 的广播卫星业务构成干扰；工作在 27MHz 的 ISM 设备的高次谐波会对航空业务造成干扰。

3) CISPR 限值对经典的广播频段的保护是足够的，但对于移动无线电业务和卫星广播业务则保护不够。例如使用低场强的陆地移动无线业务，在规定的通信质量要求（例如 4 级）下，接收设备处所允许的最大不需要信号要小于 30dB(μV/m)。

当前，对于 ISM 设备来说，一方面是 CISPR 的限值并不能对无线导航、航空业务以及移动通信提供足够的保护；另一方面，对于 ISM 设备的生产厂来说，在 30～470MHz 频段，30m 处，30dB(μV/m) 的限值是很难达到的。

3. 输电线路及电气牵引系统

输电线路的杂波造成干扰主要有两个原因：一是输电线的电晕；二是由于绝缘子断裂，绑扎松脱等偶然发生的接触不良所产生的微弧以及受污染的导体表面上的火花。

电晕是由导线表面的电场梯度而引起的空气电离，它只出现在电压高于 100kV 的线路上，通常不会影响调频和电视的接收，只对中、长波的接收有影响。但在某些情况下，当输电线工作在大于 21kV/cm 的电压梯度下，而天气又非常恶劣时，也会对电视的接收构成干扰，这仅限于 I 频道（40～60MHz）。

电晕效应所产生的干扰噪声电平有如下几个特性：

(1) 频率特性

$$N(f)=N_0+5\left[1-2\,(\lg f)^2\right] \tag{6-4}$$

式中　N_0——噪声电平，$f=0.5$MHz；

$\qquad f$——以 MHz 为单位表示的频率；

$\qquad N$——噪声电平（dB）。

(2) 横向距离特性　噪声电平随距输电线的横向距离的相对变化可用下式来表征：

$$N(\mathrm{dB})=N_0+20k\lg\frac{d_0}{d} \tag{6-5}$$

式中　N_0——距最近导线的距离 $d_0=20$m 时的噪声电平；

$\qquad k$——系数，介于 1 与 2 之间，它与导线的种类和频率范围有关。

(3) 噪声电平离散性　定义：N_{FW} 为干燥气候时的最大可能的噪声电平；N_R 为降雨天气时的最大可能的噪声电平。则，N_{FW} 统计曲线的 $\sigma=6$dB，N_R 统计曲线的 $\sigma=3$dB；而 N_R 与 N_{FW} 之差为 17～22dB。表 6-11 指出 $f=0.5$MHz 时在不同高压范围下的干扰区间和噪声电平；对于其他频率和距离时的干扰电平可利用式（6-4）与式（6-5）进行计算。

表 6-11　不同高压范围下的电力线干扰区间和噪声电平

电压/kV	干燥天气时的噪声电平/[dB(μV/m)]	干扰区间/m
220	40~48	40~50
420	50~58	60~80
750	50~64	100~120

与电晕效应相反，由于偶然发生的接触不良所产生的微弧会对调频和电视的接收造成干扰。这种接触不良往往是由于使用了有缺陷的绝缘子、减振器和绝缘衬垫（如绝缘子断裂、绑扎松脱等）所致，尤其是在大风天气下或电力塔受震动时，接触不良现象更加明显。

电气火车和电车运行时，导电弓架与触线间的接触不良，会不时地产生火花放电，从而辐射电磁噪声。此火花脉冲的宽度等于或小于微秒量级，其重复频率约为每秒几个脉冲，因而其辐射频谱可达到 VHF 频段。

4. 汽车、内燃机的点火系统

汽车和内燃机杂波是产生甚高频（VHF）至特高频（UHF）频段城市杂波的主要原因。根据其强度和特性的测定结果，可采取相应措施使广播和电视的质量基本不受影响。但由于电子设备在汽车控制的应用，移动数字通信设备的运用，这个问题又被重新提出。汽车、内燃机点火系统发射杂波的主要部件有：点火栓、配电器接点等。点火系统以外的汽车电装置也能发出杂波，其特征正在测试研究中。

单个车辆可以辐射周期性的窄脉冲串，它的持续时间约为几个毫微秒，因而由汽车点火系统所产生的干扰频带很宽，从几百千赫兹至几百兆赫兹干扰强度几乎不变。观察结果表明，小轿车的电磁噪声比卡车约低 10dB，而摩托车则和卡车差不多。根据实验数据可知：在距离小轿车十几米远处的辐射干扰场强约为 10μV/m。汽车的电磁噪声为垂直极化（特别是 100MHz 以下），并就整体而言，噪声幅值具有正态分布形式。每个汽车所产生的电磁噪声幅值与点火系统的类型、老化、磨损程度以及车速、负载情况有关。经验表明，车辆密度每增加一倍，干扰噪声功率谱密度便增加 3~6dB。

在观察统计基础上，科学家得出了预测汽车噪声对通信设备影响的数学模型（在 100~1000MHz 范围内）如下：

$$E = -34 + 10\lg B_R + 17\lg C - 20\lg R - 10\lg f \tag{6-6}$$

式中　E——中值（50%概率）场强 [dB(μA/m)]；

　　B_R——接收机带宽（kMz）；

　　C——车辆频度（辆/分）；

　　R——接收机到马路的距离（m）；

　　f——接收机工作频率（MHz）。

例　某汽车调度站距马路 30m，所用接收机工作在 450MHz 上，带宽为 50kHz，如果车辆频度为 15 辆/分，求由于汽车点火系统在接收机处所产生的噪声的中值场强。

解　将例中所有数值代入式(6-6) 得

$$E = -34 + 10\lg 50 + 17\lg 15 - 20\lg 30 - 10\lg 450$$
$$= 14.9 dB\mu V/m = 5.6\mu V/m$$

为了保证 10dB 的信噪比，则有用信号强度为

$$14.9+10\approx25dB\mu V/m$$

5. 荧光灯照明设备

荧光灯工作时，将产生电击穿脉冲，从而造成射频干扰。此干扰可以通过灯管本身，尤其是通过它的供电电源线产生辐射发射；也可以通过电源线注入公用电源，从而构成传导干扰。D. B. Clark 曾对荧光灯的辐射噪声做过研究，图6-3是他对两个冷阴极和一个热阴极荧光灯的辐射发射所做的实测曲线，接收天线置于距灯源1m的位置。由图可见，热阴极灯管在 VHF 与 UHF 频段的高频辐射是很明显的。

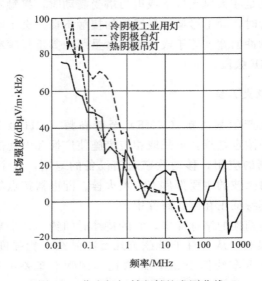

图6-3 荧光灯辐射发射的实测曲线

6. 电磁脉冲

在核爆炸时大家都知道有三大效应：冲击波、热辐射（光辐射）和放射性污染。实际上核爆炸还有第四效应——电磁脉冲（Electromagnetic Pulse），简称 EMP。

如果让氢弹在大气层外的高空爆炸，由于没有空气，就不产生冲击波，也不生成热辐射，而放射性尘屑又随距离二次方而减弱，再经大气层吸收，所以到达地面时已很微弱，然而在 100km 以上的高空进行核爆可在几百万平方千米的地域上产生很强的电磁脉冲（50～100kV/m）。这里就突出了核爆炸的电磁脉冲效应。如果说一般的核武器以电磁脉冲形式释放的能量仅占核弹总释放能量的 $3/10^{10}\sim3/10^{5}$，而核电磁脉冲弹则可将此值提高到 40%。EMP 可使敌方指挥、控制、通信和情报（Command，Control，Communication & Intelligence，简写 C^3I）遭到破坏，并导致系统瘫痪、电力网断路、金属管线及地下电缆通信网受到影响，而陷入无电源、无通信、无计算机的三无世界。

核爆炸时产生电磁脉冲的强度约为 10^5 V/m，伴生的磁场约为 260A/m。EMP 的脉宽约为 20ns，归一化的 EMS 频谱图如图6-4所示。

在发生雷击的近区产生的电磁场强度与 EMP 所产生的电磁场强度相近，因而用于核防护以免电路受 EMP 影响的措施同样可用于防雷。对于未加核防护电路，EMP 有可能导致电路的功能失效，也可能烧毁电路。例如，10^{-7} J 的 EMP 就可以使微波混频二极管失效，

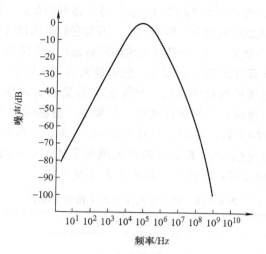

图 6-4　归一化电磁脉冲频谱图

对于更敏感的器件，只要 10^{-9} J 的 EMP 就足以使之失效。

7. 静电放电

人体、飞机或设备上所积累的静电荷常以电晕或火花方式放掉，从而造成射频干扰。这种干扰称为静电放电干扰。静电的电压从几万伏直到几十万伏，电量约为 1mC 以下，它有可能导致天线或接地板等的介质击穿。静电放电以及静电荷释放，会对人、元器件直至设备造成危害或干扰。例如当人走过尼龙地毯再去开门时，人手和门的金属柄之间会产生火花放电，有明显的"电击"感觉。当操作人员未采取防静电措施而直接用手去接触 CMOS 集成电路时，有可能损坏电路。经验表明，这种损坏有些是明显的，有些是潜在性的。静电荷释放的火花效应可以对邻近的电子设备构成辐射干扰。这种干扰属于宽带干扰，频谱成分从低频开始一直连续到中频频段。

实验表明，静电效应与周围环境的湿度有密切关系，在干燥多风的季节里，静电放电特别严重。正是因为这样，电子设备通常要进行静电放电敏感度实验，其方法是将 15000V 的高压对 300pF 的电容器充电，然后使之通过一个 500Ω 的电阻器，对受试设备作静电放电试验，观察受试设备是否对此敏感。放电试验时，在受试设备上所选择的试验点应是操作人员或维修人员通常要接触的部位，如开关、键盘、面板、电缆等。规范要求：经静电放电敏感度试验后，受试产品不能出现永久性故障。具体要求：具有数据储存或带有标准接口可以进行数据传递的产品，不能丢失数据，存储的程序不能有任何变动，不能改变状态，接口上的各点电平不得有变动。在放电和放电衰减期间，可以超差工作，但放电衰减之后，必须能立即自行恢复正常工作。

8. 公用电源

这是一种重要的典型的传导干扰源。由于市电电源是公用的，而且电源内阻并不等于"零"，尤其是在高频频段，因而，电源除向设备提供有用的电能外，同时也提供了无用成分。这些无用的成分通过对称的方式以及不对称的方式进入了设备，从而构成了干扰。这些无用的成分可能是十几伏的低频干扰信号，也可能是几伏的高频干扰信号，还可能是数百伏或千伏左右的尖峰脉冲干扰信号以及衰减振荡形式的干扰信号。所有这些，因为它们是通过导线而传入设备的干扰，故称为传导干扰信号。从这个意义上讲，公用供电电源同时也是一个传导干扰源。

对计算机以及应用计算技术的仪表而言，危害最大的是尖峰脉冲信号和衰减振荡形式的干扰信号，因为它们有可能导致程序错误、存储损失甚至系统破坏。据美国 IBM 公司的几位专家对计算机公用供电电源的长期统计观察，结果是：持续时间为 10～100ms，重复频率为 10～100kHz 的尖峰脉冲干扰，平均每个月发生 50.7 次；频率范围为 400～5000Hz 的衰减振荡干扰，平均每个月发生 62.6 次。这两种类型的干扰加在一起，占来自电源而影响计算机工作的干扰事例的 88.5%，该统计观察的结果见表 6-12。

表 6－12　来自公用电源的干扰信号统计

干扰类型	平均每月发生的事件/次	占总数的百分比（%）
衰减振荡	62.6	49.0
尖峰脉冲	50.7	39.5
其他	15.0	11.5
总计	128.3	100

9. 大气干扰与宇宙噪声

大气干扰和宇宙噪声都是来自自然界的干扰。前者主要来自于雷电，属于脉冲式宽带干扰，它的频谱从几赫兹直到 100MHz 以上；后者是来自外层空间的干扰，它又可分为银河系噪声、热噪声以及异常的星球噪声。在低于 10MHz 时，宇宙噪声的电平小于大气噪声和人为干扰；在高于 50MHz，并在远离人为噪声源的环境里应用高灵敏度的宇航系统时，必须充分考虑宇宙噪声。来自自然界的射频干扰源的特性如图 6-5 所示。

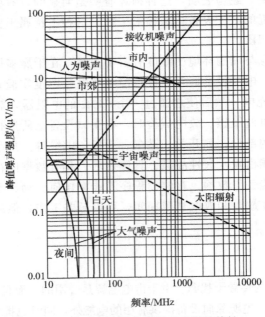

图 6-5　来自自然界的射频干扰源的特性

三、电子设备和人体对电磁干扰的允许值

在现代社会，随着高科技电子设备产品的日益增多，电磁分布也日益复杂，只要有人的地方，无处不存在着电磁场。而居于电磁场周围的生物及非生物都要受到它的影响。以前人们对电磁场的认识不够全面，没有很好地管理它，使得电磁辐射干扰问题日益严重；而且由于电磁辐射干扰本身对周围空间的辐射，使得它日益影响人们的正常生活，潜移默化地对环境产生副作用，因此电磁辐射继水源、大气、噪声之后成为第四大环境污染源。现在愈来愈受到各国的关注，许多国家在这方面作了大量的研究并制定了防制措施。

1. 电磁辐射的种类

电磁辐射分成大自然中自然形成和人为引起两种类型。

（1）自然形成的电磁辐射　大自然中，由于某种自然现象导致大气层中的电荷电离或电荷积蓄到一定程度后，便产生静电火花放电。火花放电所产生的电磁波频带很宽，可从几千赫兹到几百赫兹。自然界中的雷电、火山爆发、太阳黑子的活动与黑子的放射，以及宇宙间的电子移动或银河系的恒星爆发等都可产生这类电磁辐射。

（2）人为引起的电磁辐射　这类电磁辐射主要产生于射频辐射场源与工业杂波场源。射频辐射场源来源于无线电与射频设备；工业杂波场源主要是来自大功率输电系统。除此之外核电磁脉冲辐射所产生的干扰和破坏作用也是极其严重的。如果电子设备或系统天线直接接收核电磁脉冲，最轻的是干扰有用信号，影响工作；重的则因焦耳热使电子系统受到损伤和破坏。核电磁脉冲能传播很远，比核辐射传播的距离还远，所以核电磁脉冲干扰、损伤和破坏区域广。表 6-13 列出电磁辐射的类型及特点。

表 6-13　电磁辐射的类型及特点

类　别	电磁辐射来源设备名称	电磁辐射特点
广播、电视	广播电台、电视台及转播站	定时、定额、定功率工作
通信、雷达	通信发射台、干扰台、雷达站	定额、定功率、定方向工作
工、科、医	高频热合机、电火花冲击器、干燥处理机、高频淬火、焊接、熔炼、短波与超短波、理疗机等	基波和谐波共同辐射，频率杂乱无章
火花放电	各种机动车辆	点火系统火花放电、弧光放电
高压放电	高压电力线、高压开关、放电管	电晕放电、辉光放电、弧光放电
现代生活	微波炉灶等	小剂量的微波辐射

2. 电磁辐射对人体的危害

从原理分析，电磁辐射对人体的作用，主要取决于电磁辐射能量被人体吸收情况。为对生物系统吸收电磁辐射能量进行定量分析，现引入电磁辐射生物剂量的单位。通常，采用的单位为吸收剂量率，其术语为比吸收率（SAR）、计量单位为 W/kg。

（1）电磁辐射对人体的作用　国际上对电磁波辐射危害人体的研究结果发现，电磁波对人体组织的作用，一般分为两种。一是热效应，即电磁波照在人体上会发热。二是非热效

应，即分子水平效应。其电磁辐射危害主要出现在射频电磁场频段。当射频电磁场强度达到一定值时，才能对人体发生作用。在射频的作用下，人体吸收电磁辐射能后，其能量便转化为热能。只有当超过体温调节能力时，才使温度平衡功能失调，引起体温升高，因而产生生理功能紊乱与病理变化等生物效应。这样，人体的分子就会重新排列。这种原本的状态称之为"正常状态"（它包括健康人和病态人）。这种失衡的状态称之为"异常状态"（包括健康人的异常感和病态人康复感）。在重新排列的过程中，消耗掉的场能转化为热能，人体内电介质溶液中的粒子因受到场力作用发生位置变化。这时，频率高到一定程度时，粒子在其平衡位置附近振动，也会使体内的电介质产生热效应。同时，因人体内各组织导电性不同，电磁辐射对人体的热效应也不同。

基于上述机理，电场强度越大，分子运动过程中把场能转化为热能的量越大，人体的热效应就越明显。因此，电磁辐射对人体的热效应与场强成正比。只有当场强超过一定限度时，才会有害于人体健康。

（2）射频电磁场对人体的作用　在一般情况下，无论是专业人员还是广大民众，遭受的电磁辐射都具有强度低与被照射时间长的特点。人们受到的作用通常是全身性的。人体反复接收低强度照射后，体温无明显上升，但却使中枢神经系统及其他方面功能发生变化，使之引起组织病理学、新陈代谢与脑电等的改变，从而通过随意神经与自主神经使人的行为产生变化，并引起心脏、胰腺等脏器的变化。另一方面，通过大脑、神经系统，使甲状腺、肾上腺等内分泌改变，进一步影响人体的循环、血液、免疫、生殖与代谢等系统的功能，使人产生不适的反应和症状。它们会使人疲劳或兴奋性升高、记忆力衰退、睡眠紊乱，从而发生全身严重衰弱、神经性紧张紊乱、心动过速、高血压、窦性心律不齐，还发生胃和肝胰腺机能紊乱、胃部不适、恶心、食欲减退、大便异常、胃炎与溃疡病等，并降低人体体液免疫功能与细胞免疫机能等。

人体各器官的影响和电磁辐射的频率有关，见表 6-14。

表 6-14　人体各器官与电磁辐射的频率的关系

频率/MHz	波长/cm	受影响的主要器官	主要生物效应
150 以下	200 以上		透过人体，影响不大
150~1000	200~30	体内各器官	由于体内组织过热，损伤各器官
1000~3000	30~10	眼晶状体、睾丸	组织加热显著，晶状态易损伤
3000~10000	10~3	皮肤，眼睛晶状体	伴有温度的皮肤加热
10000 以上	3 以下	表皮	皮肤表面一方面反射，另一方面吸收产热

3. 电磁辐射干扰

这里所谈的干扰是指射频设备电磁能量的输出与泄漏，以及天线向外辐射的电磁能，对周围的电子设备装置、精密仪表等产生的严重干扰。这些干扰会使设备工作不正常、电视图像模糊和不稳定。此外，强电磁辐射是对弹药、武器的严重威胁；也可使导弹控制系统失灵、爆管效应提前或推后，以及引起金属器件发热和可燃性气体、油类等燃烧与爆炸事故。

显然，必须采取有效的防护设施防止电磁辐射的干扰。

四、电磁干扰的防护措施

前几节主要讨论了电磁干扰问题，即提出问题。这一节将讨论和研究电磁干扰防护问题，即解决问题。两者构成了电磁干扰与兼容的整体，缺一不可。

电磁兼容基本含义是，能保证设备（包括系统和分系统）在共同的电磁环境中执行各自功能的共存状态，而互不相扰。说明再详细一点，即设备不会由于受到同一电磁环境中其他设备的电磁发射（电磁骚扰）而导致不允许的性能降级或失效。同时，设备也不会使同一电磁环境中的其他设备因受电磁发射而导致不允许的性能降级或失效。

造成设备性能降级或失效的电磁干扰必须同时具备三个要素：首先是有电磁骚扰源；其次是有电磁干扰敏感的设备；另外要存在电磁干扰的耦合通路，以便把能量从骚扰源传递到对干扰敏感设备。

电磁干扰抑制主要是通过接地、屏蔽及滤波等技术将干扰予以隔离，这也通常被称为抑制与隔离电磁干扰，即电磁兼容的三大技术。虽然每种方法在电路和系统中有它独特的作用，但相互间又是关联的。例如，良好的接地可以降低设备对屏蔽的和滤波的要求，而良好的屏蔽也可以使滤波要求低一些。总而言之，应以全局的观点统一考虑系统的电磁兼容性技术措施。

（一）接地

1. 接地概念

所谓接地，就是在两点间建立传导通路，以便将电子设备或元件连接到某些通常称为"地"的参考点上。

理想接地面是指一个零电位零阻抗的导体，平面上任意两点间的电位差为零，因此，它可以用作所有信号的参考点。但事实上这种理想接地平面是不存在的，因为即使是电阻率为零的超导体，由于平面上两点间存在着过渡时间延迟，也会呈现电抗效应。

接地的目的主要是防止电磁脉冲干扰，消除由公共阻抗、电场或其他耦合器件所带来的干扰信号，以保证人身和设备的安全。接地和屏蔽有机地结合起来，就能解决大部分电磁干扰问题。为此电气和电子设备或系统在设计过程中，设计师要采用接地技术和屏蔽技术来满足电磁兼容的要求。

由于电气电子系统的性能通常取决于若干互相联系而又互相影响的功能，要使其系统能正常工作，必须对其相互作用加以控制。若电子系统中，各分系统（单个设备）有一个基准点，会造成各分系统间的参考电位不同，产生公共阻抗的影响，为消除这种影响，必须在系统中建立一个等位面——接地面。

理想的接地面阻抗为零。大地是理想的接地面。理想的接地面应使系统的任何地方都能为设备提供公共的参考电位点，以消除不希望有的电压。接地平面应采用低阻抗材料（例如铜）制成，并有足够的长度、宽度和厚度，以保证在所有的频率上都呈现低阻抗。用于安装固定式装备的接地平面应当采用整块薄铜板或网格为 25cm×25cm 或更密一些的铜栅网组成，对多路发射机装置要求用薄铜板作接地平面。对甚低频发射机则常常会遇到一些特殊问题，需要采取独特的解决办法。接地平面应对大地呈现很大电容。在组装时接地平面应延伸到所有设备底面的下方，而且要比该设备底面最大尺寸伸长 1.8m 或更远。大功率发射机要求接地平面在径向延伸到最低工作频率1/4波长，以便排除地电流，还需要设计一条接地母线，以便为设备提供就近接地汇流点，该母线应当每隔1.8m或更短的间隔与接地平面经铜带熔焊连接一起。

接地面与大地面连接往往出于下述三种原因：

1）为使整个系统有一个公共的零电位基准面，并给高频干扰电压提供低阻抗通路，达到系统稳定工作的目的。

2）为使系统的屏蔽接地，取得良好的电磁屏蔽效果，达到抑制干扰的目的。

3）为了防止雷击危及系统和人体，防止电荷积累引起火花放电，以及防止高电压与外部相接引起的危险。

2．接地方式

现有四种实用的接地方式：浮地接地系统，单点接地系统、多点接地系统和混合接地系统。

（1）浮地接地系统　在低频时，各级电路的电位差被隔离，同时可以忽略接地面和电路的分布电容的条件下，常用浮地接法，如图6-6所示。采用浮地的目的是将电路或设备与公共地或可能引起环流的公共导线隔离开来。浮地还可使不同电位的电路之间的配合变得容易。其优点是抗干扰性能好。但由于设备不与大地直接相连，容易出现静电积累，当积累的电荷达到一定程度后，在设备与大地之间的电位差会引起强烈的静电放电，成为破坏性很强的干扰源。作为折中的办法，可以在采用浮地的设备与大地之间接进一个阻值很大的电阻，以便泄放掉所积累的电荷。

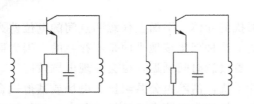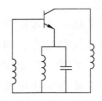

图6-6　浮地接地系统

（2）单点接地系统　单点接地是指在一个电路或设备中，只有一个物理点被定义为接地参考点，而其他凡是需要接地的点都被接到这一点上。如果一个系统包含有许多机柜，则每个机柜的"地"都是独立的，机柜内的电路采用自己的单点接地，然后整个系统的各个机柜的"地"都连到系统唯一指定的参考点上。这种接地方法，地线连线长而多，在高频时，地线电感较大，由此而增加地线间的电感耦合，引起电磁干扰，所以当系统工作频率很高时不用这种接地系统。

单点接地系统如图6-7所示。

（3）多点接地系统　多点接地是指每一个设备、装置、电路都各自用接地线分别单点就近接地，称之为多点接地系统。多点接地系统如图6-8所示。

由系统的结构可以看出，设备、装置、电路之间的距离比信号波长大时一定要采用本系统。

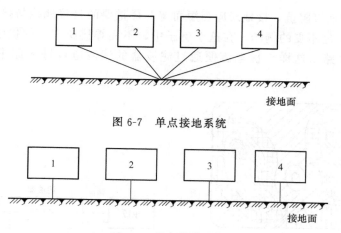

图 6-7　单点接地系统

图 6-8　多点接地系统

每个设备、装置、电路中的干扰电流只能在本身循环，而不会耦合到其他地方。尤其是在低电平的输入级中。

多点接地的优点是接线简单，而且在接地线上出现高频驻波的现象也明显减少。但是，多点接地形成多个地回路，因而接地质量非常重要。经验表明：多点接地需要很好地维护，以避免由于腐蚀等原因而在接地系统中出现高阻抗。

（4）混合接地系统　当线路中同时存在有高频、视频、音频信号时，往往需要采用混合接地系统。所谓混合接地，通常有两种方法：其一是，在一个系统中，对于高频或中频线路采用多点接地，而对于音频、视频电路则采用单点接地，最后再用母线把它们互连起来；其二是，在单点接地基础上，将那些仅仅要求高频接地的点通过电容器加以就近接地，从而实现了混合接地的目的。但需要特别注意，防止这些电容器与接线电感构成谐振。

接地线长度取决于通过地线的电流大小，以及允许在每一根地线上产生的压降值。有的学者建议以 0.05λ 为界，凡是单点接地的线长比 0.05λ 大时，就应当采用多点接地。也有的学者建议以频率的高低来选择，当频率低于 1MHz 时，用单点接地较好；而在频率高于 20MHz 时，应当使用多点接地。对于频率在 $1\sim10$MHz 的情况，只要接地线可能长于 0.05λ 的，就要采用多点接地，混合接地如图 6-9 所示。

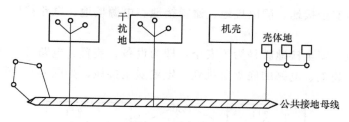

图 6-9　混合接地

（5）接地连线　接地点把一个电路、一个设备或整个系统接到平面的结构部位，而接地平面上的点并非都经常处于零电位，有高电位或大电流区，也有高电位和大电流同时作用区域。有时在两接地点之间要产生几微伏的电位差。图 6-10 表示了在一定频率上典型的地电位分布图。

为了降低接地连接阻抗，接地线应当短而宽"最重要的是接地线与接地面应可靠焊接。图 6-11 是滤波器接地不良的例子。在这个例子中，不良焊接所产生的接触电阻不能为高频噪声提供低阻抗通路，这样干扰电流便通过滤波器的滤波电容进入原本应当受到保护的电路。

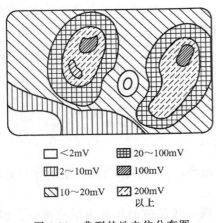

□ <2mV　⊞ 20～100mV
▥ 2～10mV　▨ 100mV
◨ 10～20mV　▧ 200mV
　　　　　　　　　以上

图 6-10　典型的地电位分布图

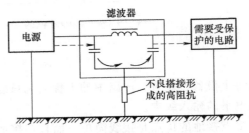

图 6-11　滤波器接地不良

实现连接的方法有许多，焊接（包括熔焊、钎焊等）是比较理想的办法，可以避免因金属面暴露在空气中由于锈蚀等原因造成的连接性能下降。压配连接、铆接和用螺钉攻螺纹连接在高频时都不能提供良好的低阻抗连接。特别是用螺钉连接时，由于配合件中的螺钉运动使得两部分金属的接触由面接触变成了线接触。更为严重的是，由于腐蚀和高频电流的趋肤效应，使得射频电流沿着螺钉的螺旋线流动，使得这种连接在很大程度上呈现了电感性。

无论是哪种连接，其连接处表面都要进行必要的处理，保证连接的表面是面接触。对于阳极氧化膜等不导电膜层，在连接前必须清除。对活泼金属铝的表面，还要有防腐蚀的保护层。此外，在连接后还要检查新刷的漆层是否会渗入搭接面而影响搭接的质量。

3．接地分类

接地一般分为安全接地、静电接地、避雷接地、电源接地、电路接地、屏蔽接地和信号接地。

（1）安全接地　安全接地就是为了安全，即为设备、装置、电路及人身的安全。因此，设备、装置、电路的底盘及机壳一定要安全接地，如图 6-12 所示。

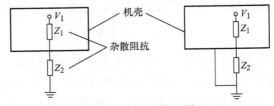

图 6-12　安全接地图

在图 6-12 中，Z_1 为 V_1 点与机壳的杂散电阻；Z_2 为机壳与地之间杂散阻抗，则

$$V_{机壳} = V_1 \frac{Z_2}{Z_1 + Z_2} \tag{6-7}$$

若机壳接地不良或不接地，则机壳对地有较高电位，对人有触电的危害。若机壳接地，$Z_2 \approx 0$，则 $V_{机壳} \approx 0$，机壳电位近似为零，就没有危险了。

（2）静电接地　非导电用导体部件的接地称为静电接地。其作用是：通过地把金属部件聚集电荷泄放掉；防止部件接收近区无线电发射机的辐射能量并再发射出去。

（3）避雷接地　把可能受到雷击的物体和大地接通，以便提供泄放大电流的通路，称之为避雷接地。这种接地目的很明确，就是防止人及物体受雷击，这物体可以是天线，可以是大楼，可以是电子、电气设备。特别是它们所处位置较高时，距离雷云较近时，一定要避雷接地。

（4）电源接地　供电电源单独建立基准接地点称之为电源接地。其要求如下：

1）分别建立交流、直流和信号的接地通路。

2）在接地面上，电源接地与信号接地要互相隔离，减少地线间耦合。

3）电源接地通路，以尽可能直接的路径接到阻抗最低的接地导体上。

4）将几条接地通路接到电源公共接点上，以保证电源电路有低的阻抗道路。

5）不要采用多端接地母线或横向接地环。

6）在接地母线中尽量减少用半联接头。

7）交流中性线必须与机架地线绝缘，且不能作为设备接地线使用。

（5）电路接地　电路的接地面对电路所在系统的所有工作频率都呈现低阻抗特性，称之为电路接地。

接地面应该具备：

1）接地面是电路公共地回路。

2）所有电路都会向接地平面输送自身地电流。

3）一个地回流路径穿过另一个地回流路径时，将产生电路之间的耦合。此耦合如图 6-13所示。

这个耦合电压的大小由接地平面两个电路接地点之间的阻抗以及接地平面的电流所决定，如图 6-14 所示。

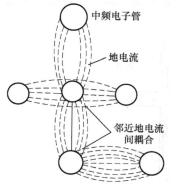

图 6-13　地回路耦合实例

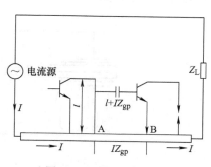

图 6-14　地回流作用图

图 6-14 中 Z_{gp} 是 A、B 两点间的接地平面阻抗，IZ_{gp} 则为地回流电流 I 在接地点 AB 之间产生的干扰电压，作为下一级敏感电路的输入干扰。为了减小干扰电压，应很好安排电路元件的接地，使地回流路径尽量短而且直，尽量避免交叉。这样，地电流在电路之间的耦合量将保持最小。

（6）屏蔽接地　用于屏蔽作用的部件的接地称为屏蔽接地。

1）屏蔽体接地。常见的屏蔽体有屏蔽室、机壳及元器件的屏蔽帽等。对于它们的屏蔽应做到以下四点：

① 不能将屏蔽体本身作为回流导体。

② 应使用紧靠屏蔽体的接地平板和接地母线。

③ 接地母线和接地平板只有一点接地，其余部分应与屏蔽体绝缘。

④ 接地平板和接地母线的接地点是屏蔽体内装置唯一的接地连接，如图 6-15 所示。

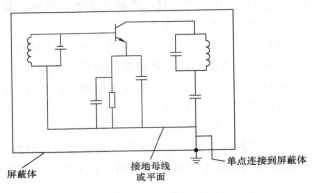

图 6-15　屏蔽体接地图

2）屏蔽电缆屏蔽层接地。电缆长度 $L < 0.15\lambda$ 时，即为低频电缆，λ 是信号的工作波长，则要求单点接地。一般均在输出端接地，若输出端不接地，也可以输入信号源端接地。

电缆长度 $L > 0.15\lambda$ 时，即为高频电缆，则采用多点接地，以保证屏蔽层上的地电位。一般屏蔽层按 0.15λ 或 0.1λ 的间隔接地，以降低地线阻抗，减少地电位引起的干扰电压。另外将屏蔽层的两端都接地。

3）输入电缆的屏蔽接地。输入信号电缆的屏蔽层不能在机壳内接地，只能在机壳的入口处接地，此时屏蔽层上的外加干扰信号直接在机壳入口处接地，避免屏蔽层将外加干扰带入设备内的信号电路，如图 6-16 所示。

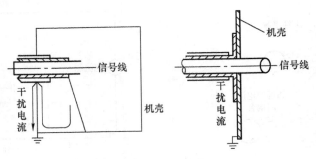

图 6-16　输入电缆接地

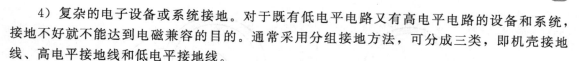

　　4）复杂的电子设备或系统接地。对于既有低电平电路又有高电平电路的设备和系统，接地不好就不能达到电磁兼容的目的。通常采用分组接地方法，可分成三类，即机壳接地线、高电平接地线和低电平接地线。

　　① 机壳接地线。为了安全，设备、装置、电路的机架、机体及机箱等都有良好接地。所谓良好接地，是指通过一个导电性能良好的接地件接到近于零电平的区域。注意金属底板不能算做良好接地件，这是由于金属底板有孔洞或者不规则的几何形状，则造成表面电阻率的增加，由此产生较大的地电位差，必须出现高于基准零电位的地电位信号，它可以干扰小信号敏感电路。

　　② 高电平接地线。有些设备产生的电磁噪声电平很高，如继电器、变压器、变流机、发电机和电动机，它们对低电平信号的干扰非常严重。所以一定要单独建立接地面和接地线。

　　③ 低电平接地线。当信号为低电平信号时，信号接地线通常采用多点接地和单点接地，当信号电平相差较大时，则选择半并联接地法。接地线的长度应短于信号波长的 1/20，如果信号接地线太长，由天线理论可知，地线变成了天线，向外辐射电磁波形成干扰，特别是接地线长度是信号波长 $\frac{\lambda}{4}$ 的奇数倍时就更为严重。除此之外，还要注意一个问题，不能用交流电源的地线当作信号地线，通常电源地线的两点间有几百毫伏到几伏的电压，这对低电平信号将是非常大的干扰。

（二）屏蔽

　　利用磁性材料或者低阻材料铝、铜等制成容器将需要隔离的设备、装置、电路、元器件全部包起来，称之为屏蔽。屏蔽的作用有两个：一是限制内部的辐射电磁能越出某一区域；二是防止外来的辐射进入某一区域。由此可见屏蔽是抑制通过空间传播的电磁干扰的有力措施之一。屏蔽的形式多种多样，屏蔽按其机理可分为：①静电屏蔽，主要防止静电耦合干扰；②电磁屏蔽，主要防止高频磁场的干扰；③磁场屏蔽，主要防止低频磁场干扰。

1. 静电屏蔽

　　消除两个设备、装置及电路之间由于分布电容耦合所产生的静电场干扰，称为静电屏蔽。

　　静电屏蔽的机理：利用低阻金属材料制成容器使其内部的电力线不传到外部，而外部的电力线也传不到内部，如图 6-17 所示。

　　由电磁场理论可知，导体在电场中要产生静电平衡，导体是个等位体，导体表面是个等位面，即导体内部的静电场为零，也就是说导体不让电力线通过。

　　图 6-17 中 A 为干扰源，B 为受扰设备。现采用屏蔽壳体把干扰源封闭起来，且进行屏蔽金属化处理，这就切断了电力线，使 B 不受干扰，如图 6-17a 所示，而图 6-17b 所示的屏蔽未接地，则正电荷移到屏蔽的外壳表面，形成电场，干扰设备 B。要达到静电屏蔽的目的，一定要将屏蔽壳体接地，在接地线上产生电流，而且干扰源 A 电荷是随时间变化。屏蔽的要求：静电屏蔽可以使用任何金属，而且对其金属的厚度以及它的电导率也没有特殊要

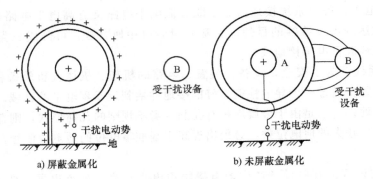

a) 屏蔽金属化　　　　　　　b) 未屏蔽金属化

图 6-17　静电屏蔽

求。任何与干扰源机壳相连接的金属封闭外壳，都可将电场限制住，从而完成静电屏蔽作用。现场经常使用的材料是铜。通常屏蔽外壳接地电阻愈低愈好，一般设计在 1Ω 以下。

2. 电磁屏蔽

用金属和磁性材料对电场和磁场进行隔离，称为电磁屏蔽。这种屏蔽通常用在 10kHz 以上高频段中。

(1) 电磁屏蔽机理　电磁屏蔽对于电磁波的衰减有三种不同的机理：

1) 电磁波在到达屏蔽体表面时，由于空气与金属的交界面上阻抗的不连续，对入射波产生的反射。这种反射不要求屏蔽材料必须有一定厚度，只要求交界面上的不连续。

2) 未被表面反射掉而进入屏蔽体的能量，在体内向前传播的过程中，被屏蔽材料所衰减，这种物理过程被称为吸收。

3) 在屏蔽体内尚未衰减掉的剩余能量，传到材料的另一表面时，在遇到金属-空气阻抗不连续的交界面时，会形成再次反射，并重新返回屏蔽体内。这种反射在两个金属的交界面上可能有多次的反射。

这样看来，电磁屏蔽体对电磁的衰减主要是基于电磁波的反射和电磁波的吸收。

(2) 材料对屏蔽的效果

1) 吸收损耗。根据材料类型及材料的厚度不同，对于电磁波的吸收效果是不同的。

2) 反射损耗。电磁波的反射问题比较复杂，它不但与屏蔽材料的表面阻抗有关，也与波阻抗大小以及辐射源的类型（电的或者磁的）有关。

对低阻抗磁场和高阻抗电场的反射损耗列线图计算方法是相同的，可根据已知距离和选定金属材料，在该两条列线的对应点之间连一直线，得到与参考线的交点，再在这个交点与选定的感兴趣频率上连另一条直线，后一条直线与反射损耗线的交点即为所求的反射损耗值。

如果已知不同频率上的反射损耗值，也可以利用它们的连线在参考线上的交点，反过来求出选定金属材料所必须有的辐射源到屏蔽体之间的距离。

平面波在自由空间传播时，其波阻抗为一常数，与辐射源到屏蔽体的距离无关，因此它的估算就比较简单，只要直接在金属材料与感兴趣的频率点上连一根直线，就可以求出此时的反射损耗值。

(3) 实际的电磁屏蔽体　前面的讨论中，都把电磁屏蔽体看成是均匀屏蔽，即是一个全封闭的屏蔽体，亦即它在电气上是连续均匀的，没有孔隙的屏蔽体。但在实际的机箱和屏蔽盒结构设计中，这种均匀理论中的屏蔽体并不存在，因为机箱通常都有电源线和控制线的引入和引出，除此以外，设备的面板上还有操作键、显示屏的开孔，后面板上还有通风孔等等，所以实际机箱电气上并不连续，而电气上不连续的机箱会降低其屏蔽效能。为此，机箱（或屏蔽盒）在设计中一般选用的结构材料应满足下述要求：

1）制作底板和机壳的材料应选用良导体，如铜、铝等，它可以屏蔽电场，主要的屏蔽机理是反射信号而不是吸收信号。

2）对磁场的屏蔽需要铁磁材料，如高磁导率合金和铁，主要的屏蔽机理是吸收而不是反射。

3）在强电磁场中，要求所用材料能屏蔽电场和磁场，因此需要结构上完好的铁磁材料，屏蔽效能直接受材料厚度以及搭接和接地方法好坏的影响。

4）塑料壳体是在其内壁喷涂屏蔽层，或在注塑时掺入金属纤维。

总之必须尽量减少结构的电气不连续性，以便控制经底板和机壳进出的泄漏辐射。提高缝隙屏蔽效能的结构措施，包括增加缝隙深度、减小缝隙长度、在接合面上加入导电衬垫、在接缝处涂上导电涂料及缩短螺钉间距等。

3. 磁场屏蔽

磁场屏蔽通常是指对直流或甚低频（VLF）磁场的屏蔽，其屏蔽效果比对静电屏蔽和电磁屏蔽要差得多，因此，磁场屏蔽是个棘手的问题。磁场屏蔽的机理主要是依赖于高磁导材料所具有的低磁阻特性，对磁通起着分路的作用，使得屏蔽体内部的磁场大大减弱，而尽量不扩散到外部空间。其屏蔽效能主要取决于屏蔽材料的磁导率 μ；随着频率的增加，材料的电导率 σ 也起一定作用。图 6-18 是磁场屏蔽的原理图。图中 A 是磁场源，它向外发射磁场。B 是接收设备，要它不受磁场的干扰。C 是磁场的屏蔽体，它把 A 和 B 隔离开，达到磁场屏蔽的目的。

提高磁场屏蔽效能的主要措施有：

1）选用高磁导率的材料，如坡莫合金等。

2）屏蔽体直径要小，增加屏蔽体的壁厚。

以上两条是为了减小屏蔽体的磁阻。

3）被屏蔽的物体不要安排在紧靠屏蔽体的位置上，以尽量减小通过被屏蔽物体体内的磁通。

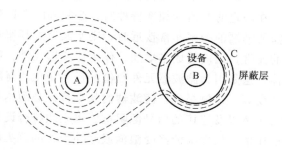

图 6-18 磁场屏蔽原理图

4）注意磁屏蔽体的结构设计，凡接缝、通风孔等均可能增加磁屏蔽体的磁阻，从而降低屏蔽效果。为此，可以让缝隙成长条形通风孔循着磁场方向分布，这有利于减少屏蔽体在磁场方向的磁阻。

5）对于强磁场的屏蔽，可采用双层磁屏蔽体的结构。若要屏蔽外部强磁场，则屏蔽体外层要选用不易磁饱和的材料，如硅钢等。反之，若要屏蔽内部强磁场，则材料排列次序要倒过来。在安装内外两层屏蔽体时，要注意彼此间的磁绝缘。当没有接地要求时，可用绝缘材料作为支撑件。若需要接地，可选用非铁磁材料（如铜、铝）作为支撑件。但从屏蔽体能兼有防止电磁感应的目的出发，一般还是要接地的。

（三）滤波器

为了消除来自公用电源的传导干扰，需要在供电电源的输入端装设电源滤波器。同时为了抑制无线电干扰，可以在发射机的输出端和接收机输入端安装相应的电磁干扰滤波器。所以滤波器不仅是防护传导干扰的主要措施，也是解决辐射干扰的重要手段，其作用机理是可以把不需要的电磁能量即电磁干扰减少到满意的工作电平上，滤掉干扰信号，以达到兼容的目的。

1. 滤波器的工作原理

电源滤波器和干扰滤波器的工作原理与普通滤波器一样，它能允许有用信号的频率分量通过，同时又阻止其他干扰频率分量通过。其方式有两种：一种是不让无用信号通过，并把它们反射回信号源；另一种是把无用信号在滤波器里消耗掉。

2. 滤波器的频率特性

滤波器的最重要特性为插入损耗的频率特性，插入损耗也是描述滤波器性能的最主要参量。插入损耗的大小随工作频率不同而改变。插入损耗定义为

$$L_{in} = 20 \lg \frac{V_1}{V_2} \tag{6-8}$$

式中　V_1——线路中接有滤波器时信号源的输出电压（V）；

$\quad\quad V_2$——线路中不接滤波器时信号源的输出电压（V）；

$\quad\quad L_{in}$——插入损耗（dB）。

频率特性是指插入损耗随频率变化的曲线。

在确定滤波器的频率特性时，必须同时考虑带通特性和带阻特性。如果需要通过的频率与需要抑制的频率非常接近时，则滤波器的频率特性必须足够陡峭，而这意味着需要大量精密的元件，因而使成本增加。作为滤波器元件，除准确度要求较高外，还必须具有较高的可靠性，这是因为滤波器元件数值的任何变化均意味着频率特性改变，从而导致电磁干扰抑制特性变坏。也就是说，滤波器的频率特性必须达到设计要求，为此目的，和滤波器连接的负载阻抗值以及连接的信号源阻抗值也必须符合设计要求。另外，滤波器还必须有足够高的额定电压值，以保证能经受浪涌或脉冲干扰的恶劣电磁环境。

3. 滤波器的特殊性

由于电磁干扰滤波器的作用是抑制干扰信号的通过，所以它与常规滤波器有很大的不同。

1）电磁干扰滤波器要有足够的机械强度、安装方便、工作可靠、重量轻、体积小及结构简单等优点。

2）电磁干扰滤波器对电磁干扰抑制的同时，能在大电流和电压下长期地工作，对有用信号消耗要小，以保证最大传输效率。

3）要求电磁干扰滤波器在工作频率范围内有比较高的衰减性能。

4）由于电磁干扰频率是在 20Hz 到几十吉赫兹，故难以用集中参数等效电路来模拟滤波电路。

5）干扰源的电平变化幅度大，有可能使电磁干扰滤波器出现饱和效应。

6）电源系统的阻抗值与干扰源的阻抗值变化范围大，很难得到使用稳定的恒定值，所以电磁干扰滤波器很难工作在阻抗匹配条件下。

4. 滤波器的分类

（1）反射式滤波器 反射式滤波器是指由电感和电容组成的，能阻止无用信号通过，把它们反射回信号源的滤波器。其类型为：带阻滤波器、带通滤波器、低通滤波器和高通滤波器共四种。

1）带阻滤波器。带阻滤波器是指用于对特定窄频带（在此频带内可能产生的干扰）内的能量进行衰减的一种滤波器。带阻滤波器的电路结构如图 6-19 所示。带阻滤波器是用作串联在负载和干扰源之间的抑制器件。其作用如下：

① 在音频放大器输入端或级间连接端可抑制拍频振荡器或者中频的馈入，抑制雷达脉冲重复频率、外差振荡等。

② 在直流和交流配电线上，抑制计算机时钟波动、整流纹波以及雷达脉冲重复频率等。

③ 在接收机输入端抑制强的外干扰，否则这些干扰会产生过载。

④ 在接收机输入端抑制中频输入信号。

⑤ 在接收机输入端抑制影响信号的频率。

⑥ 在发射机输出端或级间连接可抑制谐波。

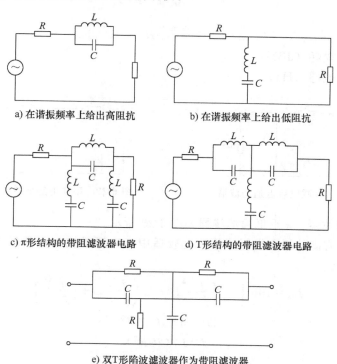

a) 在谐振频率上给出高阻抗   b) 在谐振频率上给出低阻抗

c) π形结构的带阻滤波器电路   d) T形结构的带阻滤波器电路

e) 双T形陷波滤波器作为带阻滤波器

图 6-19　带阻滤波器的电路结构

2）带通滤波器。带通滤波器正好和带阻滤波器相反，它是指用于对特定窄频带外的能量进行衰减的一种滤波器。

带通滤波器的电路结构如图 6-20 所示。带通滤波器并接于干扰线和地之间，以消除电磁干扰信号，达到兼容目的。

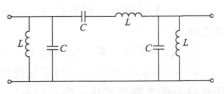

图 6-20　带通滤波器的电路结构

3）低通滤波器。低通滤波器是指低频通过、高频衰减的一种滤波器。它是电磁干扰技术中应用最多的一种滤波器。常用于直流或交流电源线路，对高于市电的频率进行衰减；用于放大器电路和发射机输出电路，让基波信号通过，而谐波和其他乱真信号受到衰减；舰船电网里均采用低通滤波器。

① 并联电容低通滤波器（如图 6-21 所示）。如果电源阻抗和负载阻抗相等，则插入损耗为

$$L_{in}=10\lg(1+F^{\frac{1}{2}}) \tag{6-9}$$

$$F=\pi fRC \tag{6-10}$$

式中　L_{in}——插入损耗（dB）；

f——工作频率（Hz）；

R——电源或者负载阻抗（Ω）；

C——滤波电容（F）。

② 串联电感低通滤波器（如图 6-22 所示）。电源阻抗和负载阻抗相等时，插入损耗为

$$L_{in}=10\lg(1+F^{\frac{1}{2}}) \tag{6-11}$$

$$F=\pi+\frac{L}{R} \tag{6-12}$$

式中　L_{in}——插入损耗（dB）；

L——滤波电感（H）。

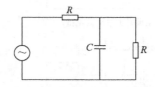

图 6-21　并联电容低通滤波器

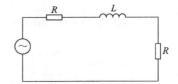

图 6-22　串联电感低通滤波器

③ π 形低通滤波器。π 形低通滤波器如图 6-23 所示。

在宽波段内具有高的插入损耗，体积也较适中。当源阻抗与负载阻抗都为 R 时，其插入损耗表示为

$$L_{in}=10\lg\left[1+\left(\frac{f}{f_0}\right)^2 D^2-2\left(\frac{f}{f_0}\right)^4 D+\left(\frac{f}{f_0}\right)^6\right] \tag{6-13}$$

$$D=(1-d)/3d^{\frac{1}{2}}$$

$$d=L/(2CR^2)$$

$$f_0=\frac{1}{2\pi}\left(\frac{2}{RLC^2}\right)^{\frac{1}{3}}$$

式中 L_{in}——插入损耗（dB）；

      f_0——截止频率（Hz）。

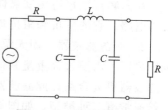

图 6-23   π形低通滤波器

4）高通滤波器。在降低电磁干扰上，高通滤波器虽不如低通滤波器应用广泛，但也有用途。特别是这种滤波器一直被用于从信号通道上滤除交流电流频率或抑制特定的低频外界信号。设计高通滤波器时，均采用倒转方法，凡满足倒转原则的低通滤波器可以很方便地变成所需要的高通滤波器。倒转原则就是将低通滤波器的每一个线圈换成一个电容器，而每一个电容器换成一个线圈，就可变成高通滤波器。

低通滤波器转换成高通滤波器电路如图 6-24 所示。

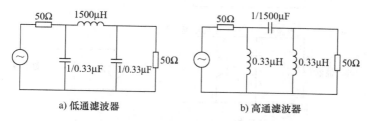

图 6-24   低通滤波器转换成高通滤波器图

（2）吸收式滤波器   这种滤波器是将不希望的信号吸收掉，以到达滤波的目的。

1）有损耗滤波器。为了消除 LC 形低通滤波器的频率谐振和要求终端负载阻抗匹配的弊病，使电磁干扰滤波器能在较宽的频率范围里具有较大的衰减。人们根据介质损耗和磁损耗原理研究出一种损耗滤波器。其基本原理是选用具有高损耗系数或高损耗角正切的电介质，把高频电磁能量转换成热能。在 50Ω 测试系统里，具有高损耗系数的电介质的截止频率大于 10MHz。有一种具有电气密封的损耗石墨，截止频率可达到 10GHz。

工程中实际使用的是将铁氧体一类物质制成柔软的磁管，可以在绝缘或非绝缘的导体上滑动，这种磁管称为电磁干扰抑制管。柔软性磁管的磁导率与磁环和磁条相比要低一些。由于磁管没有饱和特性和谐波特性，所以可以使用在 0 以上的频率范围内。

电磁干扰抑制管的工作原理类似磁环和磁条，在 10MHz 附近有一个等效的磁导率，这就增加了被抑制导线的电感量，如图 6-25 所示。在低频上，电磁干扰抑制管也适于跟具有金属化屏蔽层的电容器一起使用。当电磁干扰抑制管当作低通滤波器使用，并应用在电源汇流条时，磁管材料对任何直流、50Hz、400Hz 电源线电流均不会产生饱和现象。

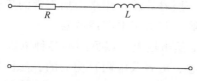

图 6-25   电磁干扰抑制管等效原理图

R—导磁性材料损耗   L—附加串联电感

电磁干扰抑制管可以套在标准电缆或电线上，屏蔽低频电场和磁场，不会引起直流或电源频率损耗。

在高频范围里应用铁氧体磁环来抑制电磁干扰，它可以等效为电感线圈、电阻与电容并联的电路。它的感抗和阻抗均为频率的函数。

2）有源滤波器。用无源元件制造的电磁干扰滤波器庞大而笨重，使用晶体管的有源滤波器可以不需要过大重量和体积就能提供较大值的等效 L 和 C。对低频低阻抗电源电路用有源滤波器更为合适。此滤波器的特点是尺寸小，重量轻，功率大，有效抑制频带宽。这种滤波器通常有三种类型，如图 6-26 所示。

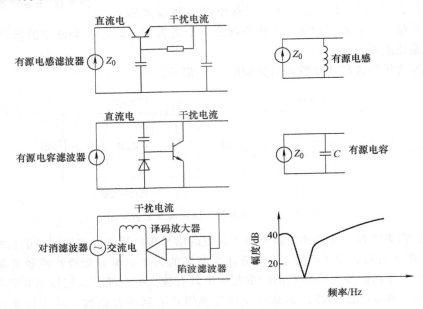

图 6-26　有源电磁干扰滤波器

① 模拟电感线圈的频率特性，给干扰信号一个高阻抗电路，称为有源电感滤波器。

② 模拟电容的频率特性，将干扰信号短路到地，称为有源电容滤波器。

③ 一种能产生与干扰电源幅值同样大小、方向相反的电流，通过高增益反馈电路将电磁干扰对消掉的电路称为对消滤波器。在交流电源线中，采用对消干扰技术是最有效的方法。对消滤波器具有很高的效能，通过自动调谐器把滤波器的频率调到电源频率上，使滤波器仅能通过电源频率的信号。即使负载和源阻抗很低（10Ω 下）时，也可得到 30dB 的衰减值。若要得到更高的衰减值时，可将滤波器进行级联。

3）电缆滤波器。电缆滤波器就是具有一定磁导率和电导率的柔软性铁氧体磁心包在载流线上，然后在磁心上再密结一层磁导线，用来增加正常的趋肤效应，提高对高频干扰的吸收作用。外面再加一层高压绝缘，就成了电缆滤波器。

4）电源线滤波器。图 6-27 是市场上可以见到的各种电源线滤波器。常用的电源线滤波器是由无源集中参数元件（电感、电容及电阻）构成的。滤波器不仅在所需的阻带范围内有着良好的抑制特性，而且在其通带和过渡频带中不应产生明显的阻尼振荡，在现实的环境中能可靠地工作。

图 6-28 是典型的单相电源线滤波器电路，其中电感和电容网络瞄准了存在于电网及负载（设备）之间的阻抗失配，尽可能地减少电磁干扰从干扰源向另一侧的转移。图中 L_1 和

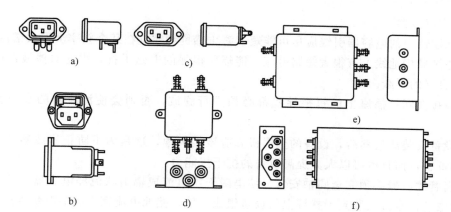

图 6-27 常见的电源线滤波器

L_2 绕在同一个磁心上，这两个电感在电流的通过上是互补的。这种方式对于差模电流和主电流所产生的磁通是相互抵消的。因此，不会引起磁心的饱和。而对共模电流则可以反映为很大电感值，以便获得最大的滤波效果。

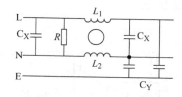

图 6-28 典型的单相电源线滤波器电路

位于相线与中性线之间的电容（用下标"X"表示）被用来衰减差模干扰，其电压额定值则与可能遇到的脉冲电压值有关。

位于相线与大地以及地线与大地之间的电容（用下标"Y"表示），用于衰减共模干扰。它们必须有较高的电压耐量。C_Y 值还受到对滤波器所允许的漏电流大小的限制。后者由标准来控制，或由设备本身来决定（例如医疗设备有比较严格的漏电流的规定值）。漏电流由下式给出：

$$I_L = 2\pi U f C \qquad (6-14)$$

式中 I_L——漏电流；

U——加在电容上的电压；

f——作用在电容上的电源频率；

C——电容量。

此外，图中 R 则用来消除可能出现在滤波器上的静电积累。这个电阻不是必需的，有些滤波器中就没有这个电阻。

5. 滤波器的安装

滤波器对电磁干扰的抑制作用不仅取决于滤波器本身的设计和它的实际工作条件，而且在很大程度上还取决于滤波器的安装情况。只有恰当地安装滤波器才能获得良好的效果，通常应注意下列事项：

1）为了防止接触电阻增大会使滤波器抗共模干扰的特性变坏，甚至失效，滤波器的外壳与设备的金属机壳要有可靠的搭接。

2）滤波器引线与安装位置也很重要，必须考虑滤波器的输入线与输出线之间不产生耦合，所以滤波器的输入和输出线必须分开。以防止降低滤波器的衰减特性。通常利用隔板或底盘来固定滤波器。

3）滤波器中的电容器引线应尽可能短，防止感抗和容抗在某个频率上形成谐振。

4）滤波器接地线上有很大短路电流，能辐射很强的电磁干扰，因此对滤波器的抑制元件要进行良好的屏蔽。

5）焊接在同一插座上的每根导线都必须进行滤波，否则会使滤波器的衰减特性完全失去。

6）设备安装滤波器后，设备的金属机壳应该接大地，这是为了防止滤波器的泄漏电流对人身的危害，而且也可以大大提高设备的抗干扰能力。

7）套管滤波器必须完全同轴安装，使电磁干扰电流成辐射状流经电容器。若把套管电容器通过法兰盘直接安装到干扰源上与设备组成一体，接地电流就会成辐射状流过，抑制频率范围可扩展到几千兆赫兹。若安装不当，则抑制效果明显恶化。其安装方法如图6-29～图6-32所示。

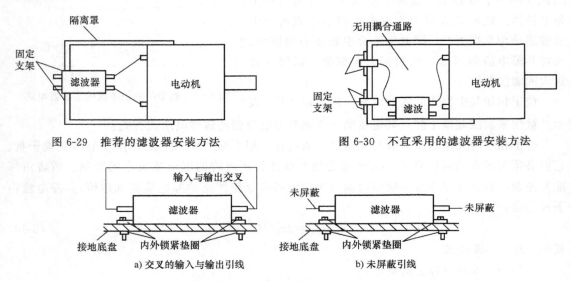

图6-29　推荐的滤波器安装方法　　　　图6-30　不宜采用的滤波器安装方法

a) 交叉的输入与输出引线　　　　　　b) 未屏蔽引线

图6-31　不正确的滤波器安装方法

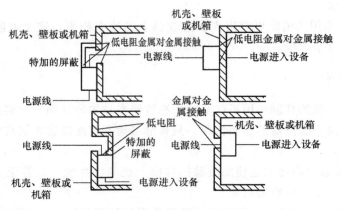

图6-32　电源滤波器的安装

五、电磁兼容参数测量

电磁兼容性测试依据标准的不同，有许多种测量方法，但归纳起来可分为四类：传导发射测试、辐射发射测试、传导抗扰度（敏感度）测试和辐射抗扰度（敏感度）测试。这里以 EMC 测试要求和测量方法为例，主要介绍 EMI 和 EMS 测试项目与测试方法，适当兼顾其他标准，其中有许多属于共性问题，如关于电磁环境电平、试验台及被测设备的摆放、搭接、激励、敏感判别等，需要事先有所了解，为此在这里专门统一说明。

（一）测试的目的及分类

对于使用公共电网和具有电子线路的产品都必须满足 EMC 要求，这些要求分为四大类测试，即传导发射测试、辐射发射测试、辐射抗扰度测试和传导抗扰度测试。

传导发射测试主要考察在交、直流电源线上存在的、由被测设备产生的干扰信号，测试的频率范围通常为 25Hz～30MHz。

辐射发射测试主要考察被测设备经空间发射的信号，测试的典型频率范围是 10kHz～1GHz，但对于磁场测量要求低至 25Hz，而对工作在微波频段的设备，频率高段要测到 40GHz。

辐射抗扰度测试是测量一个装置或产品防范辐射电磁场的能力，传导抗扰度测试则测量一个装置或产品防范来自电源线或数据线上的电磁干扰的能力。抗扰度所涉及的干扰类型可能是连续波，也可能是几种规定波形的脉冲信号。传导发射测试、辐射发射测式、辐射抗扰度测试和传导抗扰度测试之间的关系如图 6-33 所示。

EMC 测试依产品的不同研制阶段可分为预兼容测试和标准测试两种。预兼容测试是在产品研制过程中进行的一种 EMC 测试，使用的测量仪器比较简单，如由一台频谱仪加近场探头或测量天线组成的预测试系统，目的是确定电路板、机箱、连接器等处是否有干扰产生或电磁泄漏，部件组装之后其周围是否有较大的辐射电磁场。预兼容测试也可确定干扰发射源的位置和了解易受干扰部件

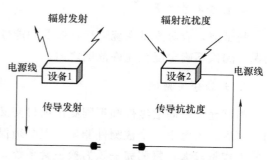

图 6-33 EMC 测试类型示意图

周围的电磁环境，以便有针对性地采取 EMC 改进措施，选择合适的器件和方法，限制干扰源和保护敏感器件，达到互相之间的电磁兼容性。

标准测试通常在产品完成、定型阶段进行，按照产品对应的测量标准要求，测试产品的辐射和传导发射是否在标准规定的极限值以下，抗干扰能力是否达到标准规定的限值。此类测试考核的是产品整体的电磁兼容性指标，使用标准规定的测量仪器及测量方法，因为不同的方法往往会得到不同的测量结果，使不同测量机构之间的测量数据缺乏一致性和可比性。

（二）测试的一般步骤

确定并进行一项 EMC 测试实验，要遵循一套程序来实现，通常有以下几个步骤：

1. 编写测试细则

测试细则由测试方编写，根据被测方试验方案给出的信息及提出的测试项目，安排测试有关事宜，如测试系统的选用、测试布置、测试项目的顺序，一般从不具破坏性的传导发射和辐射发射测试开始，需要处理、刨开电源线或因施加干扰可能导致被测件出现故障以致损坏的抗扰度测试项目，通常放在最后进行。对小型测试，只测单台仪器或摸底测试，可不做书面的测试细则（比如完全按标准进行），但以上安排仍然存在。

2. 确定所依据的标准

一般可按产品分类按照相应测试标准进行 EMC 测试，如计算机可参考 GB9254—2008《信息技术设备的无线电骚扰限值和测量方法》，洗衣机、电饭锅可采用家用电器类测试标准 GB4343.2—2009，军用仪器设备必须按国军标 GJB151A/152A—1997 进行测试。测试标准中包含两方面信息：一是测试要求，它给出产品必须符合或满足的极限值；二是测试方法，规定了统一的测量仪器指标和测试布置与测试步骤。

3. 交换试验接口信息

被测件进入实验室，仪器的布置摆放、监视设备的接入、电源的连接等，均需事先予以安排和准备，特别是一些连接电缆的长度，如被测件与监视设备相连的电缆，必须专门考虑，要有足够的长度，做传导测试的电源线需从电缆束中分离出来等，否则无法进行正确的试验布置。

4. 检查测量仪器

测试前，应对测量系统进行连接及功能性检查，以确定测量仪器均工作正常，测试连接无误，测试不确定度在允许范围之内。

5. 开始分项测试

测试允许不同被测件和不同测试项目交叉进行，如针对同一被测件，进行完所有项目的测试之后，再对下一个被测件测试，但必须保证同一项目的测试条件不变。用此方法时测试方的工作量较大，每测完一项需换一套系统，适合被测件较大、不易搬动的情况；也可按测试项目顺序，在测完所有的被测件之后，再换下一个项目。有些测试可以几个被测件同时测量，如辐射抗扰度测试，只要被测件体积不是很大，并具备同时监测的手段即可。

6. 写出测试报告

测试完成后，对记录的测试条件，被测件工作参数等数据、曲线按被测件和项目整理、分类，判别哪些通过，哪些未通过，未通过的条件、状态、敏感的阈值或门限电平、传导或辐射发射测试超过极限值的频点、幅度等，分析并给出测试结果，写出测试报告。

（三）传导发射测试

传导发射测试是测量被测设备通过电源线或信号线向外发射的干扰。因此，测试对象为设备的输入电源线、互连线及控制线等。根据干扰的性质，传导发射测量的可能是连续的干扰电压、连续波干扰电流，也可能是尖峰干扰信号，依测试频段和被测对象的不同可采用以下几种方法测试：电流探头法、电源阻抗稳定网络法、功率吸收钳法和定向耦合器法。

1. 测试布置

被测件放在离地面 80～90cm 高的实验台上，台面有铺金属接地板的导电平面或非导电平面，一般以被测件实际使用的环境、地点选择导电的或非导电的实验台，比如便携式设备可置于非导电实验台上，安装在船舱内的设备需在金属导电实验台上测试。被测电源线通过电源阻抗稳定网络接到电网上，被测件的电缆可按所依据的标准的要求摆放，选择不同的长度敷设。EMC 要求的测试布置如图 6-34 所示。

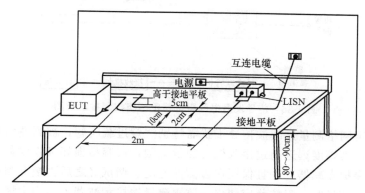

图 6-34　EMC 要求的测试布置

2. 测量方法

（1）电流探头法　测试所用传感器为电流探头，主要测量被测件沿电源线向电网发射的干扰电流，测量频率为 25Hz～10kHz，测量在屏蔽室内进行。测试示意图如图 6-35 所示。

测试前应在电网与被测件之间插入一个电源阻抗稳定网络，将电网与被测件隔离开，使测量到的干扰电流仅为被测件发射的电流，不会有来自电网的干扰混入，同时为测量提供一个稳定的阻抗，使测量的干扰电流有统一基准，规定的统一阻抗通常为 50Ω。电流探头输出端接到测量接收机的输入端，通过电流探头转换系数将接收到

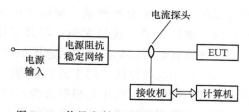

图 6-35　传导发射电源探头法测量示意图

的电压转换为电流，即可得到不同频率上干扰电流的幅度值。计算公式为

$$I = U + F \tag{6-15}$$

式中　I——干扰电流 [dB(A)]；

　　　U——端口电压 [dB(V)]；

　　　F——电流探头转换系数（dB/Ω）。

测量前先确定环境的影响，因阻抗稳定网络与被测设备之间的连接电缆可能起天线作用，从而引起虚假信号，为消除这种现象，应切断被测设备的电源，并检查环境电平是否有信号，保证本底噪声和环境信号均小于极限值 6dB。

正式测试可由自动测量系统完成参数设置、仪器控制、测量和数据处理功能，并给出测量的幅/频曲线。

（2）电源阻抗稳定网络法 电源阻抗稳定网络法即利用电源阻抗稳定网络测量被测件沿电源线向电网发射的干扰电压，测量频率为10kHz～30MHz，测量在屏蔽室进行。

测量直接通过阻抗稳定网络上的监视测量端进行，此端口通过电容耦合的形式，将电源线上被测件产生的干扰电压引出。测量连续波干扰电压由测量接收机接收，并通过阻抗稳定网络的转换系数将接收到的电压转换为线上的实际电压，得到不同频率上干扰电压的幅度。测试不意图如图6-36所示。

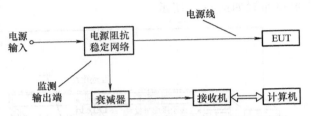

图6-36 传导发射电源阻抗稳定网络法测量示意图

利用阻抗稳定网络测量连续波传导干扰需特别注意过载问题，被测件因开关或瞬时断电会引起瞬态尖锋，其幅度远远超过接收机的测量范围，很容易损坏接收设备，因此需在接收设备前端加过载保护衰减器，并且保证在被测件通电、调试好之后再接上测试设备。

测量尖峰干扰信号时，阻抗稳定网络的监视测量端接示波器，因为尖峰干扰电压的幅度较大，如交流220V电源线的开关动作产生的瞬态电压尖峰可达近400V。电源线上产生的尖峰信号通常在设备和分系统中操作开关和继电器闭合瞬间出现，属于瞬态干扰，测量过程中要不断做开关动作，通过具有一定带宽的带存储功能的示波器捕捉和测量。测试并记录一段时间内出现的尖峰干扰最大值，将其与极限值比较，评价其是否超标。测试示意图如图6-37所示。

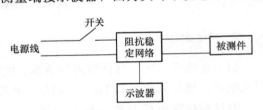

图6-37 尖峰干扰信号测量示意图

（3）功率吸收钳法 用于测量被测设备通过电源线辐射的干扰功率。对于带有电源线的设备，其干扰能力可以用起辐射天线作用的电源线所提供的能量来衡量。该功率近似等于功率吸收钳环绕引线放置时能吸收到的最大功率。除电源线外的其他引线也可能以与电源线同样的方式辐射能量，吸收钳也能对这些引线进行测量。测量频段30～1000MHz，测试示意图如图6-38所示。

（4）定向耦合器法 测量发射机或接收机天线端子的传导发射时，采用定向耦合器法测量。通过定向耦合器将大功率的发射机天线输出接至模拟负载，通过定向耦合器的耦合端测量天线端口的传导发射。由于耦合出的载波功率仍很大，超出了接收机的幅度测量范围，而所测的传导发射值则远小于载波功率，因此需要将发射机的载波频率抑制掉，即在测量接收机和定向耦合器的耦合输出端之间接入抑制网络，其功能类似带阻滤波器，将载频抑制掉，测量可由自动测量系统完成，并给出测量的幅/频曲线。测量频段为10kHz～400GHz，测试示意图如图6-39所示。

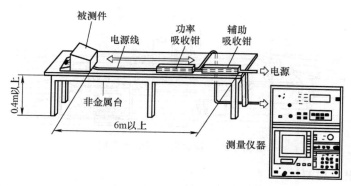

图 6-38 功率吸收钳测量传导发射示意图

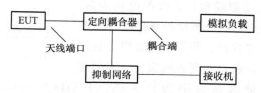

图 6-39 天线端子传导发射示意图

(四) 辐射发射测试

辐射发射测试检测被测件通过空间传播的干扰辐射场强，标准要求在开阔场或半电波暗室中进行测试。由于符合要求的开阔场不易找到，多数在屏蔽暗室中测试。干扰信号通过测量天线接收，由同轴电缆传送到测量接收机测出干扰电压，再加上天线系数，即得到所测量的场强值。辐射发射分磁场辐射发射和电场辐射发射，两者测量的频段不同，所用天线也不相同。

1. 测试布置

测试布置如图 6-34 所示。与传导测试相似，选择表面有金属接地板的或非导电的实验台，一般以被测件实际使用的环境、地点为依据，如携带式设备可置于非导电实验台上，安装在船舱内的设备需在金属导电实验台上测试。被测电源线通过电源阻抗稳定网络接到电网上，被测件的电缆可按所依据标准的要求摆放。在辐射发射测试中，电缆也是产生电磁辐射的干扰源，因此，电缆应与被测件并排敷设，便于天线测试接收。天线到被测件的测试距离为 1m。

另有许多测试标准规定的电场辐射发射测试布置如图 6-40 所示。被测件放在位于转台上方的实验台上，测量天线置于高约 5m 的可升降天线架上，其升降范围为 1～4m。天线被测件的测试距离为 3m、10m 或 30m。

2. 测量方法

（1）磁场辐射发射测试 测量来自被测件及其电线和电缆的磁场发射的 25Hz～100kHz 频段，采用环形磁场接收天线，如图 6-41 所示。国军标 GJB 151A/152A—1997 中规定环形直径为 13.3cm，测量距离为 7cm。测量时，将环天线平行于被测件待测面，或平行于电缆的轴线，移动环天线，记录接收机指示的最大值，并给出所测频点和磁场强度的测量曲线。

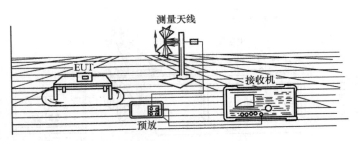

图 6-40　辐射发射测试示意图

（2）电场辐射发射测试

1）天线测量法。电场辐射发射是测量 $10\mathrm{kHz}\sim$ $18\mathrm{GHz}$ 频段来自被测件及电源线和互连线的电场泄漏，测试要求在半电波暗室中进行，以排除外界电磁环境的影响。测试设备包括测量接收机、测量天线及阻抗稳定网络等。在整个测量频段，需由四副天线覆盖，不同频

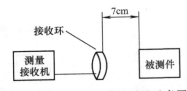

图 6-41　磁场辐射发射测量示意图

段需更换测量天线，四幅天线分别为杆天线（$10\mathrm{kHz}\sim30\mathrm{MHz}$）、双锥天线（$30\sim200\mathrm{MHz}$）、双脊喇叭天线或对数周期天线（$200\sim1000\mathrm{MHz}$）、双脊喇叭天线（$1\sim18\mathrm{GHz}$）。

正式测试前，应对环境电磁场进行测量，先切断被测件电源，对所关心的频段进行扫描，检查环境电平是否在极限值下，一般要求环境电平低于极限值 6dB，若超出，则应予以记录，以便在正式测试时剔除。

电场辐射发射测量要求发射天线距离被测件1m，发射天线中心离地面1.2m；有的测量标准则要求测量天线距被测件 3m、10m 或 30m 等，并与相应的极限值对应，测量天线在 $1\sim4\mathrm{m}$ 的范围内扫描，被测件在转台上旋转，以便寻找辐射的最大场强。测试需在水平和垂直两种天线极化方向进行。

测量时，由测量软件选择符合测量标准要求的测量频段、检波方式、带宽等参数，在测量频段内从低到高测量每一频点可能有的干扰信号场强大小，被测场强 $E(\mathrm{dB}\mu\mathrm{V/m})$ 可由接收机接收的端口电压 $U(\mathrm{dB}\mu\mathrm{V})$ 加上天线系数 $AF(\mathrm{dB/m})$ 得到。

2）近场探头测量法。近距离探测被测件的电磁场辐射发射，如在机箱表面探测有电磁泄漏的缝隙，在电路板表面探查电磁辐射大的元器件，通过不同部位接收值大小的变化，可以判别电磁辐射或泄漏的位置。此方法多用于诊断测试，测试示意图如图 6-42 所示。

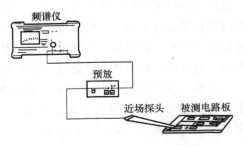

图 6-42　近场探头测试示意图

由于近场探头实际为小天线，因而接收的效率不高，灵敏度偏低，常与前置放大器（即预放）相连，以提高接收的灵敏度。

参 考 文 献

［1］杨有启，钮英建．电气安全工程 ［M］．北京：首都经济贸易大学出版社，2000．

［2］王庆斌，等．电磁干扰与电磁兼容技术 ［M］．北京：机械工业出版社，2002．

［3］陈淑凤，等．电磁兼容试验技术 ［M］．北京：北京邮电大学出版社，2001．

［4］俞丽华，电气照明 ［M］．2版．上海：同济大学出版社，2001．

［5］中国工程建设标准化协会化工分会．GB 50058—2014 爆炸危险环境电力装置设计规范 ［S］．北京：中国计划出版社，2014．

［6］南阳防爆电气研究所．GB 3836.1—2010 爆炸性环境　第1部分：设备通用要求 ［S］．北京：中国标准出版社，2010．

［7］南阳防爆电气研究所．煤炭科学研究总院抚顺分院．GB 3836.2—2010 爆炸性环境　第2部分：由隔爆外壳"d"保护的设备 ［S］．北京：中国标准出版社，2010．

［8］南阳防爆电气研究所．GB 3836.3—2010 爆炸性环境　第3部分：由增安型"e"保护的设备 ［S］．北京：中国标准出版社，2010．

［9］南阳防爆电气研究所，等．GB 3836.4—2010 爆炸性环境　第4部分：由本质安全型"i"保护的设备 ［S］．北京：中国标准出版社，2010．

［10］中国电力企业联合会．GB/T 50065—2011 交流电气装置的接地设计规范 ［S］．北京：中国计划出版社，2011．

［11］中国机械工业联合会．GB 50057—2010 建筑物防雷设计规范 ［S］．北京：中国计划出版社，2010．

［12］中国机械工业联合会．GB 50052—2009 供配电系统设计规范 ［S］．北京：中国计划出版社，2009．

［13］中国机械工业联合会．GB 50054—2011 低压配电设计规范 ［S］．北京：中国计划出版社，2011．

［14］黄铁兵，梁志超，孟焕平．建筑电气强电设计手册 ［M］．北京：中国建筑工作出版社，2015．

［15］中国电力企业联合会．GB 50217—2007 电力工程电缆设计规范 ［S］．北京：中国计划出版社，2008．

参考文献